Der Ökobonus
Eine soziale und umweltfreundliche Ökoabgabe mit Rückvergütung

Peter Novy/Gerald Pfeiffer

Der Ökobonus

Eine soziale und umweltfreundliche Ökoabgabe mit Rückvergütung

PETER LANG
Frankfurt am Main · Berlin · Bern · New York · Paris · Wien

Die Deutsche Bibliothek - CIP-Einheitsaufnahme

Novy, Peter:

Der Ökobonus : eine soziale und umweltfreundliche Ökoabgabe mit Rückvergütung / Peter Novy ; Gerald Pfeiffer. - Frankfurt am Main ; Berlin ; Bern ; New York ; Paris ; Wien : Lang, 1994
ISBN 3-631-47172-6

NE: Pfeiffer, Gerald:

ISBN 3-631-47172-6

Europäischer Verlag der Wissenschaften
Frankfurt am Main 1994

Printed in Germany 1 2 4 5 6 7

Vorwort

Der Verkehr ist ein lebenserhaltendes und -verbindendes Element unseres Gesellschaftssystems. Das wird besonders deutlich, wenn man die Diskussion innerhalb der Europäischen Union verfolgt. Dort behandeln die schwierigsten Aufgaben und die heikelsten Themen den Verkehr und es geht immer um die gleiche Frage: Wie gelingt es den Verkehr auf ein ökonomisch-ökologisch notwendiges Ausmaß auszurichten? Auf der einen Seite sind es wirtschaftliche Interessen, um neue Märkte zu erschließen und die vorhandenen homogener zu machen. Auf der anderen Seite sind es ökologische Interessen, um den Fortbestand unserer Lebensräume nachhaltig zu sichern.

Auf der Suche nach Lösungen für diesen „scheinbaren" Konflikt, wurden wir Anfang 1990 auf einen lenkungspolitischen Ansatz aus der Schweiz aufmerksam: den Ökobonus. Mühelos schien sich der „scheinbare" Gegensatz von Ökonomie und Ökologie aufzulösen. Die Idee war bestechend: Man verändere die Preise im Verkehrssektor mit Hilfe einer aufkommensneutralen Abgabe solange, bis sich die Nachfrage aufgrund der geänderten Preisrelationen in einem ökologisch-ökonomischem Gleichgewicht befindet.

Viele Diskussionen und Informationsveranstaltungen folgten, bis wir Anfang 1992 vom österreichischen Umweltministerium und vom Wissenschaftsministerium in Kooperation mit dem Bundesland Steiermark den Auftrag erhielten, die Systematik des Ökobonus und dessen Folgen ausführlicher darzustellen.

Die Idee ließ uns jedoch auch nach Fertigstellung der Studie nicht los. Viele Vermutungen wurden bestätigt und es zeigte sich, daß die Einführung des Ökobonus durchaus realistisch wäre, weil es sich um ein marktwirtschaftliches Instrument handelt.

In Europa ist der Ökobonus durchaus machbar und wir könnten alle davon profitieren. Unsere Umwelt würde von den vielen Schäden entlastet werden, Konflikte zwischen direkt aus dem Verkehr Geschädigten und Schädigern würden vermieden werden, die Wirtschaft erhielte neue Nachfrage nach Verkehrsprodukten und die Sichtweise von Mobilität würde sich generell ändern.

Die Erkenntnisse, die wir in diesem Buch darstellen, lassen sich auf die meisten westeuropäischen Staaten umlegen. Wer den Abschnitt über den Europa-Bonus liest, wird erkennen, daß sich die müßige Diskussion über Schäden und Verursacher erübrigt. Es gilt lediglich den Mißstand unseres überzogenen Verkehrsverhaltens festzustellen und Maßnahmen, die gegensteuern, zu ergreifen.

Eine bestechend einfache, aber um so wirkungsvollere Maßnahme, könnte der Ökobonus sein. Mit diesem Buch hoffen wir eine europäische Diskussion einzuleiten, in der dann der politische Mut gefordert ist, die Verkehrspolitik endlich in jene Richtung zu lenken, die die bereits bestehenden umweltpolitischen Zielsetzungen erreichen lassen. Das Toronto-Ziel könnte dann in erreichbare Nähe rücken.

Herzlichen Dank möchten wir den Mitarbeitern der Forschungsgesellschaft Mobilität in Graz sagen, ohne die dieses Buch nicht möglich geworden wäre. Unser besonderer Dank gilt Jürgen Hamader für die professionelle Gestaltung.

Graz, im März 1994

Peter Novy
Gerald Pfeiffer

Inhaltsverzeichnis

Einleitung

Umweltprobleme sind in den letzten Jahren nicht mehr reine Staatssache. Die Bevölkerung - jeder einzelne von uns - sieht im Zustand unserer Umwelt eine künftige Gefährdung der Lebensgrundlagen.

Vor allem die Schadstoffbelastung der Luft empfinden viele Österreicher bedrohlich. Die bodennahe Ozonbelastung, die Grundwasserverschmutzung, das Baumsterben, die Belastung des Bodens oder die Ölverschmutzung der Meere sind weitere Bedrohungen, die von vielen gefürchtet werden. An der Entstehung all dieser Umweltprobleme hat der Verkehr maßgeblichen Anteil. Jener Verkehr, den wir letztlich alle selbst erzeugen.

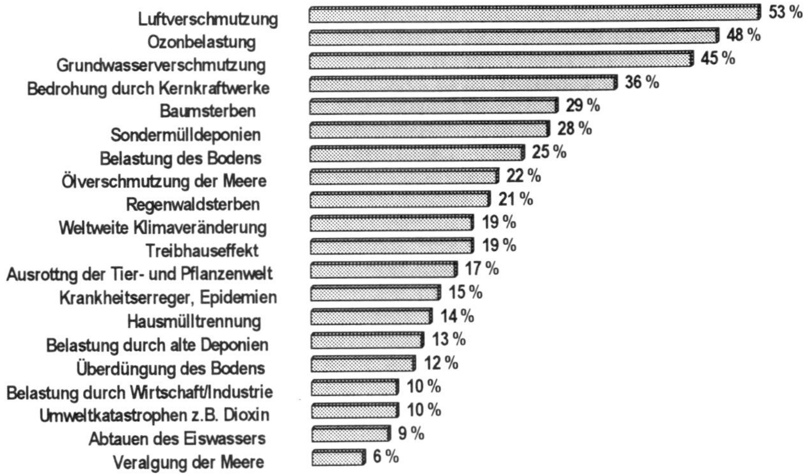

Abbildung 1: Umweltbedrohungen. Welche sind am meisten gefürchtet?[1]

Da bei dem Versuch, die durch den Verkehr bedingte Umweltzerstörung aufzuhalten, die Zeit abläuft, gibt es einen offenkundigen Bedarf an Initiativen, die unsere umweltschädliche Wirtschaftsweise schnellstens in eine umweltfreundliche umformen. Die zahlreichen Mittel und Wege, dies zu erreichen, gehen von freiwilligen Veränderungen der Lebensgewohnheiten, wie z.B. einer Reduzierung der Autofahrten, bis hin zu Gesetzen, die den Kraftstoffverbrauch von Automobilen oder z.B. Heizungsanlagen durch effizientere Verbrennung verringern. Das wirksamste aller Instrumente verspricht jedoch die Steuerpolitik zu werden, insbesondere durch eine verbrauchsabhängige Steuer, die umweltschädigendes Verhalten verhindert. So könnte beispielsweise der Verbrauch von nichterneuerbaren Ressourcen nachhaltig verringert werden.

Die Regierungen werden nicht umhinkommen, die Steuern auf fossile Brennstoffe zu erhöhen, so daß der Energiepreis sämtliche damit verbundenen Kosten für den Umweltschutz widerspiegelt. Daß in Österreich Handlungsbedarf besteht, zeigt die Tatsache, daß mehr als 59 % der Österreicher sich für umfangreichere Umweltbestimmungen aussprechen. Umgekehrt ist auch der Ruf nach einer wirkungsvollen und glaubwürdigen Vollziehung bestehender Umweltschutznormen groß. Ebenfalls 59 % der Österreicher finden, daß die bestehenden Umweltbestimmungen zu locker gehandhabt werden. Die Zeit zu Handeln ist also gekommen.

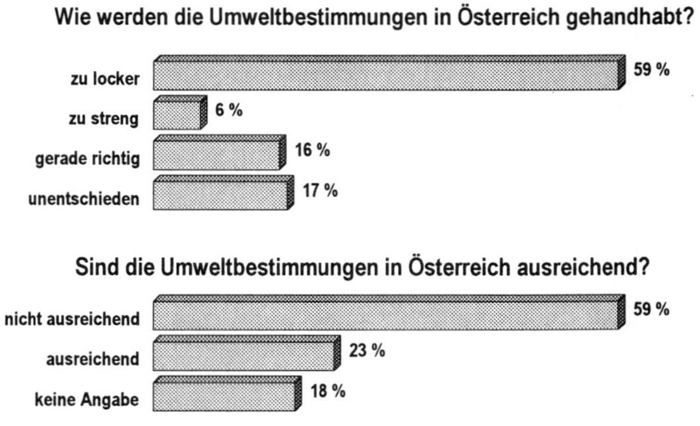

Abbildung 2: Umweltbestimmungen in Österreich[2]

In dieser Ausgangssituation wurde der Ökobonus entwickelt. Der Ökobonus erhöht leistungsabhängig durch einen Ökozuschlag die Kosten des motorisierten Verkehrs und setzt durch eine pauschale Rückvergütung - den Ökobonus - Signale, die Nachfrage nach Mobilität dem umweltpolitisch erforderlichen Verhalten anzupassen.

Der Ökobonus ist eine subjektbezogene Förderung und führt zu privaten Mehreinnahmen bei umweltfreundlicher Verkehrsabwicklung. Vielfahrer hingegen leisten einen finanziellen Beitrag zum Umweltschutz.

Die marktwirtschaftlichen Rahmenbedingungen, wie Dispositions- und Entscheidungsfreiheit, bleiben bestehen und die Kaufkraft bleibt erhalten. Mit Hilfe des Ökobonus können staatspolitische Ziele, wie eine Erhöhung der Nachfrage nach öffentlichem Verkehr und eine Veränderung des Modal Split hin zu einer stärkeren Benützung des Umweltverbundes erreicht werden.

Im ersten Kapitel wird das „Prinzip des Ökobonus" vorgestellt.

Im zweiten Kapitel werden die marktwirtschaftlichen „Grundlagen" abgesteckt. Eine der Maßnahmen in einem umweltpolitischen Maßnahmenbündel ist der Ökobonus. Aufgrund der hohen Subventionen des Verkehrs im allgemeinen (Kraftfahrzeugverkehr und öffentlicher Verkehr) und der dadurch verursachten marktwirtschaftlichen Ungleichgewichte wird auf externe Kosten und Nutzen des Verkehrs eingegangen.

Mit Hilfe von Elastizitäten können Wirkungszusammenhänge zwischen Preisveränderungen und Verkehrsverhalten hergestellt werden. Die Verarbeitung und Analyse der Daten und Auswirkungen erfolgt in einem die gesamte Wirtschaft betrachtenden Ökobonus-Modell.

Die Ergebnisse dieses „Ökobonusmodells" werden in mehreren Tabellen im dritten Kapitel dargestellt. Die Darstellung dient vor allem dem wissenschaftlichen Betrachter zur genaueren Analyse. Die Ergebnisse werden in den Kapiteln 4 - 6 ausführlich besprochen.

Das vierte Kapitel beschreibt die „Auswirkungen" des Ökobonus, inwieweit die Ziele und die in den Ökobonus gesetzten Erwartungen erfüllt werden können. Externe Kosten, strukturelle Anpassungen, finanzielle Auswirkungen im Staatshaushalt und Veränderungen im Wirtschaftssektor sind die Schwerpunkte, die dargestellt werden.

Große Bedeutung wird der „Akzeptanz" des Ökobonus beigemessen. Der Ökobonus stellt einen einschneidenden Eingriff in das bestehende Verkehrssystem dar. Im fünften Kapitel wird versucht auf die Sorgen und Ängste der Bevölkerung, der Wirtschaft, aber auch des Staates einzugehen.

Im sechsten Kapitel „Anforderungen" gilt es die Rahmenbedingungen für das Ökobonussystem festzulegen. Trotz der Einfachheit und Transparenz des Ökobonusprinzips müssen einige Vorarbeiten geleistet werden, damit der Ökobonus auch in die Praxis umgesetzt werden kann. Es werden Maßnahmen und Möglichkeiten vorgeschlagen, wie der Ökobonus bekannt gemacht werden könnte, um seine Einführung in Österreich zu erwirken.

Ein „Fragenkompendium", in dem verschiedene Diskussionspunkte aber auch kritische Einwände erfaßt und beantwortet werden, bildet den Abschluß dieses Buches. Dieses siebente Kapitel soll für alle Interessierten eine Argumentations- und Diskussionsgrundlage bieten.

Da es sich beim heutigen Ausmaß und der Ausprägung der Umweltbelastung keineswegs mehr um ein spezifisches, wenige Individuen betreffendes Problem, sondern um eine globale, weder regional noch national begrenzbare Gefahr handelt, bieten sich gerade volkswirtschaftliche Ansätze zur Problemlösung an.

Der Ökobonus ist eine lenkungspolitische Maßnahme im Verkehrsbereich. Es muß uns bewußt sein, daß wir mit Hilfe des Ökobonus Marktungleichgewichte beseitigen können. Das heißt aber auch, daß teilweise regionale Vorteile verlagert werden, um Nachteile aufzuheben. Das heißt aber auch, daß einzelne Unternehmen im Wettbewerb schlechter gestellt werden können, um benachteiligte Unternehmen wettbewerbsfähiger zu machen. Das heißt aber auch, daß Vielfahrer gegenüber jenen, die ihr Auto maßvoll einsetzen, finanziell schlechter gestellt werden.

Was wir damit sagen wollen ist, daß der Ökobonus die, die heute durch falsche Verkehrspreise begünstigt werden, mit höheren Verkehrspreisen stärker belastet.

Es muß uns allen klar sein, daß wir - wenn wir es ehrlich meinen - die Verbesserung der Umweltsituation nur dann erreichen können, wenn wir unsere marktwirtschaftlichen Strukturen - privat, unternehmerisch und staatlich - ändern. Eine Beibehaltung des heutigen Verkehrssystems, welches nicht auf umweltpolitische Ziele ausgerichtet ist, kann nicht zum gewünschten Ergebnis führen. Mit dem Ökobonus könnten die Voraussetzungen für umweltfreundlicheres Verkehrsverhalten geschaffen werden.

Definition KV - ÖV

Wir sprechen in dieser Studie dann von motorisiertem Kraftfahrzeugverkehr, wenn *motorisierte* Verkehrsmittel sowohl im Haushalts-, als auch im Unternehmensbereich bei *individueller* Disposition genutzt werden (zeitlich und örtlich). Im Gegensatz dazu wird der Begriff *Öffentlicher Verkehr* (ÖV) dann verwendet, wenn es sich um Transportleistungen des Umweltverbundes handelt, deren zeitliche und örtliche Disposition durch Fahrpläne und Streckenvorgaben eingeschränkt ist.

	Nutzung von Privatpersonen und Unternehmen
KV	
Kfz-Verkehr (freie zeitliche Disposition)	o Pkw-Verkehr (Auto, Kombi) o Lkw-Verkehr (Kleintransporter, Lkw) o Kraftrad-Verkehr (Motorrad, Mofa)
ÖV	
Öffentlicher Verkehr (Zeitgebundenheit durch Fahrpläne)	o Personen- und Güterverkehr der Schiene (Bahnnetz) o Straßenbahn, U-Bahn (Gebietsnetz) o Busse (Streckenbedarf, Gebietsnetz) o Fahrrad, Zu Fußgehen (Individuell)

Diese Definition weicht von den in der Wissenschaft verwendeten Definitionen ab. Sie wurde notwendig, da der Ökobonus den gesamten motorisierten Verkehr auf der Straße verteuern soll und nicht nur den motorisierten Individualverkehr (mIV). Daher ist auch der öffentliche Verkehr von der vorgeschlagenen Verteuerung betroffen. Die gemeinsame Nutzung rückt ihn aber umweltpolitisch in ein anderes Licht. Die in dieser Studie verwendete Unterscheidung betont die *umweltbezogene* Art der Verkehrsabwicklung. Die umweltfreundlichsten Fortbewegungsformen „Radfahren“ und „Zufußgehen“ wurden deshalb dem öffentlichen Verkehr (ÖV) zugeordnet. Sie ergänzen die gemeinschaftlich nutzbaren Verkehrsmöglichkeiten und sind Vorleistungen zur besseren Benutzung des öffentlichen Verkehrs. Im Personenverkehr deckt sich der Begriff „Öffentlicher Verkehr“ mit dem Begriff „Umweltverbund“.

Der Flugverkehr ist in der obigen Definition nicht enthalten. Er ist nach unserer Definition ein öffentliches Verkehrsmittel, welches aber aufgrund des hohen Treibstoffverbrauchs unter den KV eingeordnet werden müßte.

Anhand der Problematik der Zuordnung des Flugverkehrs kann gezeigt werden, daß in Zukunft wohl eher von einer Unterscheidung in umweltfreundliche und umweltschädigende Verkehrsmittel gesprochen werden sollte und die traditionellen Unterscheidungen in Kfz-Verkehr und öffentlichen Verkehr aufgegeben werden müssen. Für diese Studie ist die getroffene Unterscheidung ausreichend. Auf die Probleme des Flugverkehrs wird im Kapitel „Akzeptanz“ eingegangen.

---

[1] Umfrage des „Market“-Marktforschungsinstitutes, Linz, veröffentlicht in der Zeitschrift „trend“ 11/92, S 17

[2] siehe Fußnote 1, S 16.

1. Prinzip des Ökobonus

Bei der Mobilitätsausübung verursachen wir Verkehr. Als Autofahrer, Benützer öffentlicher Verkehrsmittel, aber auch als Konsument von transportierten Gütern. Neben dem Nutzen dieser Verkehrsströme belasten wir damit - in unterschiedlichem Ausmaß - unsere Umwelt und unser Lebensumfeld.

> Das Prinzip des Ökobonus ist, daß diejenigen, die Umweltbelastungen verursachen, dafür bezahlen und daß diejenigen, die unter diesen Belastungen leiden, mit dem Ökobonus teilweise entschädigt werden.

Im Straßenverkehr wird ein fahrleistungsabhängiger Zuschlag eingehoben. Das kann z.B. über eine markante Erhöhung der Treibstoffpreise, aber auch durch Erfassung der gefahrenen Kilometer erfolgen.

Das Geld, daß so zusammen kommt, wird in einem Ökobonus-Fonds angesammelt und am Ende jeden Jahres gleichmäßig an die Bevölkerung verteilt. Jede Österreicherin und jeder Österreicher bekommt den Ökobonus ausbezahlt. Dieser Betrag ist abhängig von der erbrachten Fahrleistung in Österreich. Der Ablauf bis zur Auszahlung hat daher folgendes Aussehen.

1. Ökozuschlag - Einhebung eines fahrleistungsabhängigen Zuschlags
2. Ansammlung des eingehobenen Ökozuschlags in einem Fonds
3. Ökobonus - Gleichmäßige Ausschüttung an alle ÖsterreicherInnen

Der Ökobonus setzt einen starken Anreiz, das motorisierte Fahrzeug bewußt einzusetzen, da die laufenden Kilometerkosten durch den Ökozuschlag deutlich erhöht werden. Es ergibt sich eine Verlagerung zu sparsameren Fahrzeugen, zu weniger transportintensiven Gütern und zur gemeinschaftlichen Abwicklung des Verkehrs, in Form von öffentlichem Verkehr, Autoteilen (Carsharing) und Fahrgemeinschaften (Carpooling).

Die Höhe der Ökobonusauszahlung hängt von der Anpassung der Verkehrsleistung an die erhöhten Kilometerkosten ab. Eine Erhöhung der Kilometerkosten um 40 % entspricht in etwa einem Ökozuschlag von 200 % auf den Treibstoffpreis. Für das Jahr 1990 ergäbe sich beispielsweise ein Ökobonus von rund öS 15.000,- pro Person. Allerdings verändert sich durch den Ökobonus das Verkehrsverhalten. Berücksichtigt man diese Änderung, so ergibt sich im gleichen Fall ein Ökobonus von ca. öS 9.500,- pro Person. Die folgende Abbildung zeigt eine Abschätzung, welcher jährliche Ökobonus bei einem Ökozuschlag auf den Treibstoffpreis von 50 %, 100 %, 150 % oder 200 % pro Einwohner zur Auszahlung käme.

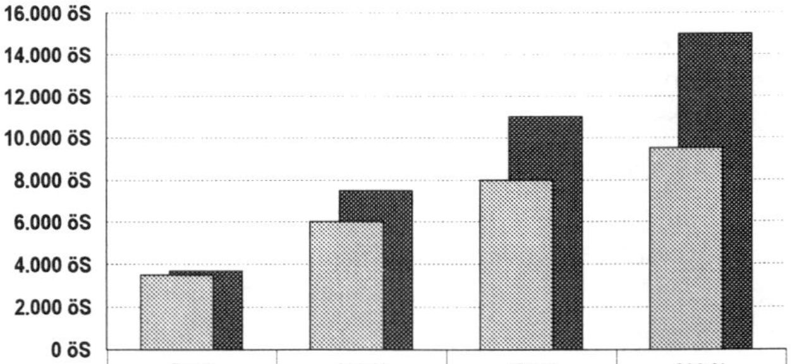

	50 %	100 %	150 %	200 %
Weniger Verkehr	3.500 öS	6.000 öS	8.000 öS	9.500 öS
Gleicher Verkehr	3.700 öS	7.500 öS	11.000 öS	15.000 öS

Abbildung 3: Der Ökobonus. Jährliche Ausschüttung pro Person in Abhängigkeit von der Erhöhung der Treibstoffkosten (Ökozuschlag)

Der Ökobonus begünstigt und fördert umwelt- und umfeldschonendes Verkehrsverhalten, ohne zu bevormunden. Er ist marktwirtschaftskonform und entspricht sowohl dem „Verursacherprinzip" als auch dem „Prinzip der Kostenwahrheit" im Verkehr.

2. Grundlagen

2.1. Marktwirtschaftlicher Rahmen

Bei der Erfindung des Automobils dachte kaum jemand an die große Verbreitung, die es später haben würde. Wir Autofahrer nahmen uns das Recht, durch Städte und Dörfer zu fahren und dabei Lärm, Abgase und Staub zu verbreiten. Die Bewegungsfreiheit der Fußgänger, Radfahrer und öffentlichen Verkehrsmittel wurde zuerst unmerklich, dann immer stärker beschnitten. Lärmpegel, Flächenverbrauch und Luftverschmutzung stiegen.

Das in den letzten Jahrzehnten zu beobachtende Wachstum des Autoverkehrs und dessen negative Folgewirkungen sind kein Naturgesetz, dem man sich schicksalsergeben zu fügen hat. Dieses Wachstum hat handfeste Ursachen: Mit zahlreichen Weichenstellungen beim Infrastrukturausbau, in der Raumordnung, im Rechtssystem und in der Wirtschaftspolitik wurde das Auto bewußt und unbewußt als „Hauptverkehrsmittel" aufgebaut.[1]

2.1.1. Der Preis als Marktregulativ

Da der motorisierte Straßenverkehr seine volkswirtschaftlichen Kosten nur zum Teil selbst trägt, hat er sich über das volkswirtschaftliche Optimum hinaus ausgedehnt. Daran sind weder die Marktwirtschaft, noch das Wirtschaftswachstum oder die Autofahrer schuld. Die Wurzel des Übels liegt bei Preisen, in denen die externen Kosten des Autoverkehrs nicht berücksichtigt sind. Wirtschaftsentwicklung und das Anwachsen des Kraftfahrzeugverkehrs haben die Umwelt zu einem knappen Gut werden lassen.

In der Marktwirtschaft steuern Angebot und Nachfrage über die relativen Preise das Wirtschaftsgeschehen. Die Preise erfüllen wichtige Funktionen als Informationsträger und Marktregulativ. Entscheidend für das Funktionieren der Marktwirtschaft ist das Vorhandensein „echter" Preise, mit denen alle Kosten des Produktionsprozesses, also auch die der Beseitigung, respektive Vermeidung unerwünschter Effekte (z.B. Lärm, Abgase), voll abgedeckt werden. Werden einzelne Kostenkomponenten ausgeblendet bzw. vom Verursacher auf andere abgewälzt (= externe bzw. soziale Kosten), entstehen „falsche" Preise.

In der betriebswirtschaftlichen Kalkulation des Einzelnen treten nun praktisch unsere gesamten natürlichen und vor allem begrenzten Lebensgrundlagen, wie saubere Luft, reines Wasser, unversehrte Landschaft, usw. als „Güter ohne Preis" auf. Die Konsequenz bedeutet Verschmutzung und Verschwendung dieser Ressourcen, Fehlentwicklung der Wirtschaftsstrukturen und enorme volkswirtschaftliche Schäden infolge dieser Fehlallokation von Ressourcen.

Die Marktkräfte führen aber nur dann zu einer effizienten Verteilung der Güter, wenn es ausreichenden Wettbewerb und keine schwerwiegenden externen Effekte gibt. Im Verkehrsbereich sind wir von diesen beiden Voraussetzungen noch weit entfernt.

Es herrschen strukturelle Wettbewerbsverzerrungen zwischen motorisiertem und öffentlichem Verkehr und es gibt externe Effekte:

- Während die Umweltfreundlichkeit als wesentlichster Vorteil des öffentlichen Verkehrs (ÖV) der Allgemeinheit zugute kommt, belasten dessen Nachteile (Linien- und Fahrplanbindung) seine Benützer. Beim motorisiertem Kfz-Verkehr (KV) hingegen können die Vorteile privatisiert und die Nachteile auf die Allgemeinheit abgewälzt werden.
- Die staatliche Verkehrspolitik der letzten Jahrzehnte war vor allem Straßenbaupolitik. Während die Netzlänge der ÖBB von 6.000 km im Jahr 1955 auf 5.767 km im Jahr 1987 verkürzt wurde, stieg die Länge des Autobahn- und Schnellstraßennetzes im gleichen Zeitraum von 20 km auf 1638 km.[2] Damit hat heute das Straßennetz gegenüber dem veralteten Schienennetz einen gewaltigen Vorsprung hinsichtlich Qualität und Flächendeckung erlangt.
- Die Treibstoffpreise sind heute im Verhältnis zu den Fahrpreisen im öffentlichen Verkehr und zum Einkommen so billig wie noch nie. Wenn der Benzinpreis seit 1953 in gleichem Ausmaß gestiegen wäre, wie der Preis für einen Wiener Straßenbahnfahrschein, müßte er heute 49 öS/l betragen, wird die Entwicklung des Durchschnittsverdienstes im selben Zeitraum als Maßstab genommen gar 60 öS/l.[3]

Eine konsequente Wettbewerbspolitik und die Durchsetzung des Verursacherprinzips auf der Basis der Kostenwahrheit stellen keine Beeinträchtigung der Markwirtschaft dar. „Sie sind vielmehr die notwendige

Voraussetzung dafür, daß die Preise ihre Steuerungsfunktion optimal erfüllen können". Kostenwahrheit und Verursacherprinzip bringen große ökologische und wirtschaftliche Vorteile. Der so oft zitierte Widerspruch zwischen Ökonomie und Ökologie kann nur bei sehr beschränktem Zeithorizont entdeckt werden, denn Ökologie ist langfristig Ökonomie.

Keine Marktwirtschaft kann ohne Regeln funktionieren. Der Markt braucht immer einen Ordnungsrahmen, er braucht Gesetze, Kontrollen und Sanktionen. Die Frage ist also nicht, ob wir in einer Marktwirtschaft Vorschriften brauchen, sondern wieviele, und welche wir davon einsetzen.

- Normative Steuerung durch Verbote und Gebote
- Regulative Steuerung durch Abgaben
- Steuerung durch Märkte

Aufbauend auf den Marktregeln, lassen sich verkehrspolitische Steuerungsinstrumente darstellen, welche nach fiskalischen Gesichtspunkten geordnet werden können.

Tabelle 1: Instrumente der Verkehrssteuerung	
Fiskalische Instrumente[4]	
Staatseinnahmen	**Staatsausgaben**
Umweltabgaben Umweltlizenzen Parkraumbewirtschaftung	Öffentliche Ausgaben für Umweltreparatur Subventionen
Nicht-fiskalische Instrumente	
Starre Grenzwerte Staatliche Planung Normative Verhaltensregeln Privatisierung umweltrelevanter Güter Schaffung von privaten Verfügungsrechten an öffentlichen Gütern Verschärfung der privatrechtlichen Umwelthaftung	

Im gesamten Spektrum der Verkehrs- und Wirtschaftspolitik stellen Abgaben nur einen - wenn auch wichtigen Teil - des gesamten Maßnahmenbündels dar. Abgaben sind ein fiskalisches Instrument, welches auf der Ausgabenseite des Verursachers und auf der Einnahmenseite des Staates wirkt, und ein marktkonformes Instrument, weil sie helfen können, Knappheitspreise darzustellen.

Die Anwendung der Kostenwahrheit muß auf drei Ebenen erfolgen:

1. Subjektbezogene Kostenwahrheit - Verursacherprinzip

   Nach dem Verursacherprinzip soll derjenige die Kosten der Umweltbelastung tragen, der für ihre Entstehung verantwortlich ist. Das Prinzip wird nicht nur als Kostenzurechnungsmaxime sondern auch als ökonomisches Effizienzkriterium verstanden. Wer mit allen Kosten seines Handelns konfrontiert wird, wird sich ökonomisch effizienter verhalten.

2. Quantitative und zeitliche Kostenwahrheit

   Die Höhe des Preises muß einen direkten Bezug zur Quantität und Qualität der in Anspruch genommenen Leistung haben. Pauschalabgaben wie z.B. Kfz-Steuer und Kfz-Versicherung sind kontraproduktiv. Alle Fixkosten sind soweit wie möglich auf die Fahrleistung umzulegen, also zu variabilisieren.

3. Räumliche Kostenwahrheit - Territorialprinzip

   Die Kosten sind von allen Verursachern dort zu bezahlen, wo sie entstehen. Dieses einfache Prinzip der räumlichen Kostenwahrheit wird als Territorialprinzip bezeichnet und z.B. bei der Mineralölsteuer angewandt. Im Gegensatz dazu entspricht das Nationalitätenprinzip, bei dem die Abgaben (z.B. Kfz-Steuer) nicht dort bezahlt werden, wo Kosten verursacht werden, sondern im Heimatland des Verursachers, nicht der räumlichen Kostenwahrheit.

2.1.2. Wege zur Kostenwahrheit

Für eine ökologisch wie ökonomisch tragfähige Verkehrsfinanzierung können folgende Leitziele formuliert werden:[5]

1. Die bestehenden Kostenverzerrungen am Verkehrsmarkt, die den Pkw- und Lkw-Verkehr, aber auch den Flugverkehr kraß begünstigen, müssen durch das Prinzip der Kostenwahrheit ersetzt werden.

2. Dazu ist es erforderlich, die verursachten Kosten vollständig zu internalisieren, d.h. den jeweiligen Verkehrsträgern unter Anwendung des Verursacherprinzips der Marktwirtschaft auch sämtliche Kosten (inklusive der „externen" Kosten) anzulasten und vollständig zu variabilisieren, d.h. die Fixkosten zu beseitigen und auf die jeweiligen Fahrleistungen umzulegen.
3. Grundsätzlich sollte nach Einführung der Kostenwahrheit Verkehr nicht mehr subventioniert werden. Dies widerspricht nicht dem Gedanken der Attraktivierung öffentlicher Verkehrsmittel. Im Gegenteil, es ist wesentlich ökonomischer, den öffentlichen Verkehr durch Verteuerung des Autoverkehrs zu fördern, anstatt den öffentlichen Verkehr noch weiter zu subventionieren, damit er gegenüber dem ohnehin viel zu billigen Kfz-Verkehr noch einigermaßen attraktiv bleibt.
4. Die Wegekosten sollen voll variabilisiert und abgegolten werden. Alle verkehrsspezifischen Pauschalsteuern sollen durch fahrleistungsabhängige Abgaben ersetzt und damit ein Teil der Kfz-Fixkosten variabilisiert werden.
5. Die materiellen Schäden aller direkt Geschädigten (z.B. Unfallkosten, Entschädigungen für Stillegung verseuchter landwirtschaftlicher Nutzflächen an Straßen, Gebäudeschäden, etc.) sollen voll vom Verursacher bezahlt werden (z.B. über entsprechende Pflichtversicherungen oder Fonds).
6. Die Entsorgungskosten der Fahrzeuge sind bereits im vorhinein beim Kfz-Kauf durch eine vorgezogene Entsorgungsgebühr abzugelten.
7. Die Verkehrsflächen stellen ein besonders knappes Gut dar. Da der Pkw- und Lkw-Verkehr im Vergleich zu seiner Transportkapazität überproportional viel Flächen in Anspruch nimmt, sollen Fahrbahnen und Stellplätze im Sinne marktwirtschaftlicher Prinzipien auch zusätzlich zu den bereits beschriebenen Instrumenten mit Knappheitspreisen versehen werden. Dazu bieten sich Streckenmautsysteme (Road-Pricing), Stadteinfahrtsgebühren oder die Parkraumbewirtschaftung an.

Für die Abgeltung der Kosten, welche die Gesellschaft als Ganzes zu tragen hat (Luftverschmutzung, Klimaveränderung, Lärm, Landschaftszerstörung, Flächenverbrauch), ist der Ökobonus das angemessene Instrument. Diese fahrleistungsabhängige Lenkungsabgabe mit pauschaler Rückvergütung wird in den nächsten Kapiteln ausführlich behandelt.

Zusammenfassung

- Das massive Wachstum des Autoverkehrs und seiner negativen Folgewirkungen ist auf Versäumnisse und Fehlentwicklungen in der Raumordnung, in der Verkehrspolitik, im Rechtssystem und in der Wirtschaftspolitik zurückzuführen.
- Externe Effekte wie Lärm und Luftverschmutzung führen zu falschen Preisen und Wettbewerbsverzerrungen zwischen den Verkehrsmitteln. Die Preise für das Autofahren liegen unter den Kosten, die vom Autoverkehr verursacht werden.
- Die marktwirtschaftlichen Grundprinzipien Verursacherprinzip und Kostenwahrheit müssen auch im Verkehr gelten.
- Alle Kosten sind vom Verursacher zu tragen - Kosteninternalisierung.
- Die Höhe des Preises muß einen direkten Bezug zur Quantität und Qualität der in Anspruch genommenen Verkehrsleistung haben - Kostenvariabilisierung.
- Die Kosten sind dort zu bezahlen, wo sie entstehen - Territorialprinzip.

2.2. Externe Kosten des Verkehrs

2.2.1. Externe Kosten des Straßenverkehrs

Mobilität im Straßenverkehr verursacht Kosten, die sich in zwei Blöcke unterteilen lassen. Am vertrautesten sind für den Autofahrer die direkten oder privaten Kosten (Kaufpreis, Wartung, Treibstoff usw.). Sie werden vom einzelnen Benützer getragen und sind daher eindeutig zuzuordnen. Private Kosten werden größtenteils durch den Preismechanismus des Marktes bestimmt.

Der zweite Block umfaßt die externen Kosten[6] des Verkehrs: Unfallkosten (soweit sie nicht von den Unfallversicherungen getragen werden), Kosten der Luftverschmutzung, Kosten für Lärm, usw.

Externe Kosten werden nicht vom Verursacher getragen, sondern von anderen bzw. der Gesellschaft als Ganzes. Für diese Kostenarten existiert meist kein Markt, der die Preise steuert. Der Verursacher trägt die externen Kosten entweder indirekt durch Steuern (Straßenbau und dessen Erhaltung), durch Sozialversicherungsabgaben (Unfälle) oder überhaupt nicht (Lärm, Luftverschmutzung usw.). Für den einzelnen Straßenbenützer fehlt die Motivation, diese Kosten zu minimieren.[7]

Aus der Sicht der Gesellschaft müssen auch diese Kosten getragen werden, da sie negative Auswirkungen auf jeden Einzelnen haben. Einen Lösungsweg bietet die Internalisierung der externen Kosten an, wobei zwei Varianten aus der Theorie bekannt sind.

Zum einen könnten sich alle Verursacher und Geschädigten der externen Effekte durch private Vereinbarungen auf Marktpreise einigen, um zu einer Internalisierung der Kosten zu gelangen[8]. Diese Vorgangsweise ist aufgrund der großen Anzahl von Verhandlungspartnern unmöglich, da die Transaktionskosten (Zeit, bürokratischer Aufwand) den Nutzen daraus übersteigen würde.

Zum anderen bieten staatliche Interventionen (Steuern, Abgaben, Ökobonussystem, Auflagen, usw.) eine Alternative. Sie erwirken bei Verkehrsteilnehmern ein Verhalten, als ob sie die externen Kosten tragen würden; z.B. eine Erhöhung der Abgabe auf Benzin veranlaßt den Autobenützer zur sparsameren Benützung des Fahrzeuges.

In Tabelle 2 sind die Schäden des Straßenverkehrs aufgelistet, auch jene die teilweise oder nicht erfaßbar d.h. quantifizierbar bzw. monetarisierbar sind.

Tabelle 2: Externe Schäden durch den motorisierten Verkehr[9]			
Pkt.	**Titel**	**Inhalt**	**Beispiel**
1.	**Schäden in der Produktion**		
1.1.	Herstellung Kfz	Wasser, Chemie, Ressourcen, die nicht im Preis weitergegeben werden	Autolackierung
1.2.	Herstellung der Fahrbahn und Parkflächen	Flächenkosten (m2-Preis), Entwertung, soweit nicht durch Bundesabgaben gedeckt	Entgangenene landwirtschaftliche Nutzung
1.3.	Rohstoffgewinnung, -lagerung, und -transport	Flächenkosten (m2-Preis), Entwertung als verbrauchter Lebens- und Erholungsraum	Bohrgebiete (Nordsee etc.)
2.	**Schäden im Gebrauch**		
2.1.	Luftverschmutzung	Stickoxide, Kohlenmonoxid, Kohlenwasserstoffe, Kohlendioxid, Staub, Schwefeldioxid, Ozon, Ruß	Smog
2.2.	Lärm	Qualitätsverlust Wohnen, Arbeiten, Lebensraum, Konzentration	Mietzinsunterschiede
2.3.	Unfälle	Verkehrstote, Schwer- und Leichtverletzte	Spitalsaufenthalte
2.4.	Flächenbedarf laufend	Laufender Nutzenentgang (Grünfläche, Erholungs- und Lebensraum, Baufläche)	Naturzerschneidung
2.5.	Grund- und Flächenwasser	Wasserverschmutzung durch Streusalz, Treibstoff, Öle	Wasserqualität
2.6.	Erschütterungen	Qualitätsverlust Wohnen, höherer Erhaltungsaufwand Gebäude	Mauerrisse, Verputz
2.7.	Infrastruktur	Raumzerschneidung, Isolation durch Straßen, Beeinträchtigung von Freizeit	Kommunikation
2.8.	Psychosoziale Folgen	Streß, Aggression, Systemzwang (Unfreiheit auf der Straße)	Selbstmord nach Autodelikt
2.9.	Zeitverbrauch	Nutzenentgang an Lebenszeit, Mangel an Handlungsspielräumen	Stau
2.10.	Behinderungen des ÖV	Verkehrsverbund, höhere Kosten durch Verlegung (z.B. U-Bahn)	Bedienungssicherheit
2.11.	Treibhauseffekt	Erderwärmung, Landschaftsverlust bei Anstieg des Meeresspiegels, Klimaänderung	Stürme
2.12.	Arten- und Biotopenschwund	Aussterben von Tierarten, Tiervernichtung	heimische Tierarten
3.	**Entsorgung**		
3.1.	Entsorgung Produkt	Altauto, Mülldeponie, Endlager Natur, Müllverbrennung	Schrott
3.2.	Entsorgung Gebrauch	Altöl, Altbatterien, gebrauchte Reifen	Altölcontainer
3.3.	Wiederverwertung	Berücksichtigung in Produktion, Gebrauchtmarkt, Aufbereitung	Gebrauchtteilmarkt

Luftverschmutzung

In Österreich wurden 1980 im Vergleich zu 1990 folgende Mengen von den wesentlichsten Luftschadstoffen emittiert (siehe folgende Abbildung).

Tabelle 3: Emissionen von Luftschadstoffen 1980 und 1990[10] in 1000 Tonnen

	Kraft-/Wärmewerke		Industrie		Verkehr		Kleinverbrauch	
	1980	*1990*	*1980*	*1990*	*1980*	*1990*	*1980*	*1990*
CO2	10.450	13.701	17.941	14.753	13.782	16.184	19.026	14.916
NOx	19	13	61	37	142	147	11	10
SO2	90	18	217	61	15	6	67	22
VOC	5	4	33	27	138	131	190*	242*
CO	5	4	58	49	754	442	451	600
Staub	10	2	36	13	12	13	17	11

Anmerkung:
Bei den flüchtigen organischen Verbindungen setzen sich die 190.000 Tonnen (242.000 Tonnen) unter Kleinverbrauch folgendermaßen zusammen: Kleinverbrauch 51.000 (72.000) Tonnen, Lösungsmittel 100.000 (130.000) Tonnen und sonstiger Verbrauch 39.000 (40.000) Tonnen

Die Werte der Emissionen werden aus dem jährlichen Gesamtverbrauch der verschiedenen Brennstoffe mit ihren jeweiligen Emissionsfaktoren berechnet. Der durch den Verkehr emittierte Anteil an den Gesamtemissionen ist vor allem bei den Stickstoffoxiden (NO_x) mit 71 % sehr hoch. Bei den übrigen Emittentengruppen liegt der Anteil des Verkehrssektors zwischen 5,6 % (SO_2) und 40,4 % (CO).

Als Grundlage zur Schätzung der externen Kosten der Luftverschmutzung dient die Untersuchung von Schulz (1985).[11] Schulz befragte Erwachsene in der BRD über ihre Zahlungsbereitschaft (willingness to pay) für saubere Umwelt.

In der BRD ergaben sich 1989 Kosten von ca. 63 Mrd. DM, wovon der Verkehr rund die Hälfte (49,5 %), also 31 Mrd. DM verursacht. Diese Kosten betragen rund 1,5 % des deutschen Bruttoinlandsprodukts (Geldwert aller Güter- und Dienstleistungen 1989: 2.062,525 Mrd. DM). Überträgt man diesen Anteil auf das österreichische BIP 1990, würden die Kosten der verkehrsbedingten Luftverschmutzung eine Höhe von 26 Mrd. öS erreichen (inkl. Schiffahrt, Luftverkehr und Schienenverkehr; BIP in Österreich 1990: 1.789,39 Mrd. öS).

Lärm

Bei der Mikrozensuserhebung 1988 des statistischen Zentralamtes in Zusammenarbeit mit dem Umweltbundesamt[12] gaben 38,4% der befragten Wohnungen (zusammengefaßte Meinung der Wohnungsmitglieder) an, daß sie sich durch Lärm gestört fühlen, wobei die Intensität dieser Beeinträchtigung bei 6,7% mit „sehr stark", bei 12,8% mit „stark", und bei 18,9% mit „geringfügig" angegeben wurde. 82,3% der befragten Haushalte mit sehr starker bis starker Lärmbeeinträchtigung gaben den Verkehr als Hauptverursacher an, wobei 75,5% auf das Konto des Straßenverkehrs gehen. Mikrozensus 1988:[13]

Tabelle 4: Lärmbelästigung

Straßenverkehr	Flugverkehr	Eisenbahn	Betriebe	Nachbarn	Baulärm
75,5 %	2,3 %	4,5 %	1,6 %	2,7 %	1,6 %

Die Kosten der Lärmbelästigung entstehen durch:[14]

- Wertminderung des Wohnens
- Kosten für Abwehrmaßnahmen gegen Lärm
- Produktivitätsverluste
- Gesundheitsschäden
- Belästigungen

Für die letzten drei Kostenarten liegen bisher keine Berechnungen vor. Schulz und Wicke stellten 1987 in der BRD eine Kostenschätzung der Minderung des Wohnwertes durch Verkehrslärm auf[15], wobei sie zum einen die Höhe des Straßenverkehrslärm mit der Miete verglichen und zum anderen, die Zahlungsbereitschaft für eine Lärmreduktion in den Wohnungsbereichen feststellten. Beide Methoden führten zu ähnlichen Werten.

Zusätzliche Kosten entstehen noch durch Arzneimittel, Erholungsfahrten und Umzugskosten für die durch Straßenverkehrslärm verursachten Wohnungswechsel. Insgesamt schätzen sie die Kosten auf 44,5 Mrd. DM für das Bezugsjahr 1989. Gemessen am BIP sind das 2,1%. Legt man diesen Wert auf Österreich 1990 um, ergeben sich externe Kosten des Verkehrslärm von 37 Mrd. öS.

Unfallkosten

Faller/Metelka/Riebesmeier (1985)[16] schätzten die Unfallkosten im Jahr 1983 abzüglich den Entschädigungen durch Versicherungen in Österreich auf 37,84 Mrd. öS. Davon entfallen 13,0 Mrd. öS auf Sachschäden, 5,0 Mrd. öS auf Gemeinkosten und 19,8 Mrd. öS auf Personenschäden. Bezogen auf das BIP 1989 Österreichs sind das 1,5%.

Tabelle 5: Schätzung der Unfallkosten[17]

	Betrag in öS 1.000	%-Anteil
Tödlich Verletzte	13.504.994	35,7
Schwer Verletzte	5.715.410	15,1
Leicht Verletzte	608.271	1,6
Summe Personenschäden	19.828.675	52,4
Einzelkosten Sachschäden	13.025.419	34,5
Gemeinkosten	4.989.166	13,1
Summe Sachschäden	18.014.685	47,6
Gesamtsumme	37.843.260	100,0

Tabelle 6: Verunfallte Personen im Verkehr[18]								
	Unfälle mit Personenschaden		**Verunglückte**		**Getötete**		**Getötete pro 1 Mio. Einwohner**	
	1988	**1989**	**1988**	**1989**	**1988**	**1989**	**1988**	**1989**
D	342.299	343.604	456.436	457.392	8.213	7.995	134	130
I	166.033	160.828	235.125	222.739	7.494	6.923	131	120
GB	246.994	260.759	322.305	341.592	5.052	5.373	91	97
F	175.887	170.590	254.590	246.527	11.497	11.476	206	205
E	106.356	109.804	171.297	176.599	8.252	9.344	213	241
DDR	32.888	33.762	41.170	42.821	1.649	1.784	99	107
NL	41.859	44.061	49.347	51.809	1.366	1.456	93	98
P	41.915	43.499	62.066	63.894	3.294	3.087	337	315
B	61.756	62.982	86.818	88.669	1.967	1.993	199	201
GR	20.753	20.299	30.881	30.613	1.738	1.954	174	195
S	17.207	17.969	23.651	24.435	813	904	97	107
A	44.243	46.565	59.289	62.025	1.620	1.570	213	207
CH	24.544	24.606	31.028	31.084	917	897	140	136
DK	9.978	9.922	12.503	12.315	713	670	139	131
IRL	5.577	5.831	8.900	9.263	463	460	131	131
L	1.258	1.419	1.947	1.794	84	67	226	179
USA	2.344.629	-	3.588.086	-	47.093	45.555	192	184
J	614.481	661.363	763.189	825.918	13.447	14.412	110	117

Anmerkung: Umrechnung der Getötetenzahlen für die vom 30-Tage-Zeitraum abweichenden Länder: Italien (7 Tage) +8%, Frankreich (6 Tage) +9%, Spanien (24 Stunden) +30%, DDR (bis 1977: 3 Tage) +15%, Portugal (24 Stunden) +30%, Griechenland (3 Tage) +15%, Österreich (3 Tage) +15%, ab 1983: 12%, Schweiz: (endlos) -3%, Japan (24 Stunden) +30%

1990 ereigneten sich in Österreich insgesamt 270.893 Verkehrsunfälle, wobei 62.041 Personen verunglückten und 1.391 Personen getötet wurden. Im Durchschnitt verunglückte alle 9 Minuten eine Person und innerhalb von 6,3 Stunden gab es einen Verkehrstoten. Im internationalen Vergleich liegt Österreich betreffend der Verkehrstoten pro Mio. Einwohner hinter Portugal und Spanien an dritter Stelle.[19]

Bei der Gesamtsumme der Unfallkosten handelt es sich nur zum Teil um externe Kosten. Die Sachschäden sowie ein Teil der Personenschäden werden von den Kfz-Versicherungen gedeckt und sind somit über die Versicherungsprämien internalisiert. Die externen Kosten der Unfälle im Straßenverkehr betragen rund die Hälfte der Gesamtkosten.

Staukosten

Externe Kosten im Stau entstehen dann, wenn ein Fahrzeug den Stau nicht nur für sich, sondern auch für die anderen Verkehrsteilnehmer, insbesondere für den öffentlichen Verkehr, Fußgänger und Radfahrer, vergrößert. Obwohl die marginalen Kosten der im Stau stehenden Fahrzeuge (Zeit, zusätzliche Luftverschmutzung) gering sind, summieren sich die Staukosten über alle Verkehrsteilnehmer in einem bestimmten Zeitraum auf eine nicht unbeachtliche Größe.

Für die Stadt Bern wurden je nach Verkehrssegment (Einkaufs-, Pendler-, Nutzverkehr) Zeitkosten von 7 - 22 Franken pro Stunde (56 - 176 öS) geschätzt.[20] Dabei muß jedoch berücksichtigt werden, daß jene Staukosten, die die Verursacher des Staus (zumeist die Autofahrer) selbst betreffen, keine externen, sondern private Kosten sind.

Wasserverschmutzung

Die Verschmutzung von Grund- und Flächenwasser ist schwer quantifizierbar, da die Aufteilung auf die Verursacher festgestellt werden müßte. Der Verkehr seinerseits belastet das Grund- und Flächenwasser durch den Einsatz von Streusalz und durch Gefahrenstoffe, die bei Unfällen auslaufen könnten. Die Streusalze gelangen in die Umwelt und führen zu einer Versalzung von Böden, Grund- und Oberflächenwasser. Außerdem beschleunigen sie die Korrosion.

Das Umwelt- und Prognose Institut Heidelberg[21] schätzt für die ehemalige BRD die Kosten der Wasserbelastung durch Gefahrengutunfälle und Streumitteleinsatz im Jahr 1989 auf 14,9 Mrd. DM.

Psychosoziale Schäden

Die Teilnahme am privaten Verkehr verursacht Streß aufgrund von Staus während der Spitzenzeiten oder auf Urlaubsreisen. Streß wiederum ist aber oftmals der Urheber für Magenbeschwerden, Schweißausbrüche,

Nervosität und Aggression. Auch unter diesen Bedingungen kommt es zu vermehrten Unfällen und Selbstmorden.[22]

Die Folgen wirken sich nicht nur auf den Kfz-Fahrer aus, sondern auch auf andere Verkehrsteilnehmer (Fußgänger, Radfahrer). Wenn Eltern ihre Kinder aus Angst vor dem Straßenverkehr mit dem Auto zum Kindergarten oder zur Schule bringen, verbreiten sie wiederum Angst. Auch diese Kosten sind noch nicht quantifizierbar, aber von Bedeutung.

Flächenverbrauch

Der Flächenverbrauch des Straßenverkehrs in Österreich beträgt 3% der gesamten Fläche Österreichs. Katzmann/Schromm[23] errechneten für das Jahr 1990 den Flächenbedarf für das österreichische Straßen- und Wegenetz mit 1200 km², wobei 44 km² auf Autobahnen, Bundes- und Landesstraßen, 420 km² auf Gemeindestraßen und ca. 336 km² auf die Fläche von Wirtschaftswegen entfallen. Die Parkfläche nimmt 90 km² ein.

Die negativen Folgen des Flächenverbrauchs werden dort ersichtlich, wo Flächen für andere Zwecke benötigt würden. Fahrbahnen und vor allem Parkplätze verdrängen Grünflächen, Bäume, Gehsteige usw. In Neubaugebieten nimmt die Verkehrsfläche 30-50 % der Gesamtfläche ein. Vor einem neuerbauten Haus gibt es etwa 25-40 m² Parkplatz pro Wohnung, am Arbeitsplatz zusätzlich 10-25 m².

Weitere Auswirkungen des Flächenverbrauchs sind[24] der beschleunigte Abfluß von Niederschlägen (geringe Bodenfeuchtigkeit und trockene Luft in den Städten), die Zerstörung von Pflanzenstandorten, das Aussterben von Pflanzen- und Tierarten, der Wildtod, eine Veränderung des Mikroklimas durch die künstlichen Belagsflächen, eine intensivere Bewirtschaftung des verbleibenden Bodens oder die Zuschüttung von Gruben und Tümpeln.

Treibhauseffekt

Der Kfz-Verkehr ist ein wesentlicher CO_2-Emittent. Trotz neuer Techniken im motorisierten Straßenverkehr kam es in den letzten Jahren zu keiner Abnahme der CO_2-Emissionen im Straßenverkehr, sondern sogar zu einer Steigerung. Dennerlein sieht den Grund der Steigerung in den größeren Hubräumen und der Mehrauslastung der neuen Fahrzeuge.[25]

Durch die Freisetzung von Kohlendioxid und anderen Treibhausgasen verstärkt sich der Treibhauseffekt der Erdatmosphäre. Dadurch wird die mittlere Temperatur auf der Erdoberfläche ansteigen. Die Klimaverschiebungen werden die Ernährungssituation auf der Erde wesentlich beeinflussen. Die Kosten des Treibhauseffekts lassen sich noch nicht mit hinreichender Genauigkeit ermitteln.

Arten- und Biotopenschwund

Durch Straßen werden Biotope und Ökosysteme zerschnitten und verkleinert, Populationen genetisch isoliert. Das ökologische Gleichgewicht wird zerstört. Das Aussterben und die Vernichtung von Tierarten hat wirtschaftliche, medizinische aber auch ästhetische Nachteile.

2.2.2. Monetarisierbare externe Kosten

Addiert man die monetarisierbaren Teile der externen Kosten des Straßenverkehrs (Luftverschmutzung, Lärm, Unfallkosten, sonstige nicht quantifizierbare externe Kosten), so ergibt sich ein Prozentanteil von 5,1 % gemessen am BIP als Untergrenze.

Tabelle 7: Externe Kosten des Straßenverkehrs 1990

	Kosten in % des BIP	Kosten in Mrd. öS
Luftverschmutzung	1,5 %	26,8
Lärm	1,5 %	26,8
Unfälle	1,1 %	19,7
Wasserverschmutzung	?	?
psychosoziale Schäden	?	?
Flächenverbrauch	?	?
Treibhauseffekt	?	?
Arten- und Biotopenschwund	?	?
Nicht quantifizierbar	1,0 %	17,8
Gesamt - Untergrenze	5,1 %	91,1

Dabei wurden für die nicht quantifizierbaren externen Kosten in Summe 1,0 % des BIP angesetzt.[26] Ein Großteil der Kostenarten können jedoch nicht monetarisiert werden. Gemessen am österreichischen Bruttoinlandsprodukt 1990 (1.789,39 Mrd. öS) betragen die monetarisierbaren Teile der externen Kosten des Straßenverkehrs 91,1 Mrd. öS (Untergrenze).

Das BIP als Kriterium für die Schätzung beinhaltet bereits die Kosten für die Verbesserung der Umwelt, die durch den Produktionsfaktor Verkehr verursacht wurden. Daher sollte eher eine Nettogröße definiert und als Vergleich herangezogen werden.[27] Da aber keine Schätzung eines Netto-Inlandsproduktes existiert, wurde auf das herkömmliche BIP zurückgegriffen.

2.2.3. Wegekostenrechnung des Straßenverkehrs

Die Ausgaben der öffentlichen Hand für Bau und Instandhaltung der Infrastruktur im Jahr 1990 betragen.

Tabelle 8: Ausgaben und Einnahmen für die Straßeninfrastruktur[28]

	Mrd. öS
Ausgabenbereiche	
Bund und Sondergesellschaften	19,6
Länder (ohne Wien)	7,7
Gemeinden (mit Wien)	10,8
Bereinigung der Doppelzählungen	-2,5
Summe	**35,6**
Einnahmequellen	
Mineralölsteuer	19,6
Kfz-Steuer	6,2
Mauten	2,5
Erdölsonderabgabe	0,5
Straßenverkehrsbeitrag	3,1
Summe	**31,9**

Diese Berechnung erfolgt im einzelwirtschaftlich-kameralistischen Sinn, wobei die Kosten der Verkehrsüberwachung durch Polizei und Gendarmerie nicht berücksichtigt sind. Berücksichtigt man auch die externen Kosten, erhält man die gesamtwirtschaftlichen Kosten des Straßenverkehrs.

Tabelle 9: Kosten des Straßenverkehrs

	Mrd. öS
Einnahmen aus dem Straßenverkehr	31,9
Ausgaben	-35,6
externe Kosten (Untergrenze)	-91,1
Defizit	**-94,8**

Wie aus der Tabelle 9 ersichtlich ist, trägt der Straßenverkehr die gesamtwirtschaftlichen Kosten bei weitem nicht. Eine Internalisierung ist unausweichlich, wenn sie sich auch aufgrund der Probleme bei der Monetarisierung verschiedener Schäden (Wasserverschmutzung, Psychosoziale Schäden, Flächenverbrauch, Treibhauseffekt, Arten- und Biotopenschwund) als schwierig erweist.

2.2.4. Externe Kosten im öffentlichen Verkehr

Auch im öffentlichen Verkehr gibt es die Diskussion vom gesamtkostendeckenden Preis, angesichts der Defizite der verschiedensten Bereitsteller öffentlicher Verkehrsmittel. Der Unterschied zu den Problemen im privaten Verkehr liegt in den verhältnismäßig niedrigen externen Kosten des öffentlichen Verkehrs und den nicht kostendeckenden Tarifen. Dabei darf nicht vergessen werden, daß bei der Tarifgestaltung des öffentlichen Verkehrs verteilungspolitische (Ermöglichung von Mobilität für Pensionisten, Arbeitslose, Lehrlinge, Schüler, Studenten und Werktätige mit niedrigem Einkommen) und umweltpolitische Fragen berücksichtigt werden. Angesichts der steigenden negativen externen Effekte durch die Umweltverschmutzung des privaten Verkehrs, gewinnt die umweltpolitische Frage immer mehr an Gewicht. Die folgende Übersicht über die externen Kosten des öffentlichen Verkehrs soll aufzeigen, wie verhältnismäßig gering der öffentliche Verkehr als Verursacher externer Effekte auftritt.

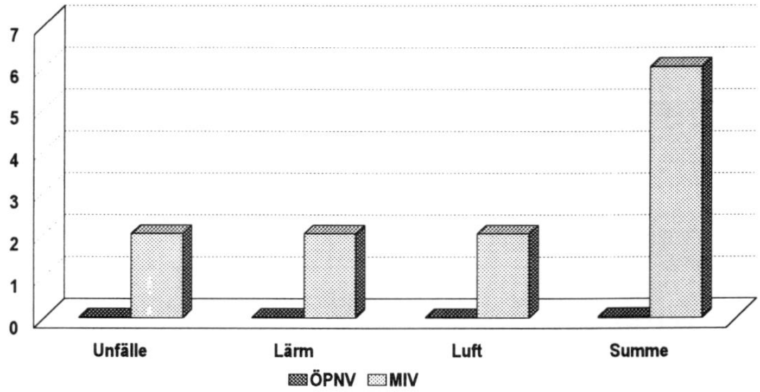

Abbildung 4: Externe Kosten von ÖPNV und MIV in Wien[29]

Herry/Knoth[30] schätzten für Wien die externen Kosten des öffentlichen Personennahverkehrs (ÖPNV) und des motorisierten Individualverkehr (MIV). Wie aus Abbildung 1 ersichtlich ist, sind die externen Umweltkosten des ÖPNV um vieles geringer.

In der Studie „Externe Kosten im Agglomerationsverkehr Fallbeispiel Region Bern"[31] wurden die externen Kosten des Personenverkehrs 1989 (in Franken pro Jahr) ermittelt, wobei auch die Staukosten und der Treibhauseffekt berücksichtigt wurden. Auch in dieser Studie zeigt sich eindeutig, daß die externen Umweltkosten des motorisierten Kfz-Verkehrs um ein Vielfaches höher sind als die des ÖPNV.

Tabelle 10: Unfallkosten Schiene - Straße[32]

	Schiene	Straße
Unfallkosten in Mio. öS	507,65	38.532,16
Unfallkostendichte öS / 1.000 km	80,26	370,00
Unfallkostenrate öS / Personenkilometer	0,07	0,55

Faller/Metelka stellen in ihrer Studie „Systemvergleich Schiene - Straße“[33] die Unfallkostenrate öS/Pkm von Schiene und Straße 1986 gegenüber (siehe folgende Abbildung). Die Unfallkostenrate des Straßenverkehrs ist ungefähr das Achtfache (0,55 öS/Pkm) im Vergleich zur Schiene (0,07 öS/Pkm).

Die Schätzungen des Frauenhofer Instituts Karlsruhe[34] zeigen auf, daß auch die externen Kosten durch Lärm und Luftverschmutzung der Schiene in Relation zu den Transportmodalitäten (Luftverkehr, Wasserwege und Straße) in Europa sehr gering sind. Ihr Anteil beträgt nur 4 %. Da die österreichischen Bundesbahnen über 50 % ihres Energieverbrauchs aus Wasserkraft herstellen, ist anzunehmen, daß in Österreich der Anteil unter diesem Wert liegt.

Tabelle 11: Externe Kosten nach Transportmodalitäten (BRD)[35]

	Luftverkehr	**Bahn**	**inländ. Wasserwege**	**Straße**	**Gesamt**
Luftverschmutzung	2 %	4 %	3 %	91 %	100 %
Lärm	26 %	10 %	0 %	64 %	100 %
Landerschließung	1 %	7 %	1 %	91 %	100 %
Instandhaltung	2 %	37 %	5 %	56 %	100 %
Unfälle	1 %	1 %	0 %	98 %	100 %
Gesamt Mrd. DM p.a.	**2**	**14**	**2**	**68-77**	**85-99**

Alle Fortbewegungsmittel verursachen externe Kosten. Eine Gegenüberstellung macht jedoch deutlich, daß die größten Vermeidungspotentiale im Bereich des Straßenverkehrs zu finden sind.

Zusammenfassung

- Die Kosten des Verkehrs lassen sich in private Kosten (Kfz-Anschaffungskosten, Betriebe, Steuern, etc.) und externe Kosten (Umweltverschmutzung, Lärm, etc.) unterscheiden. Private Kosten werden von Benützern getragen, während externe Kosten von der Gesellschaft getragen werden müssen. Dem Benutzer fehlt in diesem Fall die Motivation, diese Kosten zu minimieren.
- Die zur Diskussion stehenden externen Kosten umfassen: Luftverschmutzung, Lärm, Unfälle, Wasserverschmutzung, Staukosten, Flächenverbrauch, psychosoziale Schäden, Treibhauseffekt sowie Arten- und Biotopenschwund. Die Problematik bei der Erfassung der externen Kosten des Verkehrs liegt in der Quantifizierung und Monetarisierung dieser Kosten, da die Datenlage, naturwissenschaftliche Meßmethoden und theoretische Grundlagen noch nicht ausgereift sind.
- Schon die monetarisierbaren Kosten (Luftverschmutzung, Lärm, Unfälle) lassen erahnen, wie hoch die gesamten externen Kosten des Verkehrs sind. Für Österreich konnten Kosten in der Höhe von 5,1 % des BIP's für das Jahr 1991 nachgewiesen werden. Dieser Betrag stellt die Untergrenze der vom Kfz-Verkehr verursachten Kosten dar.

2.3. Elastizitäten im Verkehr

„Wenn die Nachfrage nach motorisiertem Verkehr steigt, müßte der Preis des motorisierten Verkehrs steigen." Das besagt die marktwirtschaftliche Theorie über das Verhalten von Angebot und Nachfrage. Daß das im Verkehrsbereich nicht so ist, wurde bereits in der Einleitung deutlich gemacht.

Die Effizienz von Preissteigerungen kann an der Veränderung bestimmter Werte, wie z.B. der Schadstoffbelastung, der externen Kosten oder der Verkehrsleistung im allgemeinen gemessen werden. Diese Effizienz kann mit Hilfe von Elastizitäten dargestellt werden.

Unter Elastizitäten versteht man das Verhältnis zwischen der relativen Änderung von unabhängigen Variablen und der relativen Änderung einer abhängigen Variablen unter sonst gleichbleibenden Bedingungen. Elastizitäten haben einige Vorzüge gegenüber anderen Kennziffern, weshalb sie sich sehr gut für die Beschreibung von Verhaltensreaktionen eignen.[36]

- Elastizitäten berücksichtigen die absoluten Werte der Ausgangsgrößen als Bezugsbasis.
- Elastizitäten sind dimensionslose Größen (Skalare), die ohne Einschränkungen in Berechnungen angewandt werden können.
- Elastizitäten können sehr einfach Richtung und Stärke auch von Produkten und Quotienten wiedergeben und sind somit für Analysen von Strukturwandlungen geeignet.

Mit Hilfe von Elastizitäten können die Wirkungen von Preisveränderungen und Veränderungen des Haushaltseinkommens auf die Verkehrsnachfrage dargestellt werden. Die Bestimmung der Elastizitäten erfolgt nach folgendem Verfahren:

- Ermittlung von Einflußgrößen auf das Verhalten
- Darstellung von Verhaltenseffekten
- Erfassen vorhandener Elastizitäten
- Überprüfung anhand österreichischer Daten
- Festlegung der Elastizitäten für den Ökobonus

Vorerst werden die Verhaltensweisen der Verkehrskonsumenten in Österreich eingeschätzt. Dabei werden folgende Annahmen getroffen:

1. Die Berechnung und Darstellung der unterschiedlichen Elastizitäten erfolgt unter den Bedingungen des Jahres 1990;
2. Die Werte von Untersuchungen westeuropäischer Staaten, wie der Schweiz und Deutschland sind auf Österreich anwendbar. Es wird ein ähnliches Anpassungsverhalten unterstellt;
3. Wenn immer es möglich ist, werden die Ergebnisse unserer Berechnungen anhand österreichischer Daten auf ihre Plausibilität geprüft (Zeitreihenmodelle).

Für die Betrachtung der Auswirkungen auf den Verkehrssektor muß bewußt sein, daß eine Erhöhung der Treibstoffpreise oder der Kilometerkosten nicht zwangsläufig zu einer Verminderung der Verkehrsleistung führt. In beiden Fällen hängt die tatsächliche Elastizität von mehreren Faktoren ab:

a) von der <u>Entwicklung der Mobilität</u>: Betrachtet man unter dem derzeit in Österreich bestehenden Treibstoff- oder Kilometerkostenniveau das Mobilitätsverhalten, so läßt sich feststellen, daß unabhängig von gesetzten Rahmenbedingungen versucht wird, ein bestimmtes Mobilitätsverhalten, mit einer bestimmten Kilometerleistung und einem bestimmten „Modal Split" zu erreichen;

b) von der <u>Höhe des Preisniveaus</u>: Entscheidend für die Einführung eines lenkungspolitischen Zuschlags, ist die Höhe des bestehenden Kostenniveaus. Ein Zuschlag von S 1,- würde bei einem Literpreis von S 1,- (Erhöhung 100 %) 1990 keine Wirkung zeigen.

c) vom <u>Ausmaß der Preiserhöhung</u>

Das Ausmaß der Preiserhöhung ist in Zusammenhang mit dem bestehenden Kostenniveau zu sehen. Bei niedrigem Kostenniveau muß und kann die Erhöhung durchaus hohe Prozentsätze erreichen, um gewünschte Wirkungen zu zeigen.

d) von der <u>Höhe der Verkehrskosten</u>

Wesentlich ist nicht nur die relative Höhe der Verkehrspreise, sondern auch deren Anteil an den gesamten Haushaltsausgaben. Je geringer dieser Anteil ist, um so weniger effizient wird ein fiskalpolitischer Zuschlag sein.

e) von den Verkehrsalternativen

Je schlechter die Verkehrsalternativen sind, um so schlechter ist die Wirkung eines fiskalpolitischen Zuschlags. In diesem Zusammenhang muß bemerkt werden, daß auch die Suche nach günstigen Alternativen (z.B. billigere Treibstoffkosten) die verkehrsmengenmäßige Wirkung eines Zuschlags vermindert.

f) vom Wirtschaftswachstum

Eine der Nachfragekomponenten nach Verkehr ist die Wirtschaft. Das Wachstum der Wirtschaft, wie technische Erneuerung und Verbesserung hat einen konstanten Einfluß auf das Verkehrsverhalten. Da Produktionsunternehmen Preiserhöhungen direkt an die Kunden weitergeben können, stellt das Wirtschaftswachstum einen entscheidenden Faktor des Verhaltens dar.

g) von den Kosten je Fahrzeug

Eine weitere Einflußgröße auf die Kosten ist der technische Fortschritt. Dieser drückt sich in verminderten variablen, aber auch fixen Kosten des Fahrzeuggebrauchs aus. Somit stellen auch diese Kostenanteile einen wesentlichen Bestimmungsfaktor des Verhaltens und der Reaktion des einzelnen auf fiskalpolitische Verkehrskostenzuschläge dar.

Eine unter diesen sieben Faktoren betrachtete Elastizität hat mehrere Effekte und nur die Summe dieser Effekte ergibt die Verminderung der Verkehrsleistung. Grundsätzlich kann zwischen einem Preis- und einem Einkommenseffekt unterschieden werden. Der Preiseffekt kann in drei weitere Effekte unterschieden werden: den Substitutionseffekt, den Gewöhnungseffekt und den Vermeidungseffekt. Der Einkommenseffekt kann in einen Einkommenseffekt im motorisiertem Verkehr und im öffentlichen Verkehr unterschieden werden.

In der Literatur und den zugrunde gelegten Untersuchungen ergibt sich eine Elastizität, die sich nach der Höhe der Preisveränderung bemißt. Als Preisveränderungsbasis wird das Treibstoffpreisniveau herangezogen. Dabei wird davon ausgegangen, daß es sich um dimensionslose Größen handelt. D.h., die Zeitdauer bis zum Eintreten des Effekts (= der dargestellten, gesamten Elastizität) ist ohne Bedeutung.

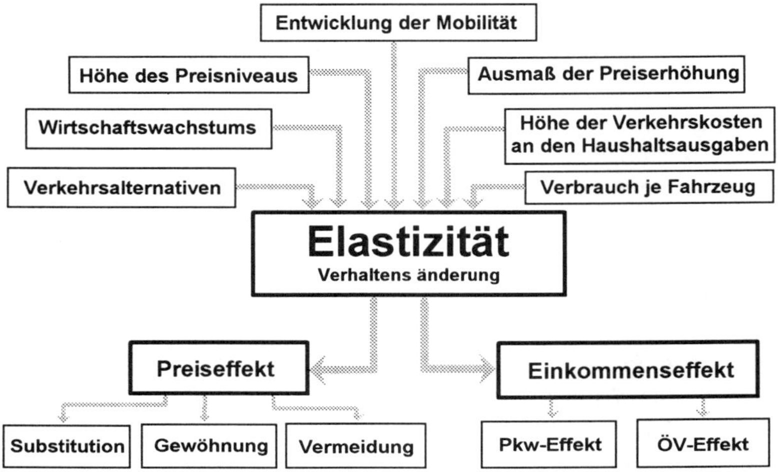

Abbildung 5: Elastizitätssystem

Dennoch teilt sich der Gesamteffekt einer Preisveränderung in mehrere zeitlich dimensionierte Effekte. Um diese Dimensionen von Elastizitäten zu berücksichtigen, wird in der Folge der Gesamteffekt aufgeteilt. Danach können die Elastizitäten für die Berechnungen in einem statischen Modell herangezogen werden. So können die Wirkungen verschiedener Treibstoffpreiserhöhungen verglichen und der optimale Lenkungseffekt ermittelt werden.

Die Elastizität kann nach Verbrauchergruppen unterschieden werden. Entscheidend ist, ob der Konsument des motorisierten Verkehrs, die durch den Ökobonus entstandenen Mehrkosten als Letztverbraucher selbst tragen muß oder diese über geänderte Produktpreise weitergeben kann. Die Unterscheidung erfolgt somit nach zwei Gruppen: Privatpersonen, die erhöhte Verkehrskosten nicht weitergeben können und die Unternehmen (Wirtschaft), denen die Weitergabe der erhöhten Verkehrskosten über den Verkaufspreis möglich ist.

Letztlich belastet jede Erhöhung der Treibstoffkosten den Konsumenten, entweder über die Erhöhung der Verkehrskosten des motorisierten Privatverkehrs oder über erhöhte Produktpreise. Damit begründet sich auch die Ausschüttung des Ökobonus auf jeden Bewohner Österreichs.

Die Berechnung von Elastizitäten und die Analyse und Überprüfung von vorhandenen Elastizitätswerten wird im wesentlichen anhand der realen Treibstoffpreiserhöhung, der nominalen Treibstoffpreiserhöhung, der Fahrleistung, der Verkehrsstärke und des Kfz-Bestandes durchgeführt.

Als unabhängig vom Treibstoffpreisniveau hat sich der Kfz-Bestand herausgestellt. Das hat mehrere Ursachen. Erstens ist der Zuwachs des Kfz-Bestands an das Wohlstandswachstum gebunden. Dieses tritt durchaus auch dann ein, wenn hohe oder höhere Treibstoffkosten den Markt beherrschen. Zweitens gibt es einen unübersehbaren Trend zu an der Umwelt orientierten Fahrzeugen (Katalysatorfahrzeuge, Ökodiesel, Solarfahrzeuge, Elektrofahrzeuge, etc.). Dieser Trend fördert die Nachfrage nach einer „neuen“, weil umweltfreundlicheren Fahrzeugflotte.

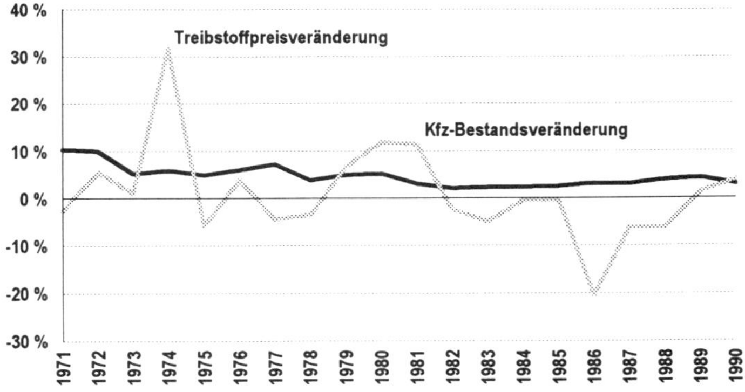

Abbildung 6: Kfz-Bestandsveränderung und Treibstoffpreisveränderung in Österreich[37]

Der Fahrzeugbestand entwickelt sich unabhängig von Treibstoffpreisveränderungen. Dies läßt sich anhand der angeführten Indikatoren zeigen. Sowohl in Jahren mit niedrigen, als auch mit hohen Treibstoffpreiserhöhungen stieg der Kfz-Bestand kontinuierlich an.

Für die Berechnung von Elastizitäten zeigt sich der gesamte Treibstoffverbrauch als bester Indikator (siehe Abbildung 7: Treibstoffpreisentwicklung und -verbrauch in Österreich). Der Konsum von Treibstoff hängt am stärksten vom Preis ab.

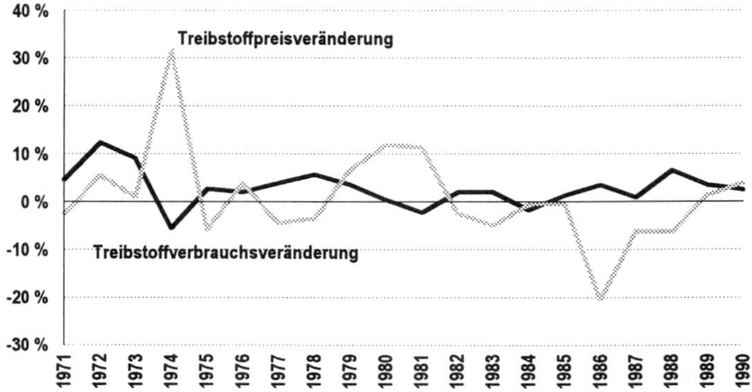

Abbildung 7: Treibstoffpreisentwicklung und -verbrauch in Österreich[38]

Ein weiteres wichtiges Kriterium für die Wirkung von Preisveränderungen ist der Anteil der Verkehrskosten - und da insbesondere der Treibstoffkosten - an den gesamten Haushaltsausgaben. Dieser Anteil hat sich in den letzten Jahren nicht wesentlich geändert.

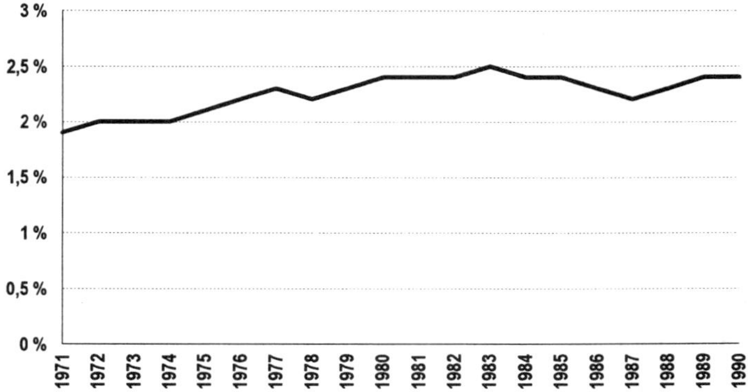

Abbildung 8: Treibstoffkosten in % der Haushaltsausgaben in Österreich[39]

Die Ausgaben für den motorisierten Verkehr unterstehen prinzipiell der Budgetrestriktion, da sie durch das Einkommen begrenzt werden. Verlagerungen innerhalb der Ausgabengruppen, die mit dem verfügbaren Einkommen abgedeckt werden, werden also bei einem kleinen Anteil der

Verkehrskosten an den Haushaltsausgaben leichter möglich, als bei einem hohen Anteil.

2.3.1. Preiseffekt

Elastizitäten stellen einen Verhaltenseffekt aufgrund von Preisveränderungen dar. Der Preiseffekt läßt sich in drei verschiedene Phasen teilen:

- Substitution aufgrund geänderter Verkehrskosten
- Vermeidung aufgrund geänderter Verkehrskosten
- Gewöhnung aufgrund bestimmter Mobilitätsmuster

Der Preiseffekt auf eine Treibstoffpreiserhöhung ist abhängig vom bestehenden Treibstoffpreisniveau und von der absoluten Erhöhung der Treibstoffpreise.

Als Basis wurde das Treibstoffpreisniveau des Jahres 1990 zugrundegelegt. In den meisten Fällen wurden die vom „Dienst für Gesamtverkehrsfragen der Schweiz" erstellten Elastizitäten zur Abschätzung verwendet.[40] Es wurde unterstellt, daß sich das Verhalten der Österreicher von dem der Schweizer nicht wesentlich unterscheidet. Wichtig ist klarzustellen, daß sich bei unterschiedlichen Preiserhöhungen auch unterschiedliche Elastizitäten ergeben. In der folgenden Tabelle sind Elastizitäten bei einer Treibstoffpreiserhöhung um 10 % und bei einer von 100 % dargestellt.

Tabelle 12: Elastizität I für 1990 in Österreich

Erhöhung der Treibstoffpreise um	Elastizität I 1990
10 %	-0,40
100 %	-0,25

Diese Elastizitäten sind die Basis für die weiteren Untersuchungen. Die Schweizer Untersuchung hat den Substitutions- und Vermeidungseffekt dargestellt. Wir bezeichnen diesen Wert als Elastizität I. Die Zuordnung der Elastizitäten auf einzelne Erhöhungsstufen (10 %, 20 %, 30 % ...) ist nicht linear.

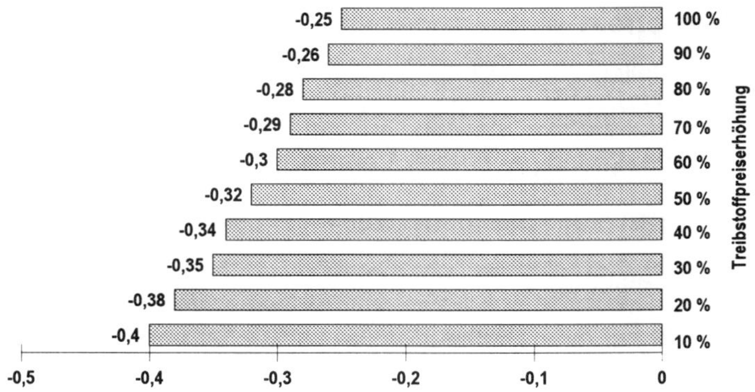

Abbildung 9: Elastizität I (Substitution und Vermeidung) in Abhängigkeit von der Treibstoffpreiserhöhung[41]

Diese relativ schwächeren Elastizitäten bei höheren Treibstoffpreiserhöhungen zeigen kurzfristige Wirkungen. Die Anpassungseffekte dürfen nicht vernachlässigt werden. Aber auch die Relation der Effekte muß betrachtet werden. So führt eine Treibstoffpreiserhöhung um 100 % trotz geringerer Elastizität zu einer höheren Einschränkung der Verkehrsleistung, als eine Erhöhung um 50 %. Das folgende Beispiel möge den Fehler lediglich relativer Betrachtung von Elastizitäten verdeutlichen.

Tabelle 13: Relation von Elastizitäten

	Treibstofferhöhung um 50 %	**Treibstofferhöhung um 100 %**
Elastizität	-0,3193	-0,2524
Fahrleistung / Jahr	15.000 km	15.000 km
Verringerung in %	- 15,96 %	- 25,24 %
Verringerung pro Jahr	**2.395 km**	**3.786 km**

Substitutionseffekt

Aufgrund erhöhter Treibstoffpreise wird der motorisierte Verkehr relativ teurer. Das bedeutet, daß mehr von einem vorhandenen relativ billigeren Gut konsumiert wird. Im Verkehrsbereich ist dieses relativ billigere Gut der Umweltverbund (ÖV, Rad, Fuß). Das sind all jene Alternativen, welche volkswirtschaftlich und damit auch individuell günstiger sind. Dieser Substitutionseffekt beschreibt, um wieviel weniger das relativ teurere Gut „motorisierter Kfz-Verkehr“ konsumiert wird, wenn das Individuum auf demselben Verkehrsmengenniveau bleibt, wie vor der Treibstoffpreiserhöhung.

Der Substitutionseffekt ist abhängig von der Höhe der gewählten Treibstoffpreiserhöhung. Bei einer Erhöhung der Treibstoffpreise um 10 % etwa muß mit einem Substitutionseffekt des Autos durch den Umweltverbund von -0,13 gerechnet werden.[42] Das bedeutet, 1,3 % der Verkehrsleistungen der Fahrzeuge werden ersetzt. Bei einer Treibstoffpreiserhöhung um 100 % ist die Elastizität niedriger: sie beträgt -0,08. D.h., eine Erhöhung der Treibstoffpreise um 100 %, führt zu einer Substitution der Fahrzeugleistung durch Verkehrsleistungen des Umweltverbundes um 8 %. Der Substitutionseffekt ist somit bei unterschiedlichen Treibstoffpreiserhöhungen verschieden hoch. Er beträgt:

Tabelle 14: Substitutionseffekt im Abhängigkeit von der Treibstoffpreiserhöhung

Treibstoffpreiserhöhung	10 %	20 %	30 %	40 %	50 %
Substitutionseffekt	-0,130	-0,121	-0,114	-0,108	-0,103
Treibstoffpreiserhöhung	60 %	70 %	80 %	90 %	100 %
Substitutionseffekt	-0,098	-0,093	-0,089	-0,085	-0,082

Die Abnahme des Substitutionseffekts erklärt sich damit, daß bei einer absolut höheren Substitution nicht gleich viel Alternativen im Umweltverbund zur Verfügung stehen. Außerdem ist zu beachten, daß es aufgrund der vorhandenen Verkehrsbedarfsbefriedigung bestimmte Verhaltensmuster gibt, die vermuten lassen, daß sich auch der Substitutionswille mit der Höhe einer Treibstoffpreiserhöhung einschleift.

Abschließend muß bemerkt werden, daß die Nachfrage nach Fahrleistung im motorisierten Kraftfahrzeugverkehr (KV) um so stärker zurückgeht, je größer die Substitutionsmöglichkeiten durch den Umweltverbund sind. Kann man also durch Preiserhöhungen im motorisierten Verkehr Nachfrageeffekte nach Umweltverbund (Substitutionseffekt) erzeugen, so ist die Höhe dieser Effekte auch von den Möglichkeiten und vom Angebot des Umweltverbundes determiniert.

Vermeidungseffekt

Wesentlich für die Effizienz einer Treibstoffpreiserhöhung ist der Vermeidungseffekt. Lenkungsabgaben müssen neben der Verkehrsverlagerung (siehe Substitutionseffekt) auch einen entscheidenden Beitrag zur Verkehrsverminderung leisten.[43] Wie der Substitutionseffekt ist auch der Vermeidungseffekt bei einer starken Anhebung nominell geringer.

Tabelle 15: Vermeidungseffekt im Abhängigkeit von der Treibstoffpreiserhöhung

Treibstoffpreiserhöhung	10 %	20 %	30 %	40 %	50 %
Substitutionseffekt	-0,274	-0,256	-0,240	-0,228	-0,217
Treibstoffpreiserhöhung	60 %	70 %	80 %	90 %	100 %
Substitutionseffekt	-0,206	-0,196	-0,188	-0,180	-0,172

Vergleichsweise ist der Vermeidungseffekt deutlich höher, als der Substitutionseffekt. Vor allem auf kleine Preissignale (Erhöhungen um 10 % - 30 %) reagieren in einer ersten Phase die motorisierten Verkehrsteilnehmer mit Vermeidung. Sie begeben sich sozusagen in eine Warteposition und beobachten den Markt. Sinkt oder stagniert das Preisniveau, so werden rasch wieder alle Fahrten mit dem motorisierten Verkehrsmittel zurückgelegt. Die bestehenden Verhaltensmuster werden wieder übernommen.

Bei stärkeren Preiserhöhungen sind die Vermeidungseffekte zwar relativ geringer, allerdings sinkt das Potential, sich nach einer bestimmten Zeit an das neue Preisniveau anzupassen, deutlich ab. Das ist der unterschiedliche Gewöhnungseffekt.

Gewöhnungseffekt

Man reagiert zwar stärker auf kleine Treibstoffpreiserhöhungen, aber man gewöhnt sich auch sehr rasch daran. Die Elastizitätsforschung zeigt immer wieder auf, daß bereits geringe Treibstoffpreiserhöhungen Elastizitäten aufweisen, die das Instrument der Treibstoffpreiserhöhung als wirkungsvoll nachweisen. Es läßt sich nachweisen, daß zwar die Verhaltensänderungen kurzfristig eintreten, die Wirkungen jedoch langfristig nicht bestehen bleiben.

Es tritt je nach der absoluten Erhöhung ein dem Substitutions- und Vermeidungseffekt entgegenwirkender Effekt ein: der Gewöhnungseffekt. Dieser Gewöhnungseffekt ist um so größer, je geringer die Erhöhung der Treibstoffkosten ausgefallen ist. Je höher sie ist, um so weniger gewöhnen sich die motorisierten Verkehrsteilnehmer an das neue Preisniveau.

Tabelle 16: Gewöhnungseffekt im Abhängigkeit von der Treibstoffpreiserhöhung

Treibstoffpreiserhöhung	10 %	20 %	30 %	40 %	50 %
Substitutionseffekt	0,361	0,318	0,293	0,246	0,205
Treibstoffpreiserhöhung	60 %	70 %	80 %	90 %	100 %
Substitutionseffekt	0,171	0,143	0,120	0,101	0,085

Dabei wurde auch die Vergrößerung des österreichischen Fuhrparks als sogenannte „Wohlstandssteigerung“ mitberücksichtigt. D.h. der Gewöhnungseffekt tritt ein, obwohl in manchen Jahren je Auto weniger Verkehrsleistung geleistet wird und teilweise verbrauchsärmere Fahrzeuge eingesetzt werden, aber die verminderte Kfz-spezifische Verbrauchsleistung durch einen höheren Kfz-Bestand ausgeglichen wird.

Der Gewöhnungseffekt ist aber auch von der Höhe der Treibstoffkosten an den gesamten Haushaltsausgaben abhängig. Betrachtet man die Entwicklung der Treibstoffpreise im Vergleich zu den Preisen des öffentlichen Verkehrs, zeigt sich in den letzten vierzig Jahren eine deutlich unterschiedliche Preisentwicklung. Eine Treibstoffpreiserhöhung belastet die Haushalte 1992 nur wenig. Sie kann durch Substitution und Vermeidung von motorisiertem Verkehr rasch kompensiert werden. Der Gewöhnungseffekt wird dementsprechend hoch sein.

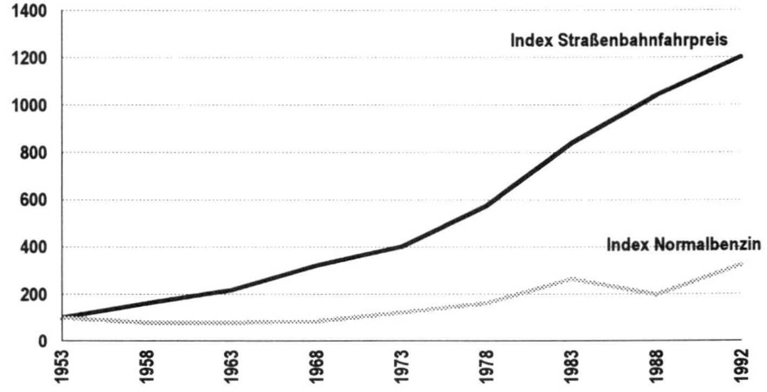

Abbildung 10: Verkehrskosten im Vergleich

Anders stellt sich der Gewöhnungseffekt dar, wenn die Treibstoffkosten einen hohen Anteil an den Haushaltskosten ausmachen. Er ist dann deutlich geringer.

Der gesamte Preiseffekt wird in der Elastizität II ausgedrückt.

Tabelle 17: Elastizität II					
Treibstoffpreiserhöhung	10 %	20 %	30 %	40 %	50 %
Substitutionseffekt	-0,130	-0,121	-0,114	-0,108	-0,103
Vermeidungseffekt	-0,274	-0,256	-0,240	-0,228	-0,217
Gewöhnungseffekt	0,361	0,318	0,293	0,246	0,205
Elastizität II	**-0,043**	**-0,059**	**-0,061**	**-0,090**	**-0,114**
Treibstoffpreiserhöhung	60 %	70 %	80 %	90 %	100 %
Substitutionseffekt	-0,098	-0,093	-0,089	-0,085	-0,082
Vermeidungseffekt	-0,206	-0,196	-0,188	-0,180	-0,172
Gewöhnungseffekt	0,171	0,143	0,120	0,101	0,085
Elastizität II	**-0,132**	**-0,146**	**-0,157**	**-0,164**	**-0,170**

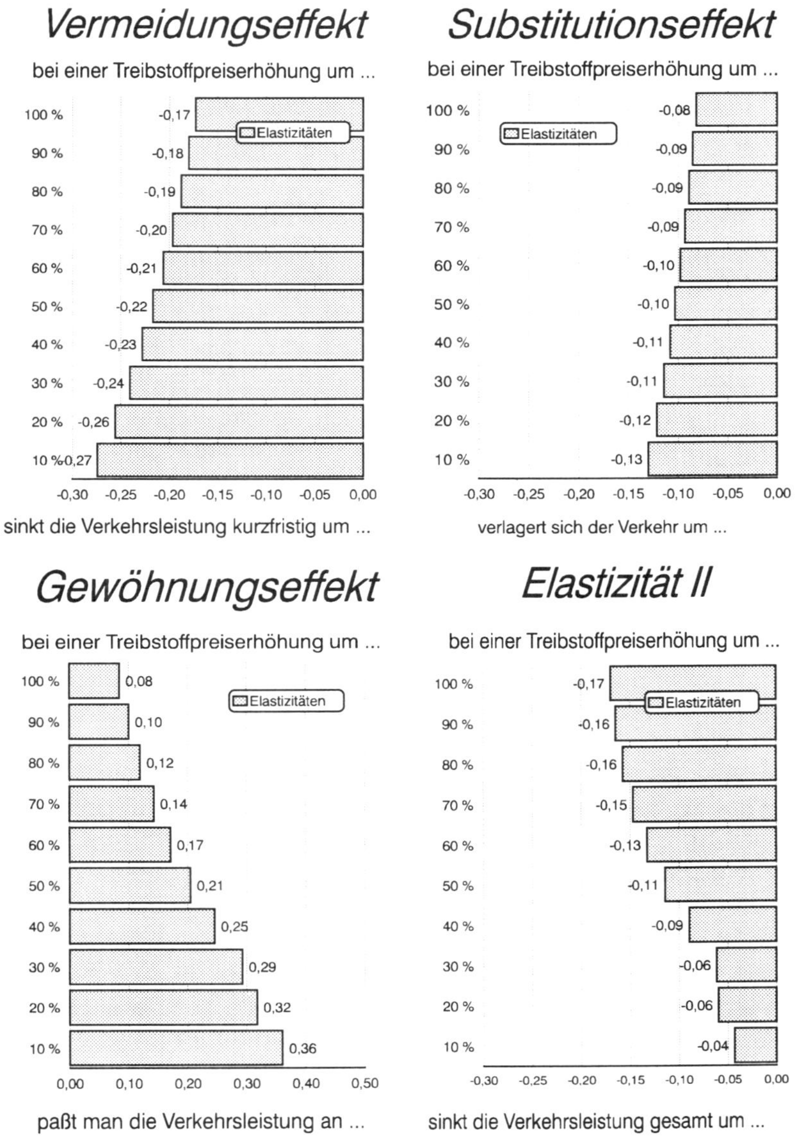

Abbildung 11: Elastizitäten im Verkehr

Es zeigt sich, daß nach Berücksichtigung des Gewöhnungseffekts, hohe Treibstoffpreiserhöhungen auch die höchsten Elastizitäten aufweisen. Bei einer Verdoppelung des Treibstoffpreises beträgt die Elastizität II -0,17. Das bedeutet, eine Verdoppelung der Treibstoffpreise führt kurzfristig zu einer Verkehrsmengenreduktion von 25 % und langfristig (Elastizität II) zu einer Verkehrsmengenreduktion von 17 %.

Bei Steigerungen von über 100 % des Treibstoffpreises führt die abnehmende Elastizität I und der abnehmende Gewöhnungseffekt langfristig zu keiner linearen, sondern zu einer degressiven Steigerung der Elastizitäten. Die maximal erreichbare Elastizität liegt nur wenig über - 0,17. Eine größere Elastizität ist mit veränderten Treibstoffpreisen basierend auf dem Preisniveau 1990 nicht zu erwarten.

Es muß in diesem Zusammenhang jedoch deutlich darauf verwiesen werden, daß die Elastizitäten bei einem höheren Treibstoffpreisniveau durchaus höher sein könnten. Allerdings gibt es für solche Situationen noch keine empirischen Untersuchungen. Die vorliegende Elastizitätstabelle beruht auf den Erfahrungen in Österreich, Deutschland und der Schweiz.

2.3.2. Einkommenseffekt

Eine pauschale Rückvergütung aus den Verkehrsabgaben beeinflußt wie der Ökozuschlag das Verkehrsverhalten. Der Ökobonus erhöht das verfügbare Einkommen. Diese Effekte führen zu einem bestimmten Konsumverhalten. So kann der Ökobonus zur Abdeckung der erhöhten Kosten des motorisierten Verkehrs und der erhöhten Produktkosten (indirekte preisliche Auswirkungen des Ökobonus) sowie zur Anschaffung von alternativen Verkehrskosten (Umweltverbund) verwendet werden.

Diese Einkommenseffekte treten nur bei einer Erhöhung des Einkommens ein. D.h. der Ökobonus erhöht im ersten Jahr das Einkommen. Danach verändert sich das Einkommen der Haushalte auch bei jährlicher Bonusauszahlung in Relation zum Vorjahr nicht. Die Einkommenseffekte sind zeitlich dimensionslos und werden deshalb unabhängig von der Höhe eines Treibstoffzuschlags dargestellt.

Der Ökobonus ermöglicht Entscheidungsfreiheit und ist daher ein marktwirtschaftliches Instrument zur Herstellung von Markttransparenz und -

gerechtigkeit. Ein Teil des Ökobonus oder aber auch die gesamte Rückvergütung kann daher für die Abdeckung der erhöhten Kosten des motorisierten Verkehrs herangezogen werden.

Tabelle 18: Einkommenseffekt (Elastizitäten)	
	Elastizität
Zunahme des motorisierten Kraftfahrzeugverkehrs	0,09
Zunahme des öffentlichen Verkehrs in Haushalten mit Pkw	0,36
Zunahme des öffentlichen Verkehrs in Haushalten ohne Pkw	0,38

Bei einer Zunahme des Einkommens um 10 % steigt die Nachfrage nach motorisiertem Verkehr um 0,9 %. Das ist eine Elastizität von 0,09.[44]

Der Verkehrsmengeneffekt auf den öffentlichen Verkehr wird von den zwei Prinzipien des Ökobonus vorgezeichnet. Einerseits erhöht sich die Nachfrage nach ÖV, wenn die Verkehrskosten im Kfz-Verkehr markant erhöht werden, andererseits erhöht sich die Nachfrage nach ÖV durch den Einkommenszuwachs der Bonusausschüttung.

Die Erhöhung der Nachfrage nach öffentlichem Personenverkehr aufgrund des Preiseffekts ist nichts anderes als der negative Substitutionseffekt. Bei einer Erhöhung der Treibstoffkosten um 100 % beträgt die Elastizität 0,11 (der Substitutionseffekt beträgt - 0,11).

Die Nachfrage nach öffentlichem Verkehr ändert sich in Haushalten mit Auto bei einer Zunahme des Einkommens um 10 % um 3,6 %. Das ist eine Elastizität von 0,36.[45] In Haushalten ohne Auto steigt die Nachfrage nach Leistungen des öffentlichen Verkehrs um 3,8 %. Das ist eine Elastizität von 0,38.[46]

2.3.3. Prüfung der Elastizitäten

Das Problem der Externalitäten hat der Ökonom Pigou bereits 1918 erkannt und ein Modell entwickelt, welches die Effizienz des Marktes mit Hilfe einer Umweltsteuer verbessert. Sie trägt den Namen ihres Erfinders: Pigou-Steuer.

Dabei geht Pigou von folgenden Tatsachen aus: Die Produktion bestimmter Güter verursacht externe Effekte, die volkswirtschaftliche Schäden anrichten. Diese Schäden finden in der Berechnung des optimalen Outputniveaus und im Produktpreis keinen Eingang. Die gesamten Kosten dieser Schäden, an denen die gesamte Gesellschaft leidet, sollen aber dem Verursacher angelastet werden.

Für Österreich errechnete Puwein[47] für den Basiszeitraum 1966/1980 eine durchschnittliche Elastizität der Benzinnachfrage von -0,25. Demnach führte eine 10%-ige Erhöhung des Benzinpreises zu einem durchschnittlichen Rückgang der Nachfrage nach Benzin um 2,5%. In diesem Zeitraum gab es mehrere sprunghafte Benzinpreissteigerungen. -0,25 ist der Durchschnittswert aus den unterschiedlichen Reaktionen darauf. Dieser Wert deckt sich vollkommen mit den im vorigen Abschnitt ermittelten Elastizitäten für eine Erhöhung des Treibstoffpreises um 100 %, bei der der Gewöhnungseffekt bereits vernachlässigbar gering ist. D.h. die Nachfrage nach Treibstoff ist bei einer deutlichen Erhöhung der Treibstoffpreise nicht mehr unelastisch.

Dies dürfte 1990 nicht wesentlich anders sein. Das geht ebenfalls aus Berechnungen von Puwein[48] hervor. Puwein führt aus, daß die Benzinnachfrage der Österreicher nicht nur vom Benzinpreis in Österreich, sondern auch vom Benzinpreis in der BRD abhängt. Angesichts der Substitutionsmöglichkeit durch Tanken vor oder nach der Grenze ist dies plausibel. Seiner Schätzung nach bewirkt eine Benzinpreiserhöhung um 60% für das Jahr 1988 eine Abnahme des Benzinabsatzes um 15%.

Aus der Analyse von Puwein geht noch eine andere bemerkenswerte Tatsache hervor; nämlich, daß der Benzinverbrauch auf Einkommensänderungen elastisch reagiert. Die Einkommenselastizität beträgt nach seinen Berechnungen für 1966/1980 1,3. Das bedeutet, eine 10 %-ige Anhebung des Einkommens führte zu einer durchschnittlichen Erhöhung des Benzinverbrauchs um 13 %. Der Unterschied zu den in dieser Arbeit verwendeten Elastizitäten des EVED liegt darin, daß diese nicht nur die Nachfrage nach Treibstoff erfassen, sondern die gesamte Nachfrage nach individuellem (Kfz-) und öffentlichem Verkehr darstellen.

Andere Elastizitäten ermittelten Philip Goodwin[49] und Peter Jones in Großbritannien im Rahmen einer Veröffentlichung der European Conference of Ministers of Transport. Sie geben eine kurzfristige Treibstoffpreiselastizität im Verkehr von - 0,13 an. Langfristig sei diese - 0,3. Der Basiszeitraum war 1980 - 1988. Sie weisen darauf hin, daß die langfristige Preiselastizität auch höher sein könnte.

In der Bundesrepublik Deutschland haben das Heidelberger Umwelt- und Prognoseinstitut[50] im UPI-Bericht Nr.13 eine Vermeidung von 25 % bei Diesel und von 20% bei Benzin prognostiziert, falls eine Ökosteuer von 2 DM je Liter Treibstoff eingehoben wird. Das ergibt eine Preiselastizität bei Diesel von - 0,17 und bei Benzin von - 0,18.

Die vom Umwelt- und Prognoseinstitut in dieser Studie verwendeten Elastizitäten zeigen, daß die zeitliche Dimension sehr wohl einen entscheidenden Faktor bei der Betrachtung von Elastizitäten spielt. Der niedrige Wert von -0,18 ist voraussichtlich ein Mischwert aus verschiedenen Elastizitäts-Effekten und entspricht der in dieser Arbeit ermittelten Elastizität über alle Veränderungsstufen von 10 % bis 100 %. Dieser wäre bei durchschnittlicher Betrachtung -0,20.

Zusammenfassung

- Die Elastizitäten für das Ökobonusmodell wurden im wesentlichen anhand der Veränderung der Nachfrage nach Treibstoff und der Veränderung der Einkommen festgelegt.

Preiselastizität	**-0,17**
Einkommenselastizität KV	**0,09**
Einkommenselastizität Umweltverbund mit Pkw	**0,36**
Einkommenselastizität Umweltverbund ohne Pkw	**0,38**

- Die errechneten Elastizitäten zeigen, daß eine Treibstoffpreiserhöhung in einer ersten Phase durchaus hohe Substitutions- und Vermeidungseffekte hervorruft. Allerdings werden diese Effekte in einer zweiten Phase - einer Anpassungsphase - gedämpft. Wir haben diesen Effekt Gewöhnungseffekt genannt. Er läßt sich aufgrund der Entwicklungen in den Jahren 1970 - 1990 nachweisen.

- Eine weitere wesentliche Bestimmungsgröße für Elastizitäten im Verkehr ist der Anteil der Verkehrsausgaben an den gesamten Haushaltsausgaben. Je höher der Anteil ist, um so geringer wird der Gewöhnungseffekt sein. Das wiederum bedeutet höhere Elastizitäten durch mehr Vermeidung und Substitution. Der Gewöhnungseffekt tritt vor allem dadurch ein, daß der Autobenutzer andere Haushaltsausgaben einschränkt und diese Beträge für die erhöhten Verkehrskosten verwendet. In seinem Haushaltsetat kann er jedoch nicht beliebig viele Ausgaben einschränken oder vermeiden. Je stärker die Verkehrskosten seinen Haushalt belasten, um so weniger wird es ihm gelingen andere Ausgaben einzusparen. Es bleibt nur noch die Möglichkeit, den Verkehrskonsum einzuschränken. Der Gewöhnungseffekt ist nur abgeschwächt wirksam.
- Aus der Sicht 1990 ist der Treibstoffkostenanteil an den gesamten Haushaltsausgaben mit 2,4 % der Ausgaben derart gering, daß etwa eine 20 %-ige Treibstoffpreiserhöhung mühelos bei anderen Ausgaben eingespart werden kann. Diese Erhöhung würde 1990 eine jährliche Mehrbelastung von S 1.500,- verursachen.

2.4. Ziel des Ökobonus

Zu Beginn der achtziger Jahre wurde durch das Auftreten „neuartiger Waldschäden" ein weiterer unkontrollierter Ausstoß von Luftschadstoffen erstmals als ernste Gefahr für die Erhaltung der natürlichen Umwelt und damit der menschlichen Lebensqualität und Gesundheit erkannt. Seit damals stehen daher fünf Schadstoffe bzw. Schadstoffgruppen im Mittelpunkt der Reinhaltepolitik: Schwefeldioxid (SO2), Stickstoffoxide (NOx), Flüchtige Organische Verbindungen (volatile organic compounds = VOC), Kohlenmonoxid (CO) und Staub. Durch das Auftreten des Treibhauseffekts, der vor allem auf den massiven Einsatz fossiler Brennstoffe zurückzuführen ist, wurden auch die Emissionen von Kohlendioxid (CO2) als ein zentrales Problem der Luftreinhaltepolitik erkannt.[51]

Da der Verkehr am gesamten Schadstoffausstoß einen ganz wesentlichen Anteil hat (zwischen 5,6 % und 71,0 %), kommt ihm im Rahmen der Reinhaltepolitik eine wichtige Rolle bei der Erreichung von Emissionszielen zu. Denn mit Hilfe des Ökobonus und einer damit verbundenen Treibstoffpreiserhöhung können die Emissionen des Verkehrs reduziert und damit auch Ziele der Reinhaltepolitik erreicht werden.

2.4.1. Festlegung des Emissionsziels

Zwei Emissionsziele werden auf ihre praktische Umsetzbarkeit geprüft. Zum einen eine Reduktion der Stickoxidemissionen des Verkehrs auf den Wert von 1960 und zum anderen die Erreichung des Toronto-Ziels, das eine Reduktion der gesamten Kohlendioxidemissionen auf den Wert von 1988 abzüglich 20% vorsieht. Mit den ermittelten Elastizitäten im Verkehr können nun die für die Erreichung dieser Emissionsziele erforderlichen Treibstoffpreiserhöhungen berechnet werden.

NO_x-Reduktionsziel

Tabelle 19: NO_x-Emissionen[52] in Tausend Tonnen

	1960	**1990**	**Prognose 2000**	**Ziel 2000**
Gesamtemissionen	95	207	155	87
Anteil Verkehr	36 (*38 %*)	147 (*71 %*)	104 (*67 %*)	36 (*41 %*)

Mit Hilfe des Ökobonus sollen die Verkehrsemissionen der Stickoxide so stark reduziert werden, daß sie in ihrer Höhe den Verkehrsemissionen des Jahres 1960 entsprechen. Es wäre also eine Reduktion um 68.000 Tonnen notwendig. Dies entspricht einem prozentuellen Rückgang des Treibstoffverbrauchs um rund 65%. Aufgrund der in dieser Studie errechneten Elastizität müßte daher der Treibstoffpreis um etwa 375 % erhöht werden. Da ein so hoher Ökobonuszuschlag nicht durchsetzbar erscheint, kann dieses Ziel nicht allein über eine Treibstoffpreiserhöhung erreicht werden.

CO_2-Reduktionsziel

Tabelle 20: CO_2-Emissionen[53] in Tausend Tonnen			
	1988	**2005**	**Ziel 2005**
Gesamtemissionen	*55.400*	*68.500*	44.320
Anteil Verkehr	15.090 (27 *%)*	19.000 (28 *%)*	12.072 (27 *%)*

Bezüglich der Kohlendioxidemissionen wurde im Energiebericht 1990 der österreichischen Bundesregierung eine Reduktion um 20%, bezogen auf das Jahr 1988 für das Jahr 2005 festgeschrieben (Toronto-Ziel). Dies bedeutet, daß die gesamten CO2-Emissionen im Jahr 2005 nur mehr 44.320.000 Tonnen betragen dürfen. Dieses Ziel kann natürlich nicht nur durch eine Reduktion der Emissionen im Verkehrsbereich erreicht werden, sondern erfordert eine entsprechende Verringerung der Kohlendioxidemissionen bei allen Emittentengruppen. Für den Verkehrsbereich ergibt sich somit ein Emissionswert von 12.072.000 Tonnen CO2 für das Jahr 2005. In dieser Studie wird davon ausgegangen, dieses Ziel bereits im Jahr 2000 zu erreichen.

Toronto-Ziel

Tabelle 21: Toronto Ziel CO_2 Emission in Tausend Tonnen		
	Prognosewert 2000	**Ziel 2000**
Verkehrsemissionen	*18.400*	12.072 (-34 %)

Eine allfällige weitere technische Entwicklung im Bereich der Verkehrsemissionen könnte dann dazu führen, daß das Toronto-Ziel im Jahr 2005 nicht nur erreicht, sondern sogar unterboten wird. Bei der Berechnung der notwendigen Treibstoffpreiserhöhung wird daher von folgenden Daten ausgegangen.

Um das Toronto-Ziel zu erreichen, ist also eine Verringerung des Kohlendioxidausstoßes bei der Verbrauchergruppe Verkehr um 6.328.000 Tonnen notwendig, dies entspricht einer Reduktion um 34,39 %. Unter Einbeziehung der errechneten Elastizität ist eine Treibstoffpreiserhöhung um rund 197 % erforderlich. Für das Jahr 2000 würden die Gesamtemissionen somit 58.772.000 Tonnen CO_2 betragen. Da die Durchsetzung dieser Treibstoffpreiserhöhung durchaus möglich ist, beziehen sich unsere folgenden Berechnungen auf eine Treibstoffpreiserhöhung um 200 % und eine damit verbundene Reduktion der Emissionen um 34,92 %.

Zusammenfassung

- Die Höhe des Ökozuschlags wird in dieser Studie von umweltpolitischen Zielen determiniert.
- Mit Hilfe des Ökobonus soll versucht werden, das realpolitische Ziel (Toronto-Ziel) einer 20 %-igen Reduktion der CO_2-Emissionen von 1988 bis zum Jahr 2000 zu erreichen.
- Aufgrund der festgelegten Elastizitäten errechnet sich ein Ökozuschlag von 200 %.

2.5. Methodik[54]

Um die Entwicklung des Verkehrs in der Zukunft aufzuzeigen, muß ein Modell entwickelt werden, aus dem sich die Auswirkungen des Ökobonus darstellen lassen. Dabei steht der gesamte motorisierte Verkehrssektor im Mittelpunkt. Wesentliches Augenmerk wird auf den motorisierten Kraftfahrzeugverkehr (KV) und den öffentlichen Verkehr (ÖV) gerichtet.

Die Entwicklung der Zukunftsbilder erfolgte mit der *Szenariotechnik*. Unter einem Szenario versteht man sowohl die Beschreibung einer möglichen zukünftigen Situation als auch eines Pfades, der zu dieser zukünftigen Situation hinführt. Szenarien sollen in der Planung Rahmenbedingungen setzen, für die verschiedene Strategien durchgespielt werden können.

2.5.1. Modellprognose

Komplexe Zukunftsbilder lassen sich in verschiedener Weise entwerfen. So können *Visionen* (auf eher intuitiver Basis), *Trends*, *Simulationsverfahren* und *Prognosen* entwickelt werden. Für das Ökobonus-Modell wurde eine Modellprognose entwickelt. Voraussetzung dazu war, die Wirkungszusammenhänge der Realität in einem mathematischen Modell abzubilden. Dabei müssen die Eingangsinformationen in quantifizierter Form eingegeben werden. Aus bestimmten vorgegebenen Annahmen können dann verschiedene Zukunftsbilder abgeleitet werden.

Die Modellprognose weist folgende Merkmale auf:

- Ausgangspunkt ist eine gründliche Analyse der gegenwärtigen Situation, die zu einem Verständnis der Wirkungszusammenhänge führt.
- Für Einflußfaktoren mit unsicherer Zukunftsentwicklung werden sinnvolle alternative Annahmen getroffen.
- Als Ergebnis können mehrere Zukunftsbilder vorliegen, die von der subjektiven Einschätzung des Modellnutzers abhängen.
- Die einzelnen Ergebnisse sind in sich konsistent.

Die Modellprognose ist ein leicht anfaßbares Instrument der Szenariotechnik, und ermöglicht eine einfache, auf die Wirkungszusammenhänge konzentrierte Analyse. Entscheidender Vorteil der Modellprognose ist also die leichte Handhabung der Ergebnisse. Ein weiterer Vorteil liegt darin, daß Teilszenarien auch außerhalb des Modells diskutiert werden können. Dies trifft vor allem auf verschiedene Wirkungszusammenhänge im Bereich des Verkehrssektors zu (z.B. die Staatsfinanzierung).

Die Modellprognose, die auf einer Erfassung der Wirkungszusammenhänge in der Vergangenheit aufbaut, indem sie die erkannten Wirkungen (z.B. Elastizitäten) für die Zukunft anwendet, muß von stabilen Rahmenbedingungen ausgehen. Instabile Rahmenbedingungen verhindern die Interpretation der entwickelten Szenarien, da die Änderungen nicht mehr „ausschließlich" auf die gesetzten Maßnahmen zurückgeführt werden können. In einer Modellprognose müssen daher die untersuchten Einflußgrößen in einem stabilen Umfeld analysiert werden.

Strukturelle Änderungen, wie etwa die Veränderung des Zinsniveaus, die Veränderung der Arbeitslosigkeit, die Umweltentwicklung, die Wirtschaftsentwicklung, die Entwicklung der Technologie, aber auch die Veränderung der Energiepreise werden in der Modellprognose nicht als Variable berücksichtigt, sondern als stabil angenommen.

Ein Störereignis ist ein plötzlich auftretendes Ereignis, das vorher trendmäßig nicht erkennbar war und Trends in eine andere Richtung lenkt. Trendbruch-Ereignisse müssen nicht unbedingt Katastrophen wie Erdbeben, Reaktorunglücke oder Tankerunfälle sein, sondern es kann sich auch um positive Ereignisse, wie politische Aussöhnungen, neue Techniken oder neue Energiequellen handeln.

In der Modellprognose werden keine Störereignisse prognostiziert. Somit werden die Rahmenbedingungen als *absolut stabil* angenommen

Unter Beachtung der wissenschaftlichen Anforderungen an die Modellprognose ist gewährleistet, daß die untersuchten „Wirkungen" und „Effekte" bestmöglich abstrahiert sind. Bei exakter Verwendung von Niederstwertansatz und Quantifizierungsgebot ist die Modellprognose auch gegen wissenschaftliche Angriffe, wie etwa den Vorwurf mit utopischen Zahlen zu arbeiten, bestmöglich abgesichert. Die Ergebnisse können aus heutiger Sicht in einer subjektiven Bandbreite als durchaus realistische Zukunftswerte klassifiziert werden.

2.5.2. Strukturierung der Einflußfaktoren

Tabelle 22: Verkehrsmittelformen

Zufußgehen	FUSS	nicht motorisierter Individualverkehr
Radfahren	RAD	nicht motorisierter Individualverkehr
Öffentlicher Verkehr	ÖV	motorisierter Verkehr, wie Straßenbahn, Bahn, U-Bahn, O-Busse, Diesel- und Elektrobusse
Motorisierter Kraftfahrzeugverkehr	MKV	motorisierter Verkehr, wie Moped, Motorrad, Personenkraftwagen, Elektrofahrzeuge, Solarfahrzeuge
Flugverkehr	FLUG	motorisierter Verkehr, wie Charter- und Linienflüge, Privatflugzeuge

Zunächst wurden alle externen Einflußfaktoren auf das Untersuchungsfeld „Verkehrsstruktur" definiert. „Verkehrsstruktur" ist der Oberbegriff für alle Elemente des Verkehrswesens, wie insbesondere die Verkehrsmittelformen, die Verkehrsinfrastrukturen, die Energieinputs und die ordnungspolitischen Rahmen des Verkehrswesens.

Die Verkehrsstruktur wird durch von fünf verschiedenen Verkehrsmittelformen bestimmt. Das Angebot der fünf Verkehrsmittelformen beeinflußt die Verkehrsmittelwahl. D.h., die Verkehrsstruktur selbst ist ein Einflußfaktor.

Neben diesen Interdependenzen der Verkehrsmittelformen untereinander wurden nun andere Einflußfaktoren gesammelt.

Tabelle 23: Einflußfaktoren auf die Verkehrsstruktur	
Verkehrsstruktur	Angebot, technischer Standard, Komfort, Geschwindigkeit der verschiedenen Verkehrsmittel
Subjektive Bedürfnisse	Verkehrszweck, Bequemlichkeit, Geschwindigkeit, Prestige, Macht
Sozialer Standard	Private Einnahmen und Ausgaben
Preisniveau des Verkehrs	Direkte Kosten des Verkehrs, Bestandteil an variablen und fixen Kosten
Umweltbelastung	Externe Kosten, der Allgemeinheit übertragene Kosten
Infrastruktur	Räumliche Gegebenheiten, strukturelle Gliederung nach Wohnen, Arbeit, Einkauf und Freizeit
Volkswirtschaftliches Interesse	Funktionstüchtigkeit der wirtschaftlichen Versorgung, Sicherheit, Abgabenquelle, Qualität der Produktion
Internationales Umfeld	Import, Export, Fremdenverkehr

Letztlich mußten die bestimmenden Gesellschaftskomponenten bestimmt werden, die sowohl Nutzer, als auch Verursacher für die Verkehrsstruktur sind: Private Haushalte, die Wirtschaft und der Staat.

2.5.3. Deskriptoren

Für die ermittelten Einflußfaktoren wurden nun Deskriptoren (Kenngrößen) formuliert. Die Deskriptoren decken im wesentlichen alle wichtigen Einflußfaktoren ab. Deskriptoren sollen nach Möglichkeit quantifizierbare Größen sein. Ist dies jedoch sachlich nicht gerechtfertigt, darf die Quantifizierung nicht erzwungen werden. In solchen Fällen müssen Deskriptoren qualitativer Art angegeben werden.

Für alle Deskriptoren ist zunächst der Istzustand zu kennzeichnen, auf deren Basis die Modellprognose berechnet werden kann. Dabei wurde auf bekannte Prognosen (z.B. Entwicklung der Schadstoffbelastung) und Expertenwissen (z.B. Entwicklung des motorisierten Individualverkehrs) zurückgegriffen. Auf unterschiedliche Entwicklungsweisen wurde in der Modellprognose hingewiesen. Durch die Variabilisierung einzelner Deskriptoren wurde ein offenes Modell entwickelt.

Deskriptoren sind im finanziellen Bereich die privaten Kosten, Verbraucherpreise, der Ökozuschlag, die externen Kosten, die Kosten des Staatshaushaltes, Produktionskosten, private Einnahmen, der Ökobonus und die Elastizitäten. Im Verkehrsbereich sind es der Treibstoffverbrauch, die Verkehrsmenge und die Fahrzeugtechnik. Im Umweltsektor sind es die Schadstoffbelastung, die Anzahl der Verkehrsunfälle und die sonstigen Verkehrsschäden.

Im nächsten Schritt wurde eine Matrix entwickelt, in der die Ausprägungen aller Deskriptoren einander gegenübergestellt werden. In dieser Matrix wird aufgezeigt, welche Ausprägungen in Beziehung zueinander stehen. Dabei können auch Deskriptoren voneinander abhängig sein. Diese Beziehungen sind in der Deskriptorenmatrix dargestellt.

In der horizontalen Zeile der Matrix wird die Beeinflussung der Deskriptoren aufgezeigt. Beispielsweise beeinflussen der *Ökozuschlag* und der *Treibstoffverbrauch* direkt die *Privaten Kosten*. Die Summen der Beeinflußbarkeit sind in der ersten Spalte vertikal dargestellt.

... beeinflußen die / den ... ↓ / → ... werden / wird beeinflußt von ...	Beeinflußbarkeit	Private Verkehrskosten	Verbraucherpreise	Ökozuschlag	Externe Kosten	Staatshaushalt	Produktionskosten	Private Einnahmen	Ökobonus	Elastizitäten	Treibstoffverbrauch	Verkehrsmenge	Fahrzeugtechnik	Schadstoffbelastung	Verkehrsunfälle	Verkehrsschäden
Beinflußungsgrad	-	4	2	10	3	2	3	3	3	8	9	7	9	2	3	3
Private Kosten	2	-		o							o					
Verbraucherpreise	2		-	o			o									
Ökozuschlag	2			-	o					o						
Externe Kosten	6				-	o						o	o	o	o	o
Staatshaushalt	3			o	o	-					o					
Produktionskosten	2			o			-						o			
Private Einnahmen	1							-	o							
Ökobonus	3			o					-	o	o					
Elastizitäten	3	o								-	o		o			
Treibstoffverbrauch	5	o		o						o	-	o	o			
Verkehrsmenge	6	o		o		o		o	o		o	-				
Fahrzeugtechnik	3						o				o	o	-			
Schadstoffbelastung	4									o	o	o	o	-		
Verkehrsunfälle	3									o		o	o		-	
Verkehrsschäden	3									o		o	o			-
Private Haushalte	10	o	o	o				o	o	o			o	o	o	o
Wirtschaft	7		o	o			o	o		o	o				o	o
Staat	5			o	o						o	o	o			

Abbildung 12: Verkehrsmatrix - Verknüpfung der Deskriptoren

Beeinflußbarkeit: Die Beeinflußbarkeit definiert die Möglichkeiten, das Verhalten der Systemgruppe durch andere Deskriptoren zu verändern. Z.B. kann das Verkehrsverhalten privater Haushalte stärker beeinflußt werden, als das der Wirtschaft.

In der vertikalen Spalte der Matrix wird der Beeinflussungsgrad von Deskriptoren dargestellt. Beispielsweise beeinflussen die *Privaten Kosten* die *Elastizitäten*, den *Treibstoffverbrauch* und die *Verkehrsmenge*. Die Summen der Beeinflussung sind in der ersten Zeile horizontal dargestellt.

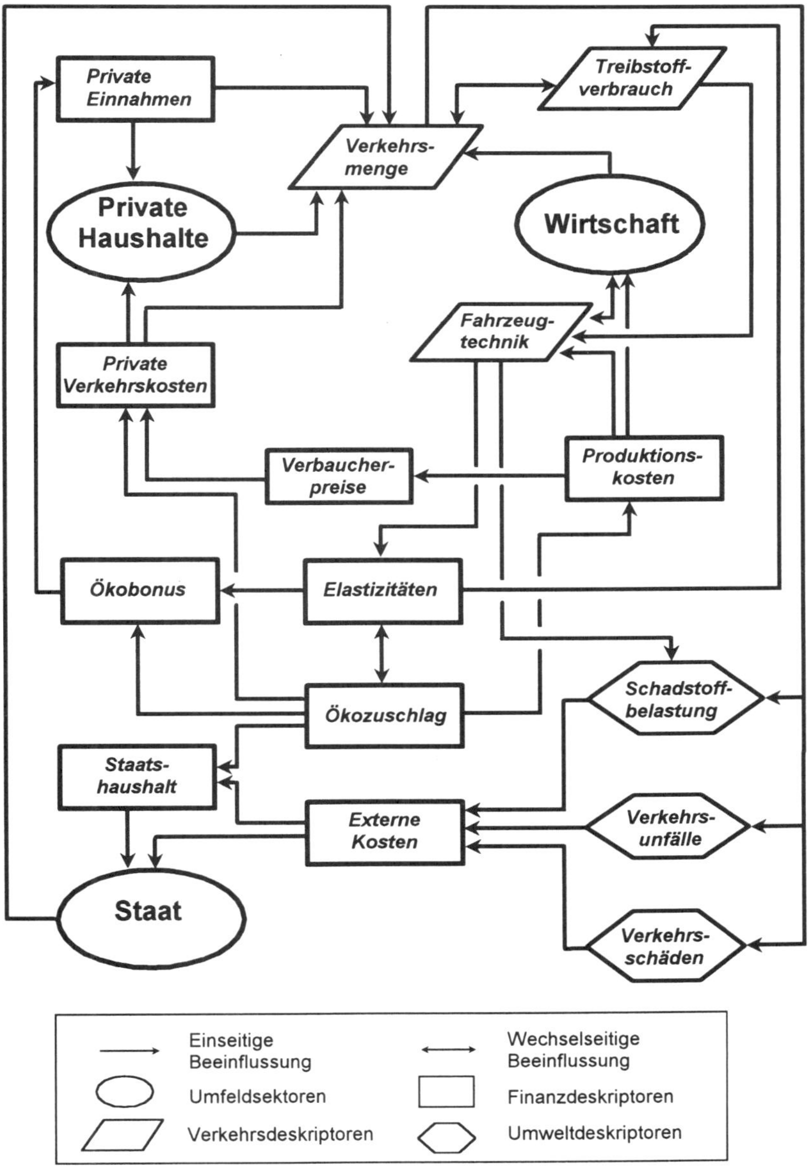

Abbildung 13: Ökobonus im Verkehrssystem (Deskriptorenmodell)

Beeinflussungsgrad	Der Beeinflussungsgrad ist die Summe der beeinflußten Deskriptoren. Er zeigt an, wie stark ein Deskriptor die Verkehrsstruktur beeinflussen kann.

Die Verkehrsmatrix beinhaltet im wesentlichen alle direkten Beeinflussungen der Deskriptoren. Anhand der Verkehrssystem-Graphik kann aufgezeigt werden, daß auch indirekte Beeinflussungen - Beeinflussung über einen anderen Deskriptor - auftreten können.

Die Verknüpfungen sind Abbildung 12 graphisch dargestellt. Beeinflussungen sind durch eine Pfeilspitze dargestellt, wechselseitige Beeinflussung als Doppelpfeile.

2.5.4. Szenarioentwicklung (Zeitraum, Ziel)

Im nächsten Schritt wurde nun der Rahmen für das Ökobonusmodell festgelegt. Als Basisjahr wurde das Jahr 1990 und als Zieljahr für die Analyse der Auswirkungen das Jahr 2000 festgelegt. Der Wirkungszeitraum ergibt sich daher mit 10 Jahren. Der zweite Schritt für die Szenarioentwicklung war die Zielfestlegung. Dabei wurde auf ein realpolitisches Ziel zurückgegriffen (Torontoziel).

Mit der getroffenen Zielfestlegung liegt eine konkrete strategische Fragestellung vor. Nun kann man direkt aus der entwickelten Modellprognose die Konsequenzen für die vorliegende Fragestellung ableiten.

Diese Konsequenzen sind über die Deskriptoren miteinander verknüpft und werden teilweise quantitativ und qualitativ in den einzelnen Abschnitten des Kapitels „Auswirkungen“ dargestellt.

Die Auswirkungen basieren auch auf subjektiven Erwartungshaltungen. Die Modellprognose ermöglicht nun mit Hilfe von variablen Deskriptoren, das Modell so zu entwickeln, daß die Erwartungen objektiviert werden können. Das Erarbeiten von Maßnahmen ist im engeren Sinn nicht mehr Gegenstand der Modellprognose, da die Maßnahme - der Ökobonus - Ausgangspunkt zur Erstellung der Modellprognose war. Viele Erkenntnisse der Modellprognose können daher auch für die Entwicklung anderer Maßnahmen als den Ökobonus herangezogen werden. Als Beispiele sind eine Verkehrsbesteuerung mit zweckgebundener Mittelverwendung,

Road-Pricing, Parkraumbewirtschaftung oder ordnungspolitische Maßnahmen anzuführen.

Zusammenfassung

- Die Analyse des Ökobonus wird durch eine Modellprognose unterstützt. Die Modellprognose ist eine Form der Szenariotechnik.
- Im wesentlichen wird das Modell von finanziellen, umwelt- und verkehrspolitischen Deskriptoren beschrieben.
- Die Auswirkungen und Zusammenhänge sind vor allem für Haushalte, für die Wirtschaft und für den Staat von Bedeutung.
- Basisjahr des Modells ist das Jahr 1990. Der Wirkungszeitraum wurde mit 10 Jahren festgelegt.

---

1 Riedel Roman, Verkehrsbilanz Österreich, Wien 1989
Bauer, Gehmacher, Gesellschaftliche Folgen des Lkw-Verkehrs in Österreich, Wien 1980

2 siehe Fußnote 1

3 Quelle: VCÖ-Dienst 47/92, ÖSTAT, AK

4 Farmer Karl, Wirtschaft und Umwelt, S. 45 ff.

5 Thaler R., Koch H., Hiess H. u.a., Wege zum stadtverträglichen Verkehr von morgen, VCÖ Ressort für Verkehrswissenschaften, Studie für Greenpeace, Wien 1992

6 In der Literatur gibt es verschiedene Definitionen von externen und sozialen Kosten. Die erste stellt externe und soziale Kosten gleich, die zweite definiert die sozialen Kosten als Summe aus privaten und externen Kosten. In dieser Arbeit wird die zweite Definition verwendet.

7 Neutralisierung der sozialen Kosten des Straßenverkehrs, WIFO Monatsberichte 1 / 92, Puwein W., Wien 1992

8 The problem of the Social Cost, Coase R., Journal of Law and Economies, 1960.

9 Mobilität - Steuern, Peter Novy, Graz 1992, S 47.

10 Werte vom Umweltbundesamt und aus der CO_2-Prognose des WIFO 1991

11 Der monetäre Wert besserer Luft - Eine Empirische Analyse individueller Zahlungsbereitschaften, Umweltbundesamt, Texte 25/85, BRD 1985

12 Umwelt in Österreich, Umweltbundesamt, Wien 1991 S.208/209

13 Umwelt in Österreich, Umweltbundesamt, Wien 1991, S.209

14 Umweltwirkungen von Finanzinstrumenten im Verkehrsbereich", UPI-Bericht Nr.21, Heidelberg 1991, S. 20-22

15 Die Kosten des Lärms, Schulz W., Wicke L., Umwelt und Energie, 8.Jahrgang, Nr.1, 1987

16 Österreichische Unfallkostenrechnung, Faller P.,Metelka M.,Riebesmeier B., Forschungsarbeiten aus dem Verkehrswesen Band 4, BM für öffentliche Wirtschaft und Verkehr, Wien 1988

17 Unfallstatistik 1990, Kuratorium für Verkehrssicherheit, S 74.

18 Siehe Fußnote 19

19 Unfallstatistik 1990, Kuratorium für Verkehrssicherheit, S.159

20 Internalisierung externer Kosten im Agglomerationsverkehr, Ecoplan, Fallbeispiel Region Bern, 15B S.72-77

21 Siehe Fußnote 16, S24-28.

22 Mobilität - Steuern, Novy Peter, Graz 1993.

[23] Umweltreport Österreich, Katzman W., Schrom H., Wien 1991, S.64

[24] Umwelt -Verkehr -Umkehr, Verkehrsclub der Schweiz (VCS), Herzogenbuchsee 1991 S.44-46

[25] Verringerung von CO_2-Emmissionen im motorisierten Individualverkehr, Dennerlein R.K.H., Internationales Verkehrswesen, Heft 10, 1991 S.413

[26] Novy Peter, Mobilität - Steuern, Graz 1993, S. 62 ff.: In dieser Studie werden die indirekten Kosten des Straßenverkehrs mit rund 166 Mrd. ermittelt. Dabei wurde vor allem auch die Bodenbelastung und der Flächenverbrauch quantifiziert. Diese externen Kosten liegen weit über 1,0 % des BIP, sodaß es sich in dieser Studie tatsächlich um einen Minimalansatz handelt.

[27] Transport Policy and the Environment, OECD-ECMT Studie, European Conference of Ministers of Transport, Rothengatter W., S.161

[28] ÖSTAT: Gebarungsübersichten 1990, Beiträge zur österreichischen Statistik, Heft 1047, Lung Ernst, BMÖWV

[29] Siehe Fußnote 29.

[30] Verkehrskonzeption Wien - Wegerechnung, Herry M., Knoth E., MA 18, Wien 1992

[31] Internalisierung externer Kosten im Agglomerationsverkehr, Fallbeispiel Region Bern, Ecoplan, Zürich 1992, 15A, S 12.

[32] Unfallstatistik 1990, Kuratorium für Verkehrssicherheit, Wien 1991, S.73

[33] Systemvergleich Schiene - Straße, Faller P.,Metelka M.,Wien 1987

[34] Transport In A Fast Changing Europe, Group Transport 2000 Plus, 1990

[35] siehe Fußnote 40

[36] vergleiche EVED, Elastizitäten des Personenverkehrs der Schweiz (Kurzfassung), 1990, S. 1

[37] Quelle: ÖAMTC - Interessensvertretung, Volkswirtschaftliche Datenbank

[38] Quelle: ÖAMTC - Interessensvertretung, Volkswirtschaftliche Datenbank

[39] Quelle: Österreichisches Institut für Wirtschaftsforschung (WIFO)

[40] EVED, Elastizitäten des Personenverkehrs der Schweiz (Kurzfassung),

[41] Rauchenberger Maria, Der Verkehr als Schadstoffverursacher, Wien 1991, S.57 ff.

[42] vergleiche EVED, Elastizitäten des Personenverkehrs der Schweiz (Kurzfassung), 1990, VII, gewertet nach der Veränderung der MIV-Nachfrage (Bestands- und Leistungsreduktion).

[43] vergleiche Mobilität - Steuern, Novy Peter, Graz 1993, S 99 ff.

[44] vergleiche EVED, Elastizitäten des Personenverkehrs der Schweiz (Kurzfassung), 1990, S.44

[45] vergleiche EVED, Elastizitäten des Personenverkehrs der Schweiz (Kurzfassung), 1990, S.50

[46] vergleiche EVED, Elastizitäten des Personenverkehrs der Schweiz (Kurzfassung), 1990, S.55

[47] Puwein W., Der Einfluß des Benzinpreises auf den Personenverkehr, in: WIFO - Monatsberichte, 1/1981, S.16

[48] Puwein W., Bayer K., Aiginer K., Lehner G.,Schleicher St., Schneider M., Umweltabgaben und Steuerreform, Studie des Österreichischen Instituts für Wirtschaftsforschung im Auftrag des Bundesministeriums für Finanzen, Wien 1990, S.88

[49] Goodwin Ph., Jones P., Road Pricing: The Political and Strategie Possibilities, in: European Conference of Ministers of Transport, Round Table 80, Paris 1989, S.23

[50] Teufel D., Gauch E., Baver P., Wagner T., Ökosteuer - Vorschlag des UPI - Instituts, Reaktionen, Argumente, Diskussion, Umwelt- und Prognoseinstitut Heidelberg, UPI-Bericht Nr.13, 1989, S.15

[51] Zweiter Umweltkontrollbericht, BM für Umwelt, Jugend und Familie, Umweltbundesamt, Wien 1991, S. 1

[52] Werte vom Umweltbundesamt

[53] Werte vom Umweltbundesamt

[54] vergleiche Holl, Horst-Günter, Controlling - das Unternehmen mit Zahlen führen, WEKA, Teil 5 Kapitel 3, Seite 2 ff, 1993.

3. Das Ökobonusmodell

Das Ökobonusmodell wurde unter Zugrundelegung der Verkehrsmatrix und des Verkehrssystems entwickelt. Sämtliche Daten sind miteinander verknüpft und werden in 23 Kalkulationen ermittelt und in Tabellenform dargestellt. Die entsprechenden Datenoutputs werden in Kapitel 4 - 6 ausführlich besprochen, sodaß eine genaue Beschäftigung mit den Tabellen nicht erforderlich ist. Mit Hilfe der dargestellten Kalkulationen kann vor allem die Ergebnisermittlung besser nachvollzogen werden.

Ausgangspunkt des Ökobonusmodells ist die Änderung der Verkehrsmenge aufgrund geänderter Treibstoffpreise. Eine Veränderung der Treibstoffpreise kann kalkulatorisch mit einer Veränderung der variablen Kilometerkosten gleichgesetzt werden, so daß auch eine „kilometerleistungsabhängige" Variante mit Hilfe des Ökobonusmodells diskutiert werden kann. Es muß lediglich der „Kilometerzuschlag", welcher pro gefahrenem KV-Kilometer erhoben werden soll, in einen Treibstoffzuschlag umgerechnet werden.

Jede Seite beginnt mit einer Übersicht über die gewählte Treibstoffpreiserhöhung und deren Auswirkungen. Auf der rechten Seite sind die Tabellen, ihre Verknüpfungen und die Berechnungen erläutert.

Treibstoffpreiserhöhung	Gewählter Zuschlag auf den Treibstoffpreis aufgrund individueller Anforderungen (z.B. Torontoziel).
Elastizität	Die Elastizität des Treibstoffverbrauchs bei einer Treibstoffpreiserhöhung.
Treibstoffverbrauchseffekt	Der volle Verbrauchseffekt der festgelegten Treibstoffpreiserhöhung (= Treibstoffpreiserhöhung multipliziert mal Elastizität).
Wirtschaft	Anpassungsfaktor der Wirtschaft an die neuen Treibstoffpreise (100 % = volle Anpassung = Elastizität gleich wie Konsumenten).
Jahr	Berechnungsjahr

Treibstoffpreiserhöhung:	**200%**
Treibstoffverbrauchseffekt 100	**-34,91%**

Elastizität	**-17,46%**
Wirtschaft	**100,00%**

Jahr
1990

Tabelle 24	Bestand Stück	Fahrleist. in Mio km	Verbrauch je 100 km	Verbrauch in Mio Liter Benzin	Diesel
Motorrad	105.177	776	4,0	19,36	
Moped	430.022	47	3,0	19,40	
Kleinmotorrad	12.836	484	4,0	1,65	
PKW-Benzin	2.582.551	34.129	9,0	2.311,65	
PKW-Diesel	408.733	6.911	7,5		1.151,63
LKW-Benzin	79.908	1.042	28,0 - 30,	741,39	
LKW-Diesel	172.596	7.038	25,0 - 27,0		1.474,65
Bus	9.402	555	25,0 - 27,0		149,85
Sonstige Kfz	438.559	n.v.	n.v.		
Bahn					87
Schiffsverkehr					44
Gesamt	**4.239.784**	**50.982**		**3.093,45**	**2.906,94**
		davon:	Normal	1.033,33	
			Super	2.060,12	

Tabelle 25			
Verbrauch Ist 1990	Liter	l-Preis	
Normalbenzin	1.033,33	9,00	(8,90 - 10,40)
Superbenzin	2.060,12	10,00	(9,70 - 11,40)
Diesel	2.906,94	8,50	(8,00 - 9,60)
Gesamt	6.000,39	9,10	gewogener Preis

Tabelle 26
Fondsrendite
8,00% p.a.
Verwaltungskosten
0,50% p.a.

Ökobonuszuschlag je Liter	**18,20**	**öS**
Einwohner	**7.718.248**	**EW**
Ökobonus pro Person	**9.533**	**öS**

Tabelle 27		
Ökobonus-Fonds	71.088	Mio öS
Zinserträge	2.844	Mio öS
Verwaltungskosten	-355	Mio öS
Ökobonusausschüttung	**73.576**	**Mio öS**

Tabelle 28	Liter	l-Preis	
Normalbenzin	672,56	27,20	Preise nach der
Superbenzin	1.340,87	28,20	Einführung des
Diesel	1.892,03	26,70	Ökobonus
Ökobonus 1990	3.905,46	27,30	gewogener Preis

BI 1990
1.789,4 Mrd öS

Tabelle 29 **Entwicklung des Verbraucherpreisindexs**	
Produktion	**1,65%**
VPI angepaßt, unter Berücksichtigung des Ökobonus	**0,53%**
VPI ohne Anpassung mit Berücksichtigung des Ökobonus	**1,38%**
VPI angepaßt, ohne Berücksichtigung des Ökobonus	**6,07%**
VPI ohne Anpassung, ohne Berücksichtigung Ökobonus	**9,33%**

Staatsfinanzierungs-effekt
7.011 Mio öS

Erläuterungen

Tabelle 24

Die Tabelle 24 gibt eine Übersicht über den Bestand an Fahrzeugen im Berechnungsjahr 1990, deren geleistete Kilometer und den Verbrauch an Treibstoffen (Super, Benzin, Diesel).

Die Daten wurden mit verschiedenen Studien und dem Datenmaterial des österreichischen statistischen Zentralamts abgestimmt.

Tabelle 25

In dieser Tabelle wird der ermittelte Verbrauch mit den Kaufpreisen gekoppelt und ein gewogener Literpreis ermittelt. Dies ist deshalb notwendig, um die Dimensionen der Auswirkungen möglichst klar und einfach darstellen zu können.

Tabelle 26

In dieser Tabelle werden die Rendite der Kapitalanlagen des Ökobonusfonds und die dadurch entstehenden Verwaltungskosten festgelegt.

Tabelle 27

Aufgrund des Treibstoffzuschlags kann der Ökobonuszuschlag je Liter Treibstoff ermittelt werden. Die erhobenen Zuschläge fließen nun in den Ökobonusfonds. Dabei wird der Treibstoffverbrauchseffekt bereits berücksichtigt. Zuzüglich der verdienten Zinserträge, abzüglich der verbrauchten Verwaltungskosten ergibt sich die Ökobonusausschüttung, die gleichmäßig auf die Einwohner verteilt wird.

Der so ermittelte Betrag wird in der Rubrik Ökobonus pro Person dargestellt.

Tabelle 28

Tabelle 28 zeigt die nach der Treibstoffpreiserhöhung bestehenden Literpreise an.

Tabelle 29

In dieser Tabelle wird die Entwicklung des Verbraucherpreisindexes unter verschiedenen Gesichtspunkten dargestellt. Auf die Ermittlung der einzelnen Werte wird in den entsprechenden Tabellen eingegangen.

Am rechten Rand wird das Bruttosozialprodukt des gewählten Jahres eingegeben. Darunter ist der Staatsfinanzierungseffekt angeführt. Auch dieser wird noch im einzelnen erläutert.

Treibstoffpreiserhöhung:	200%
Treibstoffverbrauchseffekt 100	-34,91%

Elastizität	-17,46%
Wirtschaft	100,00%

Jahr
1990

Tabelle 30	Ökobonus je Haushalt in Abhängigkeit vom Treibstoffverbrauch						
Treibstoffverbrauch je Haushalt	HH mit 1 Person	HH mit 2 Personen	HH mit 3 Personen	HH mit 4 Personen	HH mit 5 Personen	HH mit 6 Personen	HH mit 7 Personen
200 Liter	5.892	15.425	24.958	34.491	44.023	53.556	63.089
400 Liter	2.252	11.785	21.317	30.850	40.383	49.916	59.448
600 Liter	(1.389)	8.144	17.677	27.210	36.742	46.275	55.808
800 Liter	(5.029)	4.504	14.036	23.569	33.102	42.635	52.167
1.000 Liter	(8.669)	863	10.396	19.929	29.461	38.994	48.527
1.200 Liter	(12.310)	(2.777)	6.756	16.288	25.821	35.354	44.887
1.400 Liter	(15.950)	(6.418)	3.115	12.648	22.181	31.713	41.246
1.600 Liter	(19.591)	(10.058)	(525)	9.007	18.540	28.073	37.606
1.800 Liter	(23.231)	(13.698)	(4.166)	5.367	14.900	24.432	33.965
2.000 Liter	(26.872)	(17.339)	(7.806)	1.727	11.259	20.792	30.325
2.400 Liter	(34.153)	(24.620)	(15.087)	(5.554)	3.978	13.511	23.044
2.800 Liter	(41.433)	(31.901)	(22.368)	(12.835)	(3.302)	6.230	15.763
3.200 Liter	(48.714)	(39.182)	(29.649)	(20.116)	(10.583)	(1.051)	8.482
3.600 Liter	(55.995)	(46.462)	(36.930)	(27.397)	(17.864)	(8.331)	1.201
4.000 Liter	(63.276)	(53.743)	(44.211)	(34.678)	(25.145)	(15.612)	(6.080)
5.000 Liter	(81.478)	(71.946)	(62.413)	(52.880)	(43.347)	(33.815)	(24.282)
6.000 Liter	(99.680)	(90.148)	(80.615)	(71.082)	(61.550)	(52.017)	(42.484)
7.000 Liter	(117.883)	(108.350)	(98.817)	(89.284)	(79.752)	(70.219)	(60.686)

Tabelle 31	Elastizitäten im Ökobonusmodell					
	Erhöhung		Substitution	Vermeidung	Gewöhnung	Elastizität
	7,178%		-0,1392	-0,2934	0,3883	-0,0444
	10,000%		-0,1300	-0,2739	0,3607	-0,0433
Einmalige Erhöhung	20,000%		-0,1214	-0,2557	0,3177	-0,0595
	30,000%		-0,1141	-0,2404	0,2930	-0,0615
um ...	40,000%		-0,1080	-0,2276	0,2459	-0,0896
	50,000%		-0,1028	-0,2165	0,2052	-0,1141
	60,000%		-0,0977	-0,2058	0,1710	-0,1325
	70,000%		-0,0932	-0,1963	0,1430	-0,1465
	80,000%		-0,0891	-0,1877	0,1199	-0,1569
Die Erhöhung	90,000%		-0,0852	-0,1796	0,1006	-0,1643
bezieht sich	100,000%		-0,0818	-0,1724	0,0847	-0,1695
immer	110,000%		-0,0787	-0,1659	0,0714	-0,1732
auf den gleichen	120,000%		-0,0759	-0,1600	0,0604	-0,1756
Ausgangspreis	130,000%		-0,0734	-0,1548	0,0512	-0,1770
(1990)	140,000%		-0,0712	-0,1500	0,0435	-0,1777
	150,000%		-0,0692	-0,1457	0,0371	-0,1778
	160,000%		-0,0673	-0,1419	0,0317	-0,1776
	170,000%		-0,0657	-0,1384	0,0271	-0,1771
	180,000%		-0,0642	-0,1353	0,0232	-0,1763
	190,000%		-0,0629	-0,1325	0,0199	-0,1755
	200,000%		-0,0617	-0,1300	0,0172	-0,1746
	201,000%	und mehr	-0,0617	-0,1300	0,0172	-0,1746

Erläuterungen

Tabelle 30

Die Tabelle 30 zeigt die finanziellen Auswirkungen des Ökobonus in Haushalten mit unterschiedlicher Personenanzahl. Als wesentliche Variable wurde der in den Haushalten benötigte Treibstoffverbrauch untersucht. Dieser Treibstoffverbrauch beinhaltet neben dem Verbrauch durch die private Kfz-Nutzung auch den indirekten Verbrauch durch den Konsum der produzierten Güter und Dienstleistungen.

Die Berechnung erfolgte mittels des Ökobonuszuschlags und der daraus resultierenden Ökobonusausschüttung.

Tabelle 31

In Tabelle 31 sind die verwendeten Elastizitäten dargestellt. Diese beziehen sich auf den Treibstoffpreis und das Preisgefüge des Jahres 1990. Ebenfalls dargestellt ist die Aufteilung in Substitutions-, Vermeidungs- und Gewöhnungseffekt.

Der Substitutionseffekt wird gleichgesetzt dem Nachfrageeffekt nach öffentlichen Verkehrsmitteln.

Treibstoffpreiserhöhung:	**200%**	**Elastizität**	**-17,46%**	**Jahr**
Treibstoffverbrauchseffekt 100	**-34,91%**	**Wirtschaft**	**100,00%**	**1990**

Tabelle 32	**ÖV-Einkommenseffekt**	
Volkseinkommen 1990	1.556,8	Mrd öS
Personen in Österreich	7.718.248	EW
Verfügbares Einkommen pro Pers	201.709	öS
Ökobonus pro Person	9.533	öS
Einkommenserhöhung pro Person	4,73%	
Einkommenselastizität ÖV	0,37	
Einkommenseffekt ÖV durch Ökobonus		**0,0175**

Tabelle 33	**ÖV-Mengeneffekt**
Substitutionseffekt ÖV	0,0617
Mengeneffekt	0,1234

Tabelle 34	**ÖV-Effekt**		0,1409
Äquivalenzziffer	*ÖV*	*IV*	
	3	*1*	
Ist-Nachfragesteigerung nach ÖV			0,4227

Tabelle 35	**Ökobonus und Staatshaushalt**				
E/A-Position		Ist 1990	Ökobonus	+ / - nom.	+ / - in %
Einkommensteuer/Lohnsteuer	*Einnahme*	139.284	138.109	(1.175)	-0,84%
Körperschaftssteuer/Gewerbesteuer	*Einnahme*	28.654	24.441	(4.213)	-14,70%
Umsatzsteuer	*Einnahme*	154.521	154.372	(149)	-0,10%
Mineralölsteuer	*Einnahme*	19.618	12.769	(6.849)	-34,91%
Kraftfahrzeugsteuer	*Einnahme*	6.237	5.723	(514)	-8,24%
Österreichische Bundesforste	*Einnahme*	2.055	2.267	212	10,30%
Post- und Telegraphenverwaltung	*Einnahme*	47.864	51.314	3.450	7,21%
Österreichische Bundesbahnen	*Einnahme*	29.299	41.683	12.384	42,27%
Gesundheit	*Ausgabe*	(5.117)	(4.801)	316	-6,18%
Sozialversicherung	*Ausgabe*	(53.523)	(48.837)	4.686	-8,75%
Post- und Telegraphenverwaltung	*Ausgabe*	(42.131)	(45.168)	(3.037)	7,21%
Österreichische Bundesbahnen	*Ausgabe*	(56.976)	(69.360)	(12.384)	-21,74%
Marktordnungspolitische Maßnahmen	*Ausgabe*	(6.976)	(6.473)	503	-7,21%
Österreichische Bundesforste	*Ausgabe*	(1.792)	(1.663)	129	-7,21%
Industrie und Gewerbe	*Ausgabe*	(17.744)	(18.475)	(731)	4,12%
Bundespolizei und -gendarmerie	*Ausgabe*	(11.138)	(10.106)	1.032	-9,27%
Katastrophenfonds	*Ausgabe*	(3.153)	(2.828)	325	-10,30%
Luftverschmutzung	*Ausgabe*	(26.841)	(18.407)	8.434	-31,42%
Lärm	*Ausgabe*	(37.577)	(32.986)	4.592	-12,22%
	Gesamt	**164.564**	**171.575**	**7.011**	**4,26%**
	Einnahmen = positiv, Ausgaben = () negativ				

Erläuterungen

Tabelle 32

In dieser Tabelle wird der Einkommenseffekt durch den Ökobonus im Bereich des öffentlichen Verkehrs ermittelt. Als Basis dazu dient das Volkseinkommen. Setzt man den Ökobonus in Relation zum verfügbaren Einkommen, so ergibt sich die Einkommenserhöhung pro Person, welche multipliziert mit der Einkommenselastizität den Einkommenseffekt ÖV durch den Ökobonus ergibt.

Der Einkommenseffekt des Ökobonus im Bereich des KV wird durch den Ökobonuszuschlag neutralisiert, da die Nachfrage nach KV aufgrund der errechneten Elastizitäten sinkt und solange günstigere Alternativen bestehen mit keinem Nachfrageeffekt aufgrund von Einkommenserhöhungen gerechnet werden kann.

Tabelle 33

Aus dem Substitutionseffekt, welcher die Elastizität nach der ÖV-Nachfrage darstellt, wird aufgrund der Treibstoffpreiserhöhung der reale Mengeneffekt ermittelt. Die Berechnung ist ident der Ermittlung des Treibstoffverbraucheffekts.

Tabelle 34

Tabelle 34 berücksichtigt die unterschiedlichen Angebote von KV und ÖV. Eine Substitution des Verkehrsträgers KV durch den ÖV kann nur dann gleichgesetzt werden, wenn das Angebot gleich groß ist. Das ist derzeit nicht der Fall. 1990 ist das Angebotsverhältnis KV : ÖV etwa 3 : 1, so daß sich ein Äquivalenzziffer der Nachfrage von KV : ÖV von 1 : 3 ergibt. Das bedeutet, wenn die Nachfrage nach KV um 1 Einheit sinkt, steigt sie im ÖV um 3 Einheiten.

Auf dieser Basis kann die Ist-Nachfragesteigerung nach ÖV ermittelt werden.

Tabelle 35

In der Tabelle 35 werden die Ergebnisse der Staatshaushaltsrechnung für das Basisjahr dargestellt, wenn das Ökobonussystem bereits in voller Höhe wirksam wäre. Eine Entlastung des Staatshaushaltes ist mit positiven Werten dargestellt, eine Belastung negativ.

Einnahmenerhöhungen entlasten den Staatshaushalt, Einnahmenverminderungen belasten ihn. Ausgabenerhöhungen belasten den Staatshaushalt, Ausgabenverminderungen entlasten ihn. Die Belastung der Allgemeinheit aufgrund externer Effekte wird unter den Staatsausgaben dargestellt.

Treibstoffpreiserhöhung:	200%
Treibstoffverbrauchseffekt 100	-34,91%

Elastizität	-17,46%
Wirtschaft	100,00%

Jahr
1990

Tabelle 36 **Schadstoffbelastung durch den Verkehr in Österreich**

	in 1.000 Tonnen *1990*	in 1.000 Tonnen *2000*	Verkehrs anteil *2000*	Vermind.-effekt *bis 2000*	mit Ökobonus *2000*	Verkehrs-anteil *2000*	Gesamte Reduktion *bis 2000*
NO x	147	105	67,7%	(37)	68	57,70%	23,64%
CO2	16.184	18.400	28,3%	(6.424)	11.976	20,44%	9,88%
VOC	131	63	21,6%	(22)	41	15,21%	7,54%
CO	442	177	26,1%	(62)	115	18,69%	9,11%
SO2	6	6	7,2%	(2)	4	4,81%	2,51%
Staub	13	13	39,4%	(5)	8	29,73%	13,76%

Tabelle 37 **Preisveränderungen in der Wirtschaft durch Treibstoffpreisbelastungen**

Version A: Heimische und ausländische Vorleistungen — Straßenverkehrsanteil: 62,25%

Version B: Heimische Vorleistungen — Treibstoffkostenanteil: 20,00%

Wirtschaftsbereich	Version A	Straßen-verkehr	Treibstoff-anteil	Ökobonus	VPI-Index-anteil	VPI-Änderung
1. Land- und Forstwirtschaft	4,90%	3,05%	0,61%	1,22%	1,42%	0,02%
2. Energie	5,40%	3,36%	0,67%	1,34%	4,19%	0,06%
3. Bergbau	2,10%	1,31%	0,26%	0,52%	1,21%	0,01%
4. Nahrungsmittel	6,40%	3,98%	0,80%	1,59%	20,45%	0,33%
5. Textil	6,20%	3,86%	0,77%	1,54%	11,09%	0,17%
6. Holz	8,70%	5,42%	1,08%	2,17%	3,57%	0,08%
7. Papier	7,80%	4,86%	0,97%	1,94%	2,08%	0,04%
8. Chemie	6,40%	3,98%	0,80%	1,59%	5,84%	0,09%
8a. Betriebsmittel	6,40%	6,40%	100,00%	200,00%	3,84%	7,68%
9. Steinwaren	9,10%	5,66%	1,13%	2,27%	2,68%	0,06%
10. Grundmetall	11,40%	7,10%	1,42%	2,84%	0,00%	0,00%
11. Metallverarbeitung	7,90%	4,92%	0,98%	1,97%	1,40%	0,03%
12. Maschinen	7,70%	4,79%	0,96%	1,92%	0,00%	0,00%
13. Elektro	6,50%	4,05%	0,81%	1,62%	2,71%	0,04%
14. Fahrzeuge	6,30%	3,92%	0,78%	1,57%	3,99%	0,06%
15. Bau	9,80%	6,10%	1,22%	2,44%	5,25%	0,13%
16. Handel	5,70%	3,55%	0,71%	1,42%	0,00%	0,00%
17. Gastgewerbe	6,40%	3,98%	0,80%	1,59%	8,79%	0,14%
18. Verkehr	15,80%	9,84%	1,97%	3,93%	3,99%	0,16%
19. Banken	3,90%	2,43%	0,49%	0,97%	2,61%	0,03%
20. Sonstige Dienstleistungen	6,00%	3,74%	0,75%	1,49%	14,37%	0,21%
21. Mwst, Importabgaben	0,00%	0,00%	0,00%	0,00%	0,52%	0,00%
			Verbraucherpreisänderung			9,33%

Tabelle 38	**-0,1746**
Elastizitätsgrad der Wirtschaft	100,00%
Anteil Wirtschaft	-3,08%
Elastizität der Wirtschaft	-3,08%
Elastizitätsverminderung	0,00%
Verbrauchseffekt real	-17,46%

Erläuterungen

Tabelle 36

Tabelle 36 gibt eine Übersicht über die Schadstoffbelastung durch den Verkehr im Berechnungsjahr 1990. Der Ausstoß an CO_2 war Basis für die Festlegung des Reduktionsziels durch den Ökobonus.

Die Daten wurden mit verschiedenen Studien und dem Datenmaterial des Bundesministeriums für Umwelt abgestimmt.

Tabelle 37

In dieser Tabelle sind die Preisveränderungen der Wirtschaft dargestellt. In „Version" kann eingestellt werden, ob die Berechnungen derart durchgeführt werden, daß nur heimische (Einstellung B), als auch die gesamten Vorleistungen durch den Ökozuschlag verteuert werden (Einstellung A).

Der Straßenverkehrsanteil und der Treibstoffkostenanteil wurde an anderer Stelle berechnet, kann aber den individuellen Berechnungen der Programmnutzer angepaßt werden.

Tabelle 38

In Tabelle 38 wird der Anpassungsfaktor der Wirtschaft, welcher als Basisvariable eingegeben werden kann in den Verbrauchseffekt (Elastizität) eingerechnet.

Dazu wurde zuerst der Anteil der Wirtschaft in Prozentpunkten an der gesamten Elastizität berechnet. Dieser umfaßt die gesamten durch die Produktion veränderten Preise exklusive der Betriebsmittel.

Im Basismodell wurde der Elastizitätsgrad der Wirtschaft mit 100 % festgelegt. D.h., daß sich die Wirtschaft in derselben Weise an die veränderten Preise anpaßt, wie die privaten Konsumenten.

Treibstoffpreiserhöhung:	**200%**
Treibstoffverbrauchseffekt 100	**-34,91%**

Elastizität	**-17,46%**
Wirtschaft	**100,00%**

Jahr
1990

Tabelle 39 **Auswirkungen auf den VPI**		Angepaßte Verkehrs-struktur	
	VPI Real	*VPI angep.*	
Produkte	1,65%	1,07%	
Betriebsmittel	7,68%	5,00%	
VPI	9,33%	6,07%	
Privater und öff. Konsum 1990	1.313.140	1.313.140	Mio öS
Ökobonus-Zuschlag	109.220	71.088	Mio öS
Anpassung Km-Kosten (Fix + Varia	0	(55.861)	Mio öS
Angepaßter Konsum	1.422.360	1.328.367	Mio öS
Personen in Österreich	7.718.248	7.718.248	EW
Konsum pro Person	184.285	172.107	öS
VPI Brutto	9,33%	6,07%	
Mehrausgaben für den Konsum	17.186	10.446	öS
Ökobonus pro Person	14.646	9.533	öS
Mehrausgaben mit Ökobonus	2.540	914	öS
VPI bereinigt um Ökobonus	1,38%	0,53%	

Tabelle 40	**Verwendung des Ökobonus**	
Haushalte in Österreich	3	Mio
Fahrzeugkilometer je Haushalt		
(inklusive Vorleistungen)	16.994	km
Fahrzeugkilometer je Pkw	13.720	km
Pkw je Haushalt	1	Pkw

Tabelle 41	
Basierend auf Durchschnittshaushalt	
Substitute Kilometer	1.933
Preis je Kilometer	2,70
Substitute pro P/km	751
Geldsubstitut pro Pers.	2.030

Tabelle 42	***Nichtgewichtete Fahrleistung je Haushalt***						
Personen je Haushalt	2	2,6	3	4	5	6	7
Ökobonus	*19.065*	*24.525*	*28.598*	*38.131*	*47.664*	*57.196*	*66.729*
Ökozuschlag Pkw	*(14.218)*	*(14.218)*	*(14.218)*	*(14.218)*	*(14.218)*	*(14.218)*	*(14.218)*
Produktpreise-Anstieg	*(3.952)*	*(5.084)*	*(5.929)*	*(7.905)*	*(9.881)*	*(11.857)*	*(13.834)*
Substitute	*(4.060)*	*(5.223)*	*(6.090)*	*(8.120)*	*(10.150)*	*(12.180)*	*(14.210)*
Budgetärer Saldo	(3.165)	0	2.361	7.888	13.414	18.941	24.467
Saldo exkl. Substitute	895	5.223	8.451	16.008	23.564	31.121	38.677

Erläuterungen

Tabelle 39

In Tabelle 39 werden die verschiedenen Betrachtungsweisen der Veränderung des Verbraucherpreisindex dargestellt.

Die reale Veränderung entspricht der Veränderung des VPI ohne daß Wirtschaft und Konsum auf die neuen Produktpreise mit veränderten Kaufentscheidungen reagieren.

Die angepaßte Veränderung berücksichtigt die Verhaltensänderungen durch die Elastizitätskoeffizienten.

Wesentlicher Bestandteil dieser Tabelle ist jedoch die Bereinigung der Verbraucherpreisbelastungen durch den Ökobonus - die Ausschüttung aus dem Fonds. Die VPI-Änderung unter dieser Betrachtungsweise muß gegen 0 % gehen, da lediglich die Verwaltungs- und Einhebungskosten preistreibend wirken.

Die Anpassung der Kilometerkosten verringert nicht nur die variablen Kosten (Treibstoffverbrauch), sondern auch die Fixkosten (längere Abschreibungsdauer, weniger Reinvestitionen).

Tabelle 40

Will man die finanziellen Auswirkungen des Ökobonus ermitteln, so müssen statistische Durchschnittsdaten verwendet werden.

Die durchschnittliche Kilometerleistung je Pkw und die durchschnittliche Kilometerleistung je Haushalt wird aus Tabelle 24 entnommen.

Tabelle 41/ Tabelle 42

Basierend auf den Durchschnittshaushalt kann unter der Annahme, daß dieser den Ökobonus aufwandsneutral verwendet, der budgetäre Saldo mit 0 angenommen werden.

Der verbleibende finanzielle Saldo ergibt die Finanzkraft für die Substitution von KV-Verkehr. Der Ökobonus wird für die erhöhten Treibstoffpreise, die erhöhten Produktpreise und die Substitutionsprodukte verwendet.

Treibstoffpreiserhöhung:	**200%**	
Treibstoffverbrauchseffekt 100	**-34,91%**	

Elastizität	**-17,46%**
Wirtschaft	**100,00%**

Jahr
1990

Tabelle 43	***Gewichtet nach Fahrleistungen, bei degressiver Fahrleistung je HH-Personen***						
Personen je Haushalt	2	2,6	3	4	5	6	7
Gewichtungsfaktor km	*0,78*	*1,00*	*1,17*	*1,43*	*1,64*	*1,83*	*1,98*
Ökobonus	*19.065*	*24.525*	*28.598*	*38.131*	*47.664*	*57.196*	*66.729*
Kilometerleistung	*6.921*	*8.930*	*10.403*	*12.725*	*14.660*	*16.318*	*17.711*
Ökozuschlag Pkw	*(11.019)*	*(14.218)*	*(16.564)*	*(20.261)*	*(23.342)*	*(25.982)*	*(28.200)*
Produktpreise-Anstieg	*(3.952)*	*(5.084)*	*(5.929)*	*(7.905)*	*(9.881)*	*(11.857)*	*(13.834)*
Substitute	*(4.060)*	*(5.223)*	*(6.090)*	*(8.120)*	*(10.150)*	*(12.180)*	*(14.210)*
Budgetärer Saldo	**34**	**0**	**15**	**1.845**	**4.291**	**7.177**	**10.485**
Saldo exkl. Substitute	4.094	5.223	6.105	9.965	14.441	19.357	24.695

Tabelle 44	***Gewichtet nach Fahrleistungen, bei degressiver Fahrleistung je HH-Personen***						
Personen je Haushalt	2	2,6	3	4	5	6	7
Gewichtungsfaktor km	*0,78*	*1,00*	*1,17*	*1,43*	*1,64*	*1,83*	*1,98*
Ökobonus	*19.065*	*24.525*	*28.598*	*38.131*	*47.664*	*57.196*	*66.729*
Kilometerleistung	*6.921*	*8.930*	*10.403*	*12.725*	*14.660*	*16.318*	*17.711*
Ökozuschlag Pkw	*(11.019)*	*(14.218)*	*(16.564)*	*(20.261)*	*(23.342)*	*(25.982)*	*(28.200)*
Produktpreisfaktor	*1,10*	*1,00*	*0,90*	*0,80*	*0,70*	*0,60*	*0,50*
Produktpreise-Anstieg	*(4.348)*	*(5.084)*	*(5.336)*	*(6.324)*	*(6.917)*	*(7.114)*	*(6.917)*
Substitute	*(4.060)*	*(5.223)*	*(6.090)*	*(8.120)*	*(10.150)*	*(12.180)*	*(14.210)*
Budgetärer Saldo	**(361)**	**0**	**608**	**3.426**	**7.255**	**11.920**	**17.402**
Saldo exkl. Substitute	3.699	5.223	6.698	11.546	17.405	24.100	31.612

Tabelle 45 ***Modal Split 1990***	*Wege* *1990*	*Pkm* *1990*	*Wege* *Ökobonus*	*Pkm* *Ökobonus*	*Wege* *+/-*	*Pkm* *+/-*
KV	46%	64%	30%	53%	-16%	-11%
ÖV	17%	25%	22%	36%	5%	11%
Radverkehr	8%	2%	10%	3%	2%	1%
Zu Fußgehen	29%	3%	38%	4%	9%	1%
Flugverkehr	0%	6%	0%	4%	0%	-2%

Tabelle 46	**Flugverkehr**	
Flugpetroleum	315.000	Tonnen
Dichte	0,800	kg/Tonne
Flugpetroleum in Liter	393.750	Tonnen
Ökozuschlag	18,20	S/Liter
Ökobonus	7.167.118	Tsd öS
Ökobonus pro Person	929	öS pro Person
Ökobonus bei Elastizität	604	öS pro Person

Erläuterungen

Tabelle 43

Aufgrund der Tatsache, daß die Kilometerleistung bei unterschiedlicher Anzahl von Personen im Haushalt unterschiedlich groß ist, wird in dieser Tabelle die Kilometerleistung gewichtet. D.h. Haushalte mit mehr Personen fahren mehr mit dem Pkw. Diese Mehrleistung kann auch durch einen Zweitwagen erbracht werden.

Der Gewichtungsfaktor km ist variabel einzugeben. Aufgrund des Autoteilen-Effekts (HH-Personen fahren gemeinsam) bei Haushalten mit mehreren Personen ist die Gewichtung degressiv zur Anzahl der HH-Personen anzunehmen.

Tabelle 44

Die Tabelle 44 baut auf den Berechnungen der Tabelle 43 auf.

Bisher wurde für jede HH-Person mit den selben Ausgaben gerechnet. Es wird aber angenommen, daß Haushalte mit mehr Personen geringere Pro-Kopfausgaben pro Person haben, als Personen in kleinen Haushalten.

Der Produktpreisfaktor gewichtet nun den Produktpreisanstieg derart, daß Haushalte mit mehreren Personen relativ geringere Preissteigerungen zu verkraften haben, als Haushalte mit weniger Personen. Die Gewichtung kann variabel eingegeben werden. Dieses neue Ausgabenmuster läßt sich vor allem auf jenen Effekt zurückführen, daß Haushalte viele Güter gemeinsam gebrauchen.

Tabelle 45

Der Modal Split für die Wege Ökobonus wurde mit Hilfe der Elastizitäten des Modells berechnet. Die Plausibilität wurde aufgrund unterschiedlicher Treibstoffpreiserhöhungen nachgewiesen.

Der Modal Split für die Pkm Ökobonus wurde ebenso mit Hilfe der Elastizitäten ermittelt. KV und Flugverkehr wurde die Gesamtelastizität zugrundegelegt. Für den Umweltverbund (ÖV, Radverkehr und Zu Fußgehen) die Elastizität des ÖV.

Tabelle 46

In dieser Tabelle wird der Ökobonus pro Person ermittelt, der zusätzlich zur Auszahlung käme, wenn auf den Flugbenzin der selbe Ökozuschlag eingehoben werden würde, wie auf den KV.

4. Auswirkungen

Die externen Kosten des Straßenverkehrs betragen in Österreich mindestens öS 91 Mrd. Dieser Betrag setzt sich aus Kosten durch Umweltverschmutzung von öS 26,8 Mrd., aus Kosten durch Lärm in der Höhe von öS 26,8 Mrd., den externen Kosten durch Verkehrsunfälle in der Höhe von öS 19,7 Mrd. zusammen und sonstigen externen Kosten von 17,8 Mrd. zusammen.

Eine Reduktion des Verkehrs führt zu einem geringeren Treibstoffverbrauch. Weniger Treibstoffverbrauch wiederum führt direkt zu Auswirkungen auf die Umwelt. Höhere Treibstoffpreise führen aber auch zu einer Verlagerung des Verkehrsaufkommens hin zum sichereren öffentlichen Verkehrsmittel. Da ein Teil der Fahrten mit dem KV auch vermieden wird, gehen die externen Kosten für Unfälle und Lärmbelastung zurück. Allerdings nicht im selben Ausmaß, wie jene Kosten, die direkt vom Treibstoffverbrauch abhängig sind.

Es wird davon ausgegangen, daß die externen Kosten durch Unfälle mit der halben Elastizität des Verkehrsmengeneffekts zurückgehen werden. Begründet wird dieser gedämpfte Ökobonuseffekt damit, daß weniger Verkehr zu weniger Staus und damit auch zu höheren Fahrgeschwindigkeiten führt. Die Verkehrssicherheit steigt also nicht im gleichen Ausmaß, wie die Verkehrsmenge sinkt. Ähnliches gilt für die externen Kosten durch Lärm. Auch hier führt ein Absinken der Verkehrsmenge nicht zu einem proportionalem Absinken der Lautstärke. Der verminderte Elastizitätseffekt wurde mit 65 % angesetzt.

4.1. Luftverschmutzung

Die negativen Auswirkungen des Kfz-Verkehrs auf die Umwelt sind zum größten Teil auf die bei der Verbrennung von Treibstoff entstehenden Schadstoffe zurückzuführen. Deshalb werden die Auswirkungen eines geringeren Treibstoffverbrauchs auf die Schadstoffgruppen Stickstoffoxide (NO_x), Flüchtige Organische Verbindungen (volatile organic compounds = VOC), Kohlenmonoxid (CO), Schwefeldioxid (SO_2), Staub sowie Kohlendioxid (CO_2) dargestellt.

Tabelle 47: Bilanz der Emissionen von Luftschadstoffen 1960-2000[1] (in 1000 Tonnen)

	NOx	CO2	VOC	CO	SO2	Staub
1960	95	33.307		665	309	47
1965	141	40.746		919	295	55
1970	172	52.653		1.138	332	49
1975	205	55.752		1.099	318	44
1980	233	61.199	366	1.268	389	75
1985	232	56.967	394	1.205	190	55
1990	207	59.554	404	1.095	107	39
1995	172	61.300	304	792	85	33
2000	155	65.100	292	678	83	33

Der Kfz-Verkehr ist neben den Kraft- und Heizwerken, der Industrie und den Kleinfeuerungsanlagen als einer der Hauptverursacher an diesen Emissionen beteiligt. Die Tabelle 48 zeigt den Anteil des Verkehrs an den Gesamtemissionen.

Der Anteil des Kfz-Verkehrs an den gesamten Schadstoffemissionen ist sehr hoch. Bis zum Jahr 1990 ist dieser Anteil durch die immer größer gewordene Verkehrsleistung permanent gestiegen. Die Prognose für das Jahr 2000 sieht für CO2, SO2 und Staub eine weitere Steigerung vor, während für NOx, VOC und CO eine Reduktion der verkehrsbedingten Emissionen zu erwarten ist. Dies ist auf den steigenden Anteil der Katalysator-Autos und der Dieselfahrzeuge und den technischen Fortschritt zurückzuführen. Eine Reduktion des Kfz-Verkehrs durch eine Treibstoffpreiserhöhung würde zu einer weiteren Verringerung der gesamten Emissionen führen.

Tabelle 48: Anteil des Kfz-Verkehrs an den Gesamtemissionen[2] (in 1.000 Tonnen)						
	NO_x	CO_2	VOC	CO	SO_2	Staub
1960	36 (38%)	5.810 (17%)		200	3 (1%)	2
1965	63 (45%)	7.818 (19%)		400	6 (2%)	5
1970	89 (52%)	10.325 (20%)		630	10 (3%)	9
1975	117 (57%)	12.116 (22%)		774	12 (4%)	10
1980	142 (61%)	13.782 (23%)	138 (38%)	754 (60%)	15 (4%)	12 (16%)
1985	151 (65%)	13.636 (24%)	147 (37%)	635 (53%)	10 (5%)	12 (21%)
1990	147 (71%)	16.184 (27%)	131 (32%)	442 (40%)	6 (6%)	13 (33%)
1995	121 (70%)	17.400 (28%)	65 (21%)	265 (34%)	6 (7%)	13 (40%)
2000	105 (68%)	18.400 (28%)	63 (22%)	177 (26%)	6 (7%)	13 (40%)

Kohlendioxid (CO_2)

Das für das Kohlendioxid vorgegebene Reduktionsziel (Toronto-Ziel) ist die Grundlage für die Zielfestlegung des Ökobonus. Dieses Ziel sieht eine Reduktion der CO2-Emissionen bis zum Jahr 2005 auf den Wert von 1988 abzüglich 20 % vor. Mit der errechneten Treibstoffpreiserhöhung um 200 % und der damit verbundenen Elastizität ergibt sich eine Reduktion der CO2-Emissionen im Verkehrsbereich von 16.184.000 Tonnen 1990 auf 11.975.000 Tonnen im Jahr 2000. Das entspricht einer Verringerung von mehr als 26 %. Die gesamten CO2-Emissionen würden dann nur noch 58.675.000 Tonnen betragen.

Mit Hilfe des Ökobonus könnte nicht nur der prognostizierte Kohlendioxidemissionszuwachs bis zum Jahr 2000 um 5.546.000 Tonnen verhindert werden, sondern es würden sogar die gesamten CO2-Emissionen im Jahr 2000 um 879.000 Tonnen geringer sein als im Jahr 1990. Die Erreichung des Toronto-Ziels im Jahr 2005 scheint in diesem Fall als durchaus realisierbar.

Stickoxide (NO_x)

Der NO_x-Ausstoß im Jahr 1990 betrug 207.000 Tonnen, wovon ein sehr hoher Anteil von 71 % (147.000 Tonnen) auf verkehrsbedingte Emissionen zurückzuführen ist. Bis zum Jahr 2000 ist mit einer Reduktion der gesamten NO_x-Emissionen um 52.000 Tonnen zu rechnen. Diese Verringerung ist zu einem großen Teil auf die Wirkung des seit 1987/88 vorgeschriebenen geregelten Dreiweg-Katalysator bei neu zugelassenen Pkw´s zurückzuführen. In diesen 10 Jahren wird allein im Verkehrsbereich mit einer Reduktion um 42.000 Tonnen gerechnet.

Eine Treibstoffpreiserhöhung um 200 % könnte den NO_x-Ausstoß um weitere 36.000 Tonnen schmälern, so daß der Anteil der Verkehrsemissionen nur noch 58 % (weniger als 69.000 Tonnen) ausmachen würde. In Bezug auf die Gesamtemissionen der Stickoxide würde eine Treibstoffpreiserhöhung in dieser Höhe zu einer Verringerung um mehr als 23 % in Bezug auf den prognostizierten Wert für das Jahr 2000 führen.

Österreich erklärte 1988 in der Deklaration von Sofia die Bereitschaft, seine NO_x-Emissionen spätestens bis 1998 um 30 % zu reduzieren, bezogen auf die NO_x-Emissionen eines Jahres zwischen 1980 und 1985.[3] In der Prognose für das Jahr 2000 wird mit einer Reduktion um 33,2 % gerechnet. Mit Hilfe des Ökobonus wird eine Reduktion um 48,7 % erreicht.

Flüchtige Organische Verbindungen (VOC)

Im Bereich der VOC-Emissionen sieht die Prognose für das Jahr 2000 eine Reduktion von 394.000 Tonnen (1990) auf 292.000 Tonnen vor, wovon 68.000 Tonnen der Reduktion auf den Verkehrsbereich entfallen. Damit sinkt der prozentuelle Anteil der verkehrsbedingten VOC-Emissionen von 32,4 % auf 21,6 % .

Eine Treibstoffpreiserhöhung könnte den VOC-Ausstoß um weitere 22.000 Tonnen reduzieren und den Verkehrsanteil auf 15,2 % herabsetzen. Es würden sich dann gesamte VOC-Emissionen in der Höhe von rund 270.000 Tonnen ergeben. Im geplanten VOC-Protokoll der ECE (Economic Comission for Europe) ist grundsätzlich eine 30 %-ige Reduktion bis (voraussichtlich) 1999 vorgesehen. Diese Verringerung wird mit Hilfe des Ökobonuszuschlags, der die gesamten Emissionen, zusätzlich zur prognostizierten Reduktion um 27,7 %, um weitere 5,5 % bezogen auf den Ausgangswert von 1990 senkt, auch erreicht.

Kohlenmonoxid (CO)

Die Kohlenmonoxidemissionen betrugen im Jahr 1990 rund 1,1 Millionen Tonnen, wovon 40,4 % (442.000 Tonnen) auf Verkehrsemissionen zurückzuführen sind. Im Verkehrsbereich ist für das Jahr 2.000 durch Maßnahmen wie dem Kat-Auto mit einem Rückgang auf rund 177.000 Tonnen zu rechnen. Die Prognose für den gesamten CO-Ausstoß sieht eine Reduktion auf 678.000 Tonnen vor.

Eine Treibstoffpreiserhöhung könnte zu einer weiteren Reduktion des CO-Ausstoßes um mehr als 61.000 Tonnen führen. Die Gesamtemissionen würden dann nur noch rund 617.000 Tonnen betragen und der Anteil des Verkehrs würde auf 18,8 % (116.000 Tonnen) sinken.

Schwefeldioxid (SO_2)

Der Anteil der Verkehrsemissionen an den gesamten Schwefeldioxidemissionen in der Höhe von 107.000 Tonnen ist im Jahr 1990 mit 5,6 % sehr gering. Dies ist darauf zurückzuführen, daß seit 1980 Maßnahmen wie die schrittweise Reduktion des Schwefelgehalts in Kraftstoffen gesetzt wurden. Bis zum Jahr 2000 wird keine mengenmäßige Zunahme der Schwefeldioxidemissionen prognostiziert, allerdings erhöht sich der prozentuelle Anteil des SO_2-Ausstoßes im Verkehrsbereich auf 7,2 %, da eine Reduktion der gesamten SO_2-Emissionen auf 83.000 Tonnen erwartet wird.

Eine Treibstoffpreiserhöhung würde den SO_2-Ausstoß im Verkehrsbereich von 6.000 auf 3.900 Tonnen reduzieren. In Bezug auf die Gesamtemissionen entspricht dies einer Verringerung um 2,5 % auf 80.900 Tonnen Schwefeldioxid. Damit wird das Ziel, die gesamten Emissionen von Schwefeldioxid bis zum Jahr 2000 auf rund 80.000 Tonnen jährlich zu reduzieren[4], erreicht.

Staub

Der Anteil der verkehrsbedingten Staubemissionen beträgt 1990 33,3 % und wurde für 2000 mit 39,4 % prognostiziert. Diese prozentuelle Steigerung ist darauf zurückzuführen, daß die Staubemissionen des Verkehrs mit 13.000 Tonnen gleich bleiben, die gesamten Staubemissionen aber von 39.000 Tonnen im Jahr 1990 auf 33.000 Tonnen im Jahr 2000 zurückgehen dürften.

Eine Treibstoffpreiserhöhung um 200 % würde eine Reduktion der Staubemissionen um mehr als 4.500 Tonnen bewirken. In Relation zu den gesamten Staubemissionen bedeutet das eine Verringerung um 13,6 %.

Ozon

Hinsichtlich der Ozonbelastung weist Österreich hohe Werte im Vergleich zu anderen europäischen Staaten auf. Zum langfristigen Schutz von Gesundheit und Vegetation wurden im „Ozongesetz" folgende Reduktionsziele für die Absenkung der Ozonvorläufersubstanzen festgelegt:

§ 11. (1) Die Emissionen der Ozonvorläufersubstanzen sind etappenweise zu reduzieren, wobei bis 31. Dezember 1996 eine Reduktion um mindestens 40 %, bis zum 31. Dezember 2001 um mindestens 60 % und bis zum 31. Dezember 2006 um mindestens 70 %, bezogen auf die Emissionen von NO_x im Jahr 1985 und von VOC im Jahr 1988, zu erreichen sind.

(2) Ozonvorläufersubstanzen im Sinne dieses Gesetzes sind Stickstoffoxide (NO_x) und anthropogene flüchtige organische Verbindungen (VOC) ausgenommen Methan.

Mit Hilfe des Ökobonuszuschlags können die Stickoxidemissionen des Verkehrs bis zum Jahr 2000 um weitere 24,9 % gesenkt werden und die Emissionen der flüchtigen organischen Verbindungen um weitere 16,8 %. Damit würden die gesetzlichen Reduktionsziele im Bereich Verkehr bei den Stickoxidemissionen mit -54,7 % fast erreicht werden und die um 71,1 % reduzierten VOC-Emissionen hätten bereits im Jahr 2000 das Ziel für das Jahr 2006 unterschritten. Bezüglich des gesamten Reduktionsziels ergibt sich somit eine Reduktion der NO_x-Emissionen bis zum Jahr 2000 um 49 % und der VOC-Emissionen um 35,1 % bezogen auf die entsprechenden Basisemissionswerte. Die Erreichung des Reduktionsziels bis zum Jahr 2006 erscheint daher nur mit Hilfe eines so hohen Ökobonuszuschlags möglich.

All diese Berechnungen beziehen sich auf eine Situation, wie sie sich nach einer Treibstoffpreiserhöhung um 200 % im Jahr 2000 darstellt.

Grundsätzlich muß man aber auch festhalten, daß es vor allem im Bereich der Umweltauswirkungen Unterschiede gibt, je nachdem in welcher Form die Treibstoffpreiserhöhung durchgeführt wird. Es werden zwar die Gesamtauswirkungen in allen Fällen einer Treibstoffpreiserhöhung gleich hoch sein, aber die Entwicklung der Schadstoffemissionen hat unterschiedliche Verläufe. Eine einmalige Erhöhung z.B. würde auch dazu führen, daß die gewünschte Umweltentlastung rascher erreicht wird. In diesem Fall hätten wir in dem von uns ausgewählten Betrachtungszeitraum von 10 Jahren jährlich eine um 34,92 % geringere Umweltbelastung durch den Verkehr. Bei einer stufenweisen Einführung des Ökobonus hingegen wäre die Umweltentlastung in den ersten Jahren geringer. Im Jahr 2000 aber würde die Emissionsreduktion ebenfalls 34,92 % betragen.

Die folgende Tabelle zeigt die für das Jahr 2000 berechneten Emissionen und die an Hand dieser Daten berechneten Emissionswerte bei Einführung des Ökobonus.

Tabelle 49: Prognostizierte Emissionen im Jahr 2000[5] (in 1.000 Tonnen)

	Trend		**bei Einführung des Ökobonus**		
	Gesamt	**Verkehrsanteil**	**Gesamt**	**Verkehrsanteil**	**Reduktion**
NO_x	155	105 (68 %)	119	69 (58 %)	23,2 %
CO_2	65.100	18.400 (28 %)	58.675	11.974 (20 %)	9,9 %
VOC	292	63 (22 %)	270	41 (15 %)	7,5 %
CO	678	177 (26 %)	617	116 (19 %)	9,0 %
SO_2	83	6 (7 %)	80	4 (5 %)	2,5 %
Staub	33	13 (39 %)	28	9 (30 %)	13,6 %

Zusammenfassung

- Ein Ökobonuszuschlag auf den Treibstoffpreis in der Höhe von 200 % führt, unter Einbeziehung der in dieser Studie berechneten Elastizität, zu einer Reduktion der Verkehrsleistung um 34,92 %. Aufgrund der dadurch verringerten Schadstoffemissionen durch den Verkehr kann in Österreich das Toronto-Ziel, das eine Reduktion der CO_2-Emissionen bis zum Jahr 2005 auf den Emissionswert von 1988 abzüglich 20 % vorsieht, erreicht werden. Im Verhältnis zum CO_2-Ausstoß von 1990 ergibt sich eine Gesamtreduktion um 9,9 %.
- Auch die übrigen Schadstoffe bzw. Schadstoffgruppen die im Mittelpunkt der Luftreinhaltepolitik stehen, können in ihrer Gesamtemission verringert werden. Gerade bei Stickoxiden ergibt sich aufgrund des hohen Anteils der verkehrsbedingten Emissionen an den Gesamtemissionen eine Reduktion von 23,2 %.

4.2. Strukturelle Auswirkungen

Die lenkungspolitischen Auswirkungen des Ökobonus lassen sich am besten anhand struktureller Veränderungen beschreiben. Dabei gilt es vor allem zu beachten, daß nicht nur die Verkehrsstruktur, sondern auch andere Strukturen, wie die des Fremdenverkehrs, der Wirtschaft oder die Infrastruktur durch den Ökobonus beeinflußt werden können. Das Verkehrssystem ist ein wesentlicher Bestandteil dieser Strukturen, welche sich ohne Verkehr ganz anders entwickelt hätten.

4.2.1. Modal Split

Jeder Österreicher legt jährlich rund 1.000 Wege zurück. Auf diesen Wegen bewältigt er eine Strecke von ca. 10.000 km pro Person. Für die Befriedigung dieses Mobilitätsbedürfnisses benötigt er ca. eine Stunde/Tag. Der Modal Split zeigt unabhängig von den tatsächlichen Wege- und Verkehrsmengen die Aufteilung dieser Wege und Kilometer auf einzelne Verkehrsmittel. Im Jahr 1990 läßt sich folgender Modal Split feststellen.[67]

Tabelle 50: Modal Split der Verkehrsarten[8 9] (1990)		
	Wegeanteil	**Kilometeranteil**
KFZ-Personenverkehr (KPV)	46 %	64 %
Öffentlicher Personenverkehr (ÖPV)	17 %	25 %
Radverkehr	8 %	2 %
Zu Fußgehen	29 %	3 %
Flugverkehr	0 %	6 %

Der Modal Split zeigt deutlich, daß beinahe jeder zweite Weg in Österreich mit dem Kfz-Verkehr zurückgelegt wird, vor allem aber zwei Drittel der zurückgelegten Kilometer mit dem Pkw gefahren werden. Der Modal Split ist eine prozentmäßige Aufteilung der gewählten Verkehrsmittel und läßt noch keinen Aufschluß über die tatsächliche Wege- und Verkehrsmenge zu.

Bei der Berechnung der Wegeanteile wurde davon ausgegangen, daß die Verringerung des KPV aufgrund der aufgezeigten Elastizitäten voll zum Tragen kommt. Die Elastizitäten des Umweltverbundes (ÖPV, Fahrrad, Fuß) kommen nicht voll zu tragen, da der Modal Split in sich wieder 100 % ergeben muß. Unter der Annahme, daß vor und nach der Einführung des Ökobonus gleich viele Wege zurückgelegt werden, bedeutet das, daß jeder vermiedene KPV-Weg durch einen Weg des Umweltverbundes ersetzt wird.

Auch bei der Berechnung des Modal Splits der Verkehrsmenge gilt die Bedingung, daß der Modal Split insgesamt 100 % ergeben muß. Bei der Betrachtung muß aber angenommen werden, daß es sich bei den vermiedenen KPV-Wegen um die kürzeren Wege handelt. Denn der Ersatz von kurzen Strecken durch Verkehrsmittelformen wie Radfahren oder Zu Fußgehen scheint realistisch. Der ÖPV kann jedoch nur einige der weiteren Strecken für den KPV ersetzen. Insgesamt aber ist die Entlastung bei den KPV-Kilometern niedriger als die bei den KPV-Wegen.

Tabelle 51: Modal Split der Verkehrsarten beim Ökobonus[10]		
	Wegeanteil	**Kilometeranteil**
KFZ-Personenverkehr (KPV)	30 %	53 %
Öffentlicher Personenverkehr (ÖPV)	22 %	36 %
Radverkehr	10 %	3 %
Zu Fußgehen	38 %	4 %
Flugverkehr	0 %	4 %

Der motorisierte Personenverkehr kann auf beinahe fünfzig Prozent der Personenkilometer gesenkt werden, während der Umweltverbund (zu Fußgehen, Radfahren, ÖPV) deutlich stärker genutzt wird. Kurze Strekken werden durch Radfahren und Zu Fußgehen ersetzt, weite Strecken durch den ÖPV. Zusammengefaßt stellt sich die Veränderung des Modal Split bei einer 200 %-igen Treibstoffpreiserhöhung wie folgt dar.

Tabelle 52: Vergleich des Modal Split				
	1990		**Ökobonus**	
	Wege	**Pkm**	**Wege**	**Pkm**
KPV	46%	64%	30% (-16%)	53% (-11%)
ÖPV	17%	25%	22% (+5%)	36% (+11%)
Radverkehr	8%	2%	10% (+2%)	3% (+1%)
Zu Fußgehen	29%	3%	38% (+4%)	4% (+1%)
Flugverkehr	0%	6%	0% (+0%)	4% (-2%)

4.2.2. Verkehrsstruktur

Die Verkehrsstruktur wird von mehreren Faktoren geprägt. Neben den wohlfahrtsökonomischen Gesichtspunkten spielen dabei vor allem technische und mengenmäßige Ansätze eine Rolle. In diesem Abschnitt wird versucht, folgende für die Verkehrsstruktur bedeutende Faktoren auf ihre Auswirkungen hin zu untersuchen.

Der Autobestand kann durch den Ökobonus nur bedingt beeinflußt werden. Nicht die mengenmäßige Beeinflussung steht im Vordergrund, sondern die qualitative Beeinflussung. D.h., eine Erhöhung der Treibstoffkosten durch den Ökozuschlag führt zu einer erhöhten Nachfrage nach Fahrzeugen mit einem geringeren Treibstoffverbrauch. Die Nachfrage nach Fahrzeugen steigt und damit verknüpft der Fahrzeugbestand. Treibstoffsparende Fahrzeuge werden vermehrt eingesetzt. Dennoch bleiben die Treibstofffresser am Markt und der Fuhrpark wird um die treibstoffsparenden Modelle erweitert.

Bei der Einhebung des Ökobonus über die Kilometerleistung tritt dieser Effekt auch ein. Bei der kilometerleistungsabhängigen Variante können neben dem Treibstoffverbrauch auch Variablen, wie Schadstoffemissionen oder Lärm berücksichtigt werden. D.h., daß nicht nur die Nachfrage nach treibstoffärmeren Fahrzeugen steigt, sondern durch andere umweltpolitisch relevante Faktoren auch schadstoff- oder lärmarme Fahrzeuge verstärkt nachgefragt werden.

Das Straßennetz Österreichs umfaßt derzeit ca. 44 km² für Autobahnen, Bundes- und Landesstraßen, weitere 420 km² für Gemeindestraßen und ca. 336 km² entfallen auf die Fläche von Wirtschaftswegen. Insgesamt wird der Flächenverbrauch für den Straßenverkehr mit rund 3 % der gesamten Fläche Österreichs oder 1.200 km² angenommen.[11]

Der Ökobonus entlastet vom verkehrspolitischen Druck, noch mehr neue Straßen zu bauen und zu erschließen. Die Verkehrsmenge verringert sich und das vorhandene Straßennetz kann optimal genutzt werden. Die Senkung von Stauzeiten, weniger Unfälle, Lärm und Gestank, aber auch niedrigere Erhaltungs- und Überwachungskosten sind die Folge.

Der Ökobonus setzt ein deutliches Signal in Richtung Öffentlicher Verkehr. Durch den Ökobonus wird der öffentliche Verkehr relativ billiger. Die neuen Preisrelationen führen zu einer verstärkten Substitution des Kfz-Verkehrs durch öffentlichen Verkehr. Diese Nachfrageveränderung muß jedoch auch zu einer Angebotsveränderung führen. Die lenkungspolitische Wirkung des Ökobonus kann daher nur dann erreicht werden, wenn es gelingt, die Struktur des öffentlichen Verkehrs zu verbessern.

Die Auswirkungen können aus dem Modal Split abgelesen werden. Unter den heutigen Voraussetzungen ist jedoch nicht anzunehmen, daß der ÖV jene Funktion übernehmen kann, die er bei Einführung des Ökobonus übernehmen müßte. D.h., daß bereits in der Diskussionsphase und der Phase der politischen Willensbildung der ÖV sein Angebot laufend verbessern muß, da er sonst die ihm zustehende Rolle nicht übernehmen kann. Der Ökobonus beeinflußt zwar generell die Nachfrage nach dem Umweltverbund, also auch nach Alternativen wie zu Fuß gehen oder Radfahren, doch können die verkehrsleistungsintensiven Substitutionen nur vom ÖV übernommen werden.

4.2.3. Regionale Strukturen

Der Kfz-Verkehr hat den Regionen in den letzten fünfzig Jahren viele Vor- und Nachteile gebracht. Einerseits ermöglichte der KV eine hohe physische Mobilität, so daß auch entlegene Gebiete und Randregionen wirtschaftlich integriert wurden. Andererseits verloren durch die gewonnene Mobilität viele Stand- und Wohnorte an Bedeutung.

Dieser Wertverlust ergab sich nicht nur aufgrund der hohen Abwertung der Lebensräume durch Waldsterben, durch Unfälle, Luftverschmutzung oder Lärm - kurz: durch externe Effekte -, sondern auch dadurch, daß kleine wirtschaftliche Einheiten und deren regionale Distribution unrentabel wurden.

Der öffentliche Verkehr, der gerade in den Regionen oft auch Wirtschaftsfaktor war, konnte den Struktur- und Wertewandel nicht verhindern. Die Stadtflucht der letzten beiden Jahrzehnte förderte die wirtschaftliche Ausdünnung der Regionen, da die Flüchtenden lediglich ihren Wohnraum in die Frischluftregionen verlagerten, ihre Versorgung aber weiterhin in den Großeinkaufszentren der Städte abwickelten.

Es ist unbestritten, daß die Regionen Mobilität und damit zusammenhängend Verkehr benötigen. Gerade in den Regionen hat sich in den letzten Jahren die Infrastruktur schlecht entwickelt. Zusätzlich setzten falsche Preise und falsche Produktionsarten die Landwirtschaft unter Druck. Die

Zentralisation der landwirtschaftlichen Produktion und die Massenproduktion der Versorgung macht viele Bürger von Subventionen und Unterstützungen abhängig. Der Ökobonus kann in Teilbereichen strukturstützend wirken.

Belastende Effekte	Hilfe durch den Ökobonus
Hohe Umweltbelastung durch Unfälle und Lärm	Die Regionen sind durch Unfälle (höhere Geschwindigkeiten) und durch Lärm (leichtere Ausbreitung) extrem belastet. Der Ökobonus verringert die Verkehrsmengen und damit diese externen Effekte.
Hohe Zeitverluste durch lange Pendler- und Einkaufswege	Der Ökobonus verstärkt den Druck auf die Attraktivierung des öffentlichen Verkehrsnetzes. Zusätzlich verbessert sich durch die geringere Auslastung die Attraktivität des Straßennetzes (geringere Stauzeiten, höhere Durchflußraten).
Soziale Desintegration durch Entmischung von Wohnen, Einkauf und Arbeit	Der Ökobonus macht kleine, strukturierte Einheiten wieder wirtschaftlich, indem er die Wegekosten verteuert und damit kürzere Transportdistanzen attraktiv macht. Zusätzlich verstärkt er den Druck auf eine ökologisch ausgerichtete Arbeitsplatz- und Standortwahl.
Belastung der Regionen durch gut entwickeltes Verkehrsangebot bei Abwanderung und Auflösung kleiner wirtschaftlicher Unternehmen	Durch die Verteuerung der Wegekosten zeigt der Ökobonus die Bedeutung von Entfernungen auf und gewichtet Transportkosten neu.

4.2.4. Ballungsgebiete

Auch für die Ballungsgebiete ergibt sich eine Menge von verkehrsverursachten negativen Effekten. Neben den traditionellen ordnungspolitischen und marktwirtschaftlichen Instrumenten bietet der Ökobonus auch Ballungsgebieten die Möglichkeit, ihre Verkehrsstruktur den ökologischen und ökonomischen Anforderungen anzupassen.

Belastende Effekte	Hilfe durch den Ökobonus
Hohe Umweltbelastung durch Emissionen	Verringerung der Verkehrsmenge des Kfz-Verkehrs und damit eine Umweltentlastung. Die Abwanderung der Wohnbevölkerung kann verringert werden.
Hohe Zeitverluste durch lange Pendelwege	Weniger Zeitverluste durch weniger Pendlerverkehr und eine bessere Ausnutzung der Straße; weniger Abwanderung von Arbeitskräften aus den Agglomerationskernen.
Soziale Desintegration durch Entmischung von Arbeit, Wohnen, Einkauf und Freizeit	Bewußtseinsbildung, daß Verkehr hohe Kosten verursacht; veränderte Verkehrsmittelwahl und damit verbunden geringere Distanzen; stärkere Vermischung von Lebensstrukturen.
Belastung der Ballungsgebiete durch gut entwickeltes Kfz-Verkehrsangebot bei gleichzeitiger Abwanderung der Bevölkerung	Finanzielle Entschädigung der Bevölkerung in den Ballungsgebieten (Ökobonus); Nachfrageeffekte nach ÖV; strukturpolitische Änderungen.

Ballungsgebiete sind jene Gebiete, die am stärksten vom Verkehr belastet sind. Das gilt sowohl für die Belastungen des Kfz-, als auch des öffentlichen Verkehrs und das gilt sowohl für die Belastungen am Tag und bei Nacht. Die verkehrspolitischen Effekte lassen sich beim Ökobonus wahrscheinlich dann optimieren, wenn nicht mehr das „Fahren", sondern das „Führen" durch die Stadt in den Mittelpunkt gestellt wird. Dieses „Führen" sollte bestmöglich mit öffentlichen Verkehrsmitteln abgewickelt werden.

Ballungsgebiete sind Gebiete mit hoher Konzentration von Industrie und Gewerbe, Wohnen, Kultur, Sport, Freizeit und Arbeiten. Vieles davon ist Reziprozität zu Gunsten der Regionen, die aus solchen Zentren verwaltet werden. Umgekehrt werden Regionen durch Erholungssuchende, durch die Zersiedelung, durch den Schadstoffabtransport und letztlich durch die Zerstörung der Natur belastet.

D.h., daß Regionen sowohl durch den Ökobonus begünstigt als auch benachteiligt werden. Das spricht für einen gleichmäßigen Bonus, da diese Vor- und Nachteile nicht quantifizierbar sind und eine Quantifizierung unter der Prämisse gemeinsamen Lebens auch nicht sinnvoll erscheint.

4.2.5. Fremdenverkehrsstruktur

Der Fremdenverkehr steht vor dem typischen Verkehrsproblem: Einerseits ermöglicht der KV eine hohe touristische Aufschließung, andererseits belastet der „Fremden-Verkehr" jene Regionen, die gerade wegen ihrer Erholung bietenden Möglichkeiten aufgesucht werden. Österreich muß die Umwelt intakt halten. D.h., die Diskussion lautet nicht „Tourismus oder Umwelt", sondern die Diskussion kann nur lauten, wie kann es gelingen, den Gast auf das Problem seines umweltbelastenden Verhaltens (z.B. Verkehrsproblem) aufmerksam zu machen und ihn in die Erhaltung der Umwelt zu integrieren?

Der Ökobonus und das Verständnis für diese lenkungspolitische Maßnahme ist ein Mosaikstein auf dem Weg zu einer umweltfreundlichen Fremden-Verkehrs-Politik.

Belastende Effekte	Hilfe durch den Ökobonus
Hohe Umweltbelastung auf den touristischen Anfahrtswegen	Durch die Kostentransparenz des Ökobonus werden motorisierte Fahrten teilweise vermieden oder substituiert. Die Belastung (Staus, Lärm, Schadstoffe) kann dadurch vermindert werden.
Hoher Platzbedarf in den touristischen Zentren	Der Tourist sucht natürliche Umgebung oder ruhige, geschichtliche Plätze auf. Bei seinen Aktivitäten darf der Verkehr, aber auch nicht die Ansicht von ruhendem Verkehr stören. Die Kosten für die Parkraumbeschaffung können durch den Ökobonus vermindert werden.
Motorische Erschließung von unberührter Natur	Eine der Ursachen des Qualitätsverlustes im Tourismus, ist die Tatsache, daß immer mehr Täler, Wege und Gegenden für den Kfz-Verkehr erschlossen werden. Der Mensch (Wanderer) konkurriert mit dem Auto. Der Ökobonus hilft, ordnungspolitische Maßnahmen leichter durchzusetzen.
Verringerung von Erholungsräumen	Je mehr Wege für den Kfz-Verkehr erschlossen werden und je mehr Täler und Berge touristisch erschlossen werden, um so weniger Chancen verbleiben für eine menschenorientierte Freizeitgestaltung.

4.2.6. Betriebsstrukturen

Die Verkehrskosten beeinflussen die Betriebsstrukturen in zweifacher Weise. Primär beeinflussen Verkehrskosten die Produktion und Distribution. Diese Auswirkungen werden aufgrund ihrer Bedeutung für die Analyse des Ökobonus in einem eigenen Abschnitt behandelt (Auswirkungen auf die Wirtschaft). Sekundär beeinflussen die Verkehrskosten die Erreichbarkeit der Betriebe. Zwar müssen diese Kosten großteils nicht von den Unternehmen bezahlt werden, aber der Einfluß auf Arbeitsplatzwahl, Kundenstock und Lieferanten ist nicht zu vernachlässigen.

Die betrieblichen Strukturanpassungen sind sowohl von der Betriebsgröße, als auch vom Arbeitskräftepotential abhängig. Der Ökobonus fördert Betriebsstrukturen, die möglichst geringe Berufswegeleistungen erfordern. Das kann durch eine Arbeitskräfteauswahl nach regionalen Gesichtspunkten erfolgen oder durch Betriebsgrößen, welche den regionalen Anforderungen angepaßt sind. Der Ökobonus wirkt der Entflechtung von Betrieben, Arbeits- und Wohnstätten entgegen.

Gerade die Diskussion über Betriebsstrukturen birgt ein Thema, welches im Bereich des Ökobonus immer wieder angesprochen wird: Die erhöhten Kilometerkosten machen Betriebsstandorte unrentabel und erfordern daher eine betriebliche Förderung, um diese Marktungerechtigkeiten aufzufangen. Die Abwanderung und Verlagerung von Betriebsstandorten bzw. die Aufteilung eines Betriebes in mehrere Standorte ist aber marktwirtschaftlich und umweltpolitisch erforderlich (ja geradezu gewünscht), wenn es die durch die teureren Verkehrskosten veränderten Preise anzeigen. „Marktungerechtigkeiten" bestehen jetzt und diese können teilweise mit Hilfe des Ökobonus aufgehoben werden.

Diese strukturellen Anpassungen müssen an dieser Stelle deutlich betont werden. Vielfach fordern Betriebe und Unternehmen, ihre wirtschaftlich bedingten Verkehrsleistungen von den Abgabenbelastungen auszunehmen. Dies ist nichts anderes als eine Subvention. Diese Ausnahmen verzerren die Marktpreise und widersprechen dem Prinzip der „Kostenwahrheit im Verkehr".

Höhere Verkehrskosten können von Betrieben durch strukturelle Anpassungen, die Standortwahl, die Bearbeitung des Kunden- und Lieferantenstocks oder durch geänderte Produktionen und Produktsortimente kompensiert werden. Können diese Mittel nicht oder nicht vollständig ausgenutzt werden, verbleibt letztlich die Möglichkeit höhere Transportkosten über die Preise an den Kunden weiterzugeben.

Belastende Effekte	**Hilfe durch den Ökobonus**
Berufsanfahrt wird bei Arbeitsplatzwahl vernachlässigt	Durch die Transparenz der Verkehrspreise werden Arbeitnehmer ihre Arbeitswahl auch nach verkehrspolitischen Überlegungen ausrichten.
Betriebsstrukturen werden nicht den regionalen Anforderungen angepaßt	Durch die höheren Transportkosten werden entlegene Betriebsstandorte weniger interessant.
Betriebsgröße wird nicht der regionalen Nachfrage angepaßt	Die Betriebe werden ihre Größe nicht nur nach dem günstigsten m^2-Preis festlegen, sondern vermehrt auf die regionale Notwendigkeit der Betriebsgröße achten. Die regionale Nachfrage gewinnt zunehmend an Bedeutung.
Betriebsstandorte werden nicht nach umweltfreundlichen Verkehrsknoten ausgewählt	Betriebsstandorte werden heute häufig nach der Erreichbarkeit motorisierter Verkehrsmittel ausgewählt. Höhere KV-Kosten attraktivieren auch Standorte, welche durch den Umweltverbund gut erschlossen sind.
Betriebsstandorte werden nicht nach Transportlogisitik ausgewählt	Die Entscheidung des Standortes hängt auch von der Nähe zum Lieferanten ab. Die Berücksichtigung dieser Komponente im Ökobonussystem wird entscheidend.

4.2.7. Freizeit- und Erholungsstrukturen

Der Mensch benötigt im täglichen Leben Ausgleich zur Arbeit und zu den Haushaltsaufgaben. Er benötigt Entspannung, Ruhe, aber auch Spiel und Sport. Die Möglichkeiten sich in der Freizeit zu unterhalten oder sich vom Tagesablauf zu erholen, werden vom Verkehr sehr stark eingeschränkt.

Belastende Effekte	**Hilfe durch den Ökobonus**
Zerstörung von Erholungsräumen	Durch die alltägliche Nähe des motorisierten Verkehrs werden gerade Naherholungsgebiete nachhaltig durch den Verkehr gestört. Der Ökobonus kann diese Zerstörung teilweise dämpfen.
Entstehen von Erholungsreservaten für Menschen	Aufgrund des Bedarfs an Erholung und Entspannung müssen Zonen der Erholung geschaffen werden. Der Ökobonus kann ein Signal setzen, daß der Lebensraum an sich Entspannung bieten kann.
Entwicklung von verkehrsabhängigen Sportarten	Viele Sportarten erfordern vielfach unnatürliche Gegebenheiten, welche nur punktuell erreicht werden können. Der Sport hat sich vom Verkehr abhängig gemacht. Der Ökobonus macht diese Sport-Kosten transparent.

Zusammenfassung

- Strukturelle Veränderungen mit dem Ziel verbesserter Umfeldbedingungen sind die stärksten Auswirkungen der lenkungspolitischen Aufgabe des Ökobonus.
- Der Ökobonus bewirkt, daß sich der Modal Split deutlich zu Gunsten des Umweltverbundes verschiebt.

- Der Ökobonus fördert subjektbezogen die ökologisch verträgliche Mobilität.
- Der Ökobonus begünstigt Randregionen und Ballungsgebiete gleichermaßen durch die Verbesserung der Umfeldbedingungen. Dazu zählen geringere Schadstoffbelastungen, weniger Unfälle oder eine Verbesserung des Angebots im öffentlichen Verkehr.
- Der Ökobonus unterstützt die Fremdenverkehrswirtschaft und die Freizeit- und Erholungsstrukturen, weil die Erholungsgebiete vom KV entlastet werden, der ÖV forciert wird und somit die Umwelt intakt gehalten werden kann.
- Durch den Ökobonus entsteht sekundär Druck auf die Betriebe, ihre Strukturen ökologischer auszurichten.

4.3. Staatsfinanzierung

Jeder Zuschlag auf den Treibstoff oder auf die Kilometerkosten bringt höhere Staatseinnahmen. Gibt man diese Mehreinnahmen jedoch wieder an die Einwohner zurück, so kommt es zu keinen Finanzierungseffekten, sondern zu Umverteilungswirkungen, die sich nicht direkt auf den Staatshaushalt auswirken.

Der Ökobonus versucht über den Preis die Verkehrsmenge zu reduzieren. Eine Verringerung des Verkehrsumsatzes führt unweigerlich zu Steuerverlusten (Möst, Ust, Novag). Andererseits führt die Verkehrsmengenreduktion aber auch zu Effekten, die die ökonomisch-ökologischen Ziele Österreichs fördern: weniger Lärm, weniger Unfälle, weniger Schadstoffbelastung und eine Nachfrageverlagerung vom Individual- zum öffentlichen Verkehr. Diese mengenmäßigen Effekte haben auch finanzielle Auswirkungen, allerdings nur indirekt über eine Entlastung der Staatsausgaben und die Möglichkeit die Verkehrspreise kostenbewußter zu verrechnen.

4.3.1. Bundeshaushaltsrechnung

In der Bundeshaushaltsgebarung wurden die Ausgaben den Einnahmen gegenübergestellt.

Tabelle 53: Bundeshaushaltsrechnung 1990

Ausgaben		
Erziehung und Unterricht		48.465
Forschung und Wissenschaft		19.480
Kunst, Kultus		5.941
hievon Bundestheater	2.288	
Gesundheit		5.117
Soziale Wohlfahrt		134.924
hievon Sozialversicherung	53.523	
Wohnungsbau		18.479
Straßen		14.962
hievon Bundesstraßen	6.405	
hievon Autobahnen	3.051	
hievon Straßengesellschaften	5.423	
Sonstiger Verkehr		105.143
hievon Post- und Telegraphenverwaltung	42.131	
hievon Österreichische Bundesbahnen	56.976	
Land- und Forstwirtschaft		14.129
hievon marktordnungspol. Maßnahmen	6.976	
hievon Österreichische Bundesforste	1.792	
Energiewirtschaft		181
Industrie und Gewerbe		17.744
Öffentliche Dienstleistungen		4.432
hievon Glücksspiele	851	
Private Dienstleistungen		5.602
hievon Branntwein	402	
Landesverteidigung		18.092
Staats- und Rechtssicherheit		17.478
hievon Bundespolizei und -gendarmerie	11.138	
Übrige Hoheitsverwaltung (ohne Zinsen)		134.567
hievon Katastrophenfonds	3.153	
Ausgaben Gesamt		**564.736**

Einnahmen		
Veranlagte Einkommensteuer	33.793	
Lohnsteuer	105.491	
Kapitalertragsteuer auf Zinsen	7.186	
Körperschaftssteuer	13.786	
Gewerbesteuern	14.868	
Vermögenssteuern	7.035	
Umsatzsteuer	154.521	
Abgabe von alkoholischen Getränken	2.655	
Zölle	5.749	
Tabaksteuer	11.290	
Mineralölsteuer	19.618	
Stempel- und Rechtsgebühren	7.441	
Kraftfahrzeugsteuer	6.237	
Sonstige Abgaben	35.752	
Bruttoeinnahmen		425.422
Überweisung an Länder	(63.048)	
Überweisung an Gemeinden	(55.688)	
Überweisung an Fonds	(23.994)	
Überweisungen Gesamt		(142.729)
Bundestheater	632	
Branntwein	883	
Österreichische Bundesforste	2.055	
Post- und Telegraphenverwaltung	47.864	
Österreichische Bundesbahnen	29.299	
Glücksspiele	957	
Hauptmünzamt	0	
Bundesbetriebe Gesamt		81.690
Überweisungen aus Steueranteilen		18.011
Steuerähnliche Einnahmen		56.006
Sonstige Einnahmen		63.451
Einnahmen Gesamt		**501.851**
Gebarungsabgang 1990		***62.885***

Ausgabenseitig wurde auf die funktionale Gliederung der Bundeshaushaltsgebarung zurückgegriffen, wobei einige Ausgabengruppen in Vorkolonnen detailliert dargestellt sind. Um die finanziellen Auswirkungen auf die Bundesbetriebe betrachten zu können - insbesondere die Bundesbahnen - wurden vor allem alle Ausgaben für Bundesbetriebe gesondert dargestellt. Einnahmenseitig wurden die Überweisungen an Länder,

Gemeinden und Fonds als Abzugspost dargestellt (Werte in ( ) sind negativ). Die Bruttoeinnahmen und die Einnahmen aus Bundesbetrieben wurden in Vorkolonnen detailliert dargestellt.

Direkte Auswirkungen auf die Haushaltsgebarung sind jene, die bei Festlegung des Ökozuschlags Ausgaben- oder Einnahmengruppen beeinflussen. Ein höherer Ökozuschlag bedeutet höhere Kilometerkosten und damit höhere Betriebsausgaben. Dadurch wird z.B. das Steueraufkommen direkt beeinflußt.

Indirekte Auswirkungen führen über die Verhaltensänderungen (Verknüpfung über Elastizitäten) zu anderen Verhaltensweisen, die wiederum die Bundeshaushaltsgebarung beeinflussen. Sinkt etwa die Verkehrsmenge durch die Festlegung eines Ökozuschlags, so sinkt aufgrund des niedrigeren Treibstoffverbrauchs das Steueraufkommen aus der Mineral- und Umsatzsteuer. In diesem Zusammenhang muß erwähnt werden, daß auch die direkten Auswirkungen über die veränderte Verkehrsmenge beeinflußt werden.

Einzelne Erfolgspositionen werden direkt durch den Ökozuschlag beeinflußt, andere indirekt über die Verhaltensänderungen. Zu den direkte beeinflußten zählen die Einkommensteuer, die Körperschaftssteuer und die Wirtschaftssektoren. Alle übrigen werden erst sekundär über die Verhalteneffekte verändert.

4.3.2. Einnahmen

Veranlagte Einkommensteuer/ Lohnsteuer

Die Höhe des Steueraufkommens der Einkommensteuer (die Lohnsteuer ist eine Erhebungsform der ESt) wird durch die Werbungskosten beeinflußt. Wie Unternehmen haben auch Privatpersonen die Möglichkeit, bei der Veranlagung Reisekosten als Werbungskosten (bei Unternehmen: Betriebsausgaben) geltend zu machen. Privatpersonen machen dabei von einer gesetzlichen Sonderregelung Gebrauch. Sie verrechnen die mittels Pkw geleisteten Kilometer pauschal über das amtlich festgelegte „Kilometergeld“.

Je höher nun die Kilometerkosten eines Pkw sind, umso höher wird auch das amtliche Kilometergeld. Die so vermehrt angerechneten Werbungskosten führen zu einer geringeren Steuerbelastung und somit zu geringeren Staatseinnahmen.

Körperschaftssteuer

Die Höhe des Körperschaftssteueraufkommens wird von den Betriebsausgaben bestimmt. Steigen diese, so sinkt das Steueraufkommen. Somit läßt sich eine Steuerverminderung ermitteln. Diese Steuerverminderung wurden um jenen Anteil gekürzt, der nicht erfolgswirksam ist, da nicht alle Unternehmen, die erhöhte Kilometerkosten haben, auch Gewinne machen.

Umsatzsteuer

Die Höhe der Umsatzsteuer verändert sich einerseits durch die erhöhten Produktpreise, wenn Unternehmer höhere Transportkosten an den Kunden weitergeben, und durch den verminderten Verbrauch von Mineralöl. Der Ökobonuszuschlag an sich ist umsatzsteuerfrei, bzw. wenn nicht, so wird der Überhang aus der Umsatzsteuer direkt dem Ökobonusfonds gutgeschrieben. In jedem Fall verändert er nicht das Umsatzsteueraufkommen.

Mineralölsteuer

Die Veränderung des Mineralölsteueraufkommens hängt vom Verbrauchseffekt ab. Je weniger Treibstoffe gekauft werden, um so niedriger wird das Steueraufkommen. Da ein direkter Zusammenhang zum Verbrauchseffekt hergestellt werden kann, wurde das Mineralölsteueraufkommen mit den Literrichtsätzen verglichen.

Kraftfahrzeugsteuer

Das Kraftfahrzeugsteueraufkommen hängt im wesentlichen von zwei Größen ab: der Anzahl der Fahrzeuge und der KW-(PS-)Stärke dieser Fahrzeuge. Da durch den Ökobonus vorerst die Nachfrage nach verbrauchsarmen Pkw steigt, sinkt der Fahrzeugbestand nicht. Eher sinken wird die Leistung der Fahrzeuge, die - den geänderten Rahmenbedingungen angepaßt - weniger Leistung erbringen müssen, als sie es heute tun.

Daher wurde langfristig mit einem Rückgang des Kfz-Steueraufkommens kalkuliert.

Österreichische Bundesforste

Ziel des Ökobonus ist es, die Umweltbelastungen auf ein notwendiges Maß zu reduzieren. Jede Verbesserung des Luft-, Boden- und Wasserzustands führt unweigerlich zu einer Erholung des bereits stark belasteten Waldbestandes, so daß sich die Ertragskraft des Holzschlages durch den Ökobonus steigern wird.

Post- und Telegraphenverwaltung

Die Tele- und Postkommunikation ist ein bedeutendes Substitut für Verkehr. Je teurer der motorisierte Verkehr wird, um so größer wird die Nachfrage nach Telefonaten, Briefverkehr, Telefax, Telebanking oder Teleconferencing. All das sind Angebote, bei denen physische Mobilität vermieden werden kann. Bei Einführung des Ökobonus kann daher mit einer stärkeren Nachfrage nach solchen Dienstleistungen gerechnet werden.

Österreichische Bundesbahnen

Wie die Tele- und Postkommunikation ist auch die Bahn sowohl im Güter- als auch im Personenverkehr ein geeignetes Substitut. Die Nachfrage hängt sehr stark von den Preisrelationen der einzelnen Verkehrsalternativen zueinander ab. Einfluß auf die Nachfrage übt auch die Bonuszahlung aus.

Der Ökobonus kann die Nachfrage erzeugen, das Angebot muß jedoch von der Bahn bereitgestellt werden. Der Staat muß spätestens bei Einführung des Ökobonus in die Verbesserung des öffentlichen Verkehrs investieren.

4.3.3. Ausgaben

Gesundheit

Die Ausgaben für Gesundheit werden von öffentlichkeitswirksamen Komponenten determiniert. Je weniger Verkehr erzeugt wird, um so geringer werden langfristig diese Ausgaben sein. Da aber bis zur Erreichung der Ökobonusziele noch sehr viel Öffentlichkeitsarbeit zu leisten sein wird, wird nur eine geringe Verminderung angesetzt.

Soziale Wohlfahrt

Die Ausgaben für Soziale Wohlfahrt sinken mit der Verkehrsleistung. Als bestimmende Größe wurden in dieser Ausgabenposition die externen Kosten durch Unfälle angesetzt, die gewöhnlich über diese Ausgabengruppe in die Staatshaushaltsrechnung internalisiert werden (Krankenhaus- und Pflegeaufenthalte, Notstandshilfe, etc.).

Geringere Verkehrsmengen erhöhen die Reisegeschwindigkeit und damit das Unfallrisiko. Freie Straßen dämpfen ohne bauliche Maßnahmen den Wohlfahrtseffekt durch den Ökobonus. In den Berechnungen haben wir daher einen Dämpfungseffekt berücksichtigt, so daß nicht der proportionale Rückgang an externen Kosten, sondern ein degressiver Rückgang berücksichtigt ist.

Sonstiger Verkehr

Unter den Ausgaben für den Sonstigen Verkehr finden sich auch jene für die Post- und Telegraphenverwaltung. Wenn einnahmenseitig die Nachfrage nach Telekommunikation steigt, so werden auch die Ausgaben für diese Erfolgsposition steigen. In unseren Berechnungen sind wir davon ausgegangen, daß die Ausgaben im selben Prozentsatz steigen wie die Einnahmen, so daß die Grenzgewinne gleich gehalten werden.

Land- und Forstwirtschaft

Die in dieser Gruppe dargestellten Ausgaben werden vorwiegend für die Stützung der Preise in der Landwirtschaft und für die Pflege der Bundesforste verwendet. Der Ökobonus zielt auf eine Verbesserung der Umweltsituation ab. Demnach müßte es auch in land- und forstwirtschaftlichen Bereichen zu einer Senkung der Produktionskosten kommen. Aufgrund der Langzeiteffekte wurden diese Kostenersparnisse sehr niedrig angesetzt.

Industrie und Gewerbe

Im Industrie- und Gewerbesektor treten zwei Finanzierungseffekte auf. Einerseits werden die österreichischen Unternehmen aufgrund der technologischen Entwicklung auf dem Umweltsektor wettbewerbsfähiger und die staatlichen Stützungen können zurückgenommen werden. Andererseits erfordert die Übergangsphase - jene Zeit von der Einführung des Ökobonus bis zu seiner Etablierung - einen erhöhten Stützungsbedarf, da etwa transportintensive Unternehmen durch Direktförderungen einen Ausgleich für Wettbewerbsverschlechterungen erhalten. Wir haben daher in dieser Studie mit geringfügig höheren Ausgaben gerechnet.

Staats- und Rechtssicherheit

Weniger Verkehr führt auch zu weniger Verkehrsüberwachung, Unfallprotokollierung und -absicherung. Somit ergibt sich im Sicherheitsbereich ausgabenseitig eine Entlastung, die für andere sicherheitspolitische Zwecke verwendet werden kann. Da aber nicht alle Kosten abgebaut werden können, wird nur mit einer geringen Entlastung kalkuliert.

Eine verbesserte Umweltsituation führt auch zu einer Entlastung bei Katastropheneinsätzen, da weniger Erdrutsche, Murenabgänge oder Überschwemmungen eintreten. Da diese Wirkungen sehr langfristig sind, werden die Einsparungen sehr gering angesetzt.

Luftverschmutzung

Die Kosten für Luftverschmutzung belasten in mehreren Positionen die Bundeshaushaltsrechnung durch erhöhte Kosten für die Feststellung der Verschmutzung, die Behebung von Luftverschmutzungsschäden (z.B. Gebäudeinstandhaltung), die Subventionierung von Forschungsvorhaben, die Überwachung von Luftschutzgesetzen, etc.

Lärm

Die Kosten für Lärm sind ebenso wie die Kosten für Luftverschmutzung über mehrere Positionen verteilt. Subventionen für Lärmschutzwände, vermehrte Arztbesuche, Stress, Kommunikationsbarrieren, etc.

4.3.4. Gebarungseffekte

Der Ökobonus hat finanzielle Auswirkungen auf den Staatshaushalt, obwohl der Bonus das Steueraufkommen neutralisiert, da er ja an die gesamte Bevölkerung rückverteilt wird.

Die Summe der Auswirkungen ergibt die Veränderung des Bundeshaushaltserfolgs. Ein positiver Betrag heißt, daß die Summe der einnahmen- und ausgabenseitigen Entlastungen größer ist, als die Summe der Belastungen. Jene Einnahmen, die mit höheren Ausgaben erwirtschaftet werden, können in diesem Betrag nicht dargestellt werden. Solche „nachfrageerzeugte Einnahmen“ können nur aus der detaillierten Analyse der Staatshaushaltsgebarung abgelesen werden (z.B. Bundesbahnen, Post).

In der folgenden Tabelle sind die Veränderungen der Staatshaushaltsrechnung nach unterschiedlichen Erhöhungen der Treibstoffpreise im Ökobonussystem angeführt. Ein geringeres Anpassungsverhalten der Wirtschaft führt zu geringeren Entlastungen im Staatshaushaltsbereich.

Tabelle 54: Kostenexternalisierung der Wirtschaft Beträge in Millionen Schilling			
	Anpassung der Wirtschaft		
Ökozuschlag	**Keine**	**Hälfte**	**Volle**
20 %	- 1.936	- 164	- 135
40 %	- 93	- 4	85
60 %	498	700	902
80 %	1.193	1.520	1.846
100 %	1.889	2.339	2.790
120 %	2.557	3.129	3.701
140 %	3.191	3.880	4.569
160 %	3.795	4.598	5.402
180 %	4.379	5.295	6.211
200 %	4.956	5.984	7.011

Die Analyse der Auswirkungen zeigt, daß ab einem Ökozuschlag von rund 50 % positive Auswirkungen auf den Staatshaushalt zu erwarten sind. Bei einem niedrigeren Ökozuschlag sind die Steuerausfälle aufgrund der höheren Kostenbelastungen größer, als die ausgabenseitigen Entlastungen. Dies vor allem deshalb, da die Elastizitäten bei einem niedrigen Ökozuschlag geringer sind. Es entsteht eine Schere zwischen den realen finanziellen Wirkungen und den nicht eintreffenden Verhaltensänderungen. Erst ab einem Ökozuschlag von 50 % greifen die staatspolitisch gewünschten Maßnahmen und führen vor allem über ausgabenseitige Entlastungen zu einem finanziell besseren Ergebnis.

Es ergibt sich ein deutlicher Zusammenhang zwischen der Höhe des Ökozuschlags und der Höhe der Bundeshaushaltsentlastung. Je geringer die Anpassungen der Wirtschaft sind, um so geringer sind auch die staatsfinanziellen Auswirkungen. Ein Anreiz für den Staat, die Wirtschaft zu einem verkehrspolitisch notwendigen Anpassungsverhalten zu führen.

Ddie Wirtschaft kann bei nur geringfügig veränderten Verkehrspreise, diese Mehrkosten dem Staat übertragen. Diese Kosten werden von der Wirtschaft externalisiert (Schadstoffe, öffentliche Verkehrsnetze, Subventionen, etc.). Jener Teil der Mehrkosten, die nicht externalisiert werden können, werden über den Preis an den Kunden weitergegeben. Bei einer Erhöhung von 200 % ergibt sich ein positiver Haushaltsfinanzierungseffekt von öS 7.011 Mio.

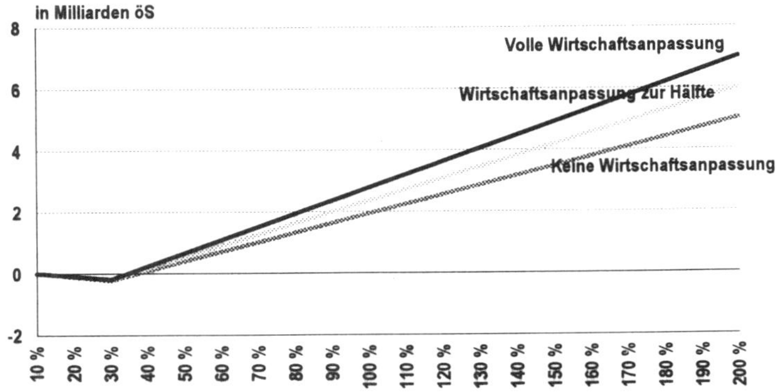

Abbildung 14: Staatsfinanzierung über das Ökobonussystem in Abhängigkeit von der Höhe des Ökozuschlages

Tabelle 55: Staatsfinanzierungseffekte (Beträge in Millionen Schilling)					
		Ist 1990	Ökozuschlag 200 %		
Einnahme/Ausgabe-Position	E A		nominell	Betrag	in %
Einkommensteuer	E	139.284	- 1.175	138.109	-0,8 %
Körperschaftssteuer	E	28.654	- 4.213	24.441	-14,7 %
Umsatzsteuer	E	154.521	- 149	154.372	-0,1 %
Mineralölsteuer	E	19.618	- 6.849	12.769	-34,9 %
Kraftfahrzeugsteuer	E	6.237	- 514	5.723	-8,2 %
Bundesforste	E	2.055	212	2.267	10,3 %
Post	E	47.864	3.450	51.314	7,2 %
Bundesbahnen	E	29.299	12.384	41.683	42,2 %
Gesundheit	A	- 5.117	316	- 4.801	6,1 %
Sozialversicherung	A	- 53.523	4.686	- 48.837	8,7 %
Post	A	- 42.131	- 3.037	- 45.168	-7,2 %
Bundesbahnen	A	- 56.976	- 12.384	- 69.360	-21,7 %
Ordnungspol. Maßnahmen	A	- 6.976	503	- 6.473	7,2 %
Bundesforste	A	- 1.792	129	- 1.663	7,2 %
Industrie und Gewerbe	A	- 17.744	- 731	- 18.475	-4,1 %
Bundespolizei/-gendarmerie	A	- 11.138	1.032	- 10.106	9,2 %
Katastrophenfonds	A	- 3.153	325	- 2.828	10,3 %
Luftverschmutzung	A	0	8.434	8.434	
Lärm	A	0	4.592	4.592	
Gesamt		**228.982**	**7.011**	**235.993**	

Neben diesem Saldo aus Be- und Entlastungen muß noch der Nachfrageeffekt nach Bundesbetrieben erwähnt werden. Vergleicht man etwa die Veränderung der Bundesbahnen, so kann mit Hilfe des Ökobonus ein Nachfrageeffekt im Betrag von öS 12.384 Mio erzeugt werden. Diesem Nachfrageeffekt stehen Ausgaben in derselben Höhe gegenüber, da die Mehrkosten der Bundesbahn durch die erhöhte Nachfrage marktwirtschaftlich über Preise verdient werden muß. Eine höhere Nachfrage darf demnach nicht zu einem höheren Defizit führen.

Auch den erhöhten Einnahmen aus der Telekommunikation stehen höhere Ausgaben gegenüber. Diese werden als aufkommensneutral angenommen. Der Finanzierungssaldo ist im Gesamtbetrag von öS 7.011 Mio enthalten.

Zusammenfassung

- Der Ökobonus ist aufkommensneutral. Fiskalische Effekte treten sekundär über die gewünschten Verhaltensänderungen auf.
- Fiskalische Effekte treten sowohl einnahmen-, als auch ausgabenseitig auf. Teilweise lassen sich diese Auswirkungen (z.B. externe Effekte) nicht direkt einzelnen Positionen der Bundeshaushaltsrechnung zuordnen.
- Bei einem Ökozuschlag von 200 % wäre 1990 das Budgetdefizit um rund öS 7 Mrd. niedriger gewesen.

4.4. Wirtschaft

Jede Treibstoffpreiserhöhung verändert die Kostenstruktur der Produktion und des Handels. Volkswirtschaftlich betrachtet können die durch die Treibstoffpreiserhöhung angehobenen Transportkosten im selben Ausmaß auf den Produktpreis aufgeschlagen werden. Betriebswirtschaftlich betrachtet passieren aber mehrere diffizile Vorgänge.

Wenn ein Inputfaktor teurer wird, so wird der Unternehmer versuchen, diesen durch einen anderen relativ billigeren Faktor zu ersetzen, um so einer Kostenerhöhung zu entgehen. In diesem Fall bieten sich eine Verlagerung des Gütertransports auf die Schiene, auf Frachtschiffe oder generell eine Reduktion der Transportwege an.

Entscheidend freilich ist, ob eine solche Substitution des relativ teureren Faktors möglich ist. Kurzfristig sind der Firmenstandort oder die Infrastruktur der Bahn und der Verkehrswege nicht änderbar. Mittelfristig können die Produkte auf ihre Substitutionsmöglichkeit geprüft werden. Erst wenn keine Substitutionsmöglichkeiten ausgenützt werden können, werden die Produktpreise über die gestiegenen Transportkosten steigen.

Bei vollkommen unelastischer Nachfrage (d.h. auch der Konsument findet kein günstigeres alternatives Produkt) wird die Kostenerhöhung vollkommen auf den Preis aufgeschlagen. Die Firmen überwälzen ihre zusätzlichen Kosten zur Gänze auf die Konsumenten. Die Ursache liegt in der marktwirtschaftlichen Ausgleichsfunktion von Angebot und Nachfrage.

Die stärkste Kostenerhöhung und die stärkste Preiserhöhung bei unelastischer Nachfrage findet natürlich dort statt, wo keine Substitution zwischen Straßen- und Schienentransport möglich ist. Der Preis eines transportintensiven Gutes steigt um so stärker je größer der Transportkostenanteil, je unelastischer die Nachfrage nach dem Gut und je geringer die Substituierbarkeit des Produktionsfaktors Transport ist.

Die folgende Berechnung der erhöhten Transportkosten geht davon aus, daß kurzfristig nur sehr wenig Substitution zu erwarten ist. Diese Annahme stützt sich auf folgende Tatsachen.

- Unternehmen haben die Möglichkeit, die höheren Transportkosten in Form höherer Produktpreise vollständig auf die Konsumenten zu überwälzen;
- Unternehmen haben Standorte, die sie nicht von heute auf morgen ändern können;
- Unternehmen haben Lieferverträge, die sie einhalten müssen;
- Unternehmen haben Verträge mit Speditionsfirmen;
- Alternative Transportmittel wie Bahn oder Schiffahrt haben keine ausreichenden Kapazitäten, um den Unternehmen Substitution zu ermöglichen.

4.4.1. Auswirkungen auf die Produktpreise

Die Auswirkungen einer Treibstoffpreiserhöhung auf die Produktpreise hängen im wesentlichen von den in den Produktpreisen enthaltenen Transportkosten und dem Anteil der Treibstoffkosten an diesen Transportkosten ab.

Transportkostenanteile

Die Transportkostenbelastung wird in der nachfolgenden Tabelle nach verschiedenen Produktgruppen dargestellt.

Die erste Spalte enthält die Transportkostenbelastung (inkl. Werkverkehr) der einzelnen Güter. So beträgt etwa die Transportkostenbelastung eines land- und forstwirtschaftlichen Produktes 4,9 % seines Wertes.

Tabelle 56: Transportkostenanteile		
Wirtschaftsbereich	**mit Werkverkehr**	**ohne Werkverkehr**
1. Land- und Forstwirtschaft	4,9 %	3,4 %
2. Energie	5,4 %	4,4 %
3. Bergbau	2,1 %	1,8 %
4. Nahrungsmittel	6,4 %	4,4 %
5. Textil	6,2 %	4,5 %
6. Holz	8,7 %	6,3 %
7. Papier	7,8 %	6,3 %
8. Chemie	6,4 %	4,8 %
9. Steinwaren	9,1 %	7,2 %
10. Grundmetall	11,4 %	9,5 %
11. Metallverarbeitung	7,9 %	6,3 %
12. Maschinen	7,7 %	5,8 %
13. Elektro	6,5 %	4,9 %
14. Fahrzeuge	6,3 %	4,3 %
15. Bau	9,8 %	7,6 %
16. Handel	5,7 %	5,2 %
17. Gastgewerbe	6,4 %	3,6 %
18. Verkehr	15,8 %	14,8 %
19. Banken	3,9 %	3,5 %
20. Sonst. Dienstleistungen	6,0 %	4,8 %

In der zweiten Spalte sind zum Vergleich die Transportkostenanteile ohne Berücksichtigung des Werkverkehrs angegeben. Ein Vergleich mit Spalte eins zeigt, daß durch die Hinzurechnung des Werkverkehrs die Transportkostenbelastung der einzelnen Güter im Durchschnitt um etwa ein Drittel höher liegt. Für landwirtschaftliche Güter steigt sie dadurch z.B. von 3,4 % auf 4,9 %.

Anteil der Treibstoffkosten an den Transportkosten

Der zweite für die Berechnung der erhöhten Produktpreise wesentliche Faktor ist der Treibstoffkostenanteil an den gesamten Transportkosten. Die Transportkosten gliedern sich folgendermaßen auf:

Tabelle 57: Transportkostenkomponenten	
Kostenstelle	**Kostenanteil**
Treibstoff	20 %
Ölverbrauch	2 %
Fahrerlöhne	30 %
Abschreibung	18 %
Instandhaltung	7 %
Versicherungskosten	4 %
Gehälter Verwaltung	6 %
Mietkosten	4 %
Sonstige Unterwegskosten	9 %

Da vor allem im Geschäftsverkehr, im Dienstreiseverkehr und im Dienstleistungsbereich sehr häufig Personenkraftwagen eingesetzt werden, müssen auch die Treibstoffkostenanteile für den Pkw ermittelt werden. Diese Kostenaufteilung zeigt Tabelle 58. Aus diesen beiden Tabellen ist ersichtlich, daß sowohl beim Lkw als auch beim Pkw die Treibstoffkostenanteile ungefähr 20 % der gesamten Kosten betragen.

Tabelle 58: Kosten für Pkw, Motorräder und Mopeds[12]	
Ausgabenart	***Kostenanteil***
Treibstoff, Öle	21,5 %
Abschreibung	37,8 %
Reparatur, Wartung, Ersatzteile	27,5 %
Kfz-Steuer	3,5 %
Kfz-Versicherung	10,4 %
Anschaffung Moped, Motorrad	0,4 %
Garagierung	1,8 %
Sonstige Kosten	1,9 %
Schadenvergütung	- 4,6 %

Die Werte, die die Tabelle der Transportkostenanteile enthält, spiegeln die gesamte Transportkostenbelastung im jeweiligen Wirtschaftsbereich wieder, wobei jedoch nicht nach Verkehrsart und Verkehrsmittel unterschieden wird. Diese Werte enthalten also sämtliche Kosten, die durch Transporte mit dem Lkw, mit der Bahn, mit Schiffen oder in Rohrleitungen anfallen.

Tabelle 59: Güterverkehrsaufkommen Österreich 1988 (in Mrd Tonnen) [13]

	Straße	**Bahn**	**Schiff**	**Rohr**	**Gesamt**
Nahverkehr	4,0	-	-	-	4,0
Fernverkehr, davon	9,1	11,7	1,8	8,0	30,6
Binnen	2,7	3,4	0,1	0,2	6,4
Einfuhr	1,7	3,0	1,0	2,7	8,4
Ausfuhr	1,5	2,5	0,2	-	4,2
Transit	3,2	2,8	0,5	5,1	11,6
Gesamt	**13,1**	**11,7**	**1,8**	**8,0**	**34,6**

Um die zusätzliche Transportkostenbelastung einer Treibstoffpreiserhöhung ermitteln zu können, werden bei der weiteren Berechnung folgende vereinfachende Annahmen getroffen: 1. die Kosten pro Tonnenkilometer sind bei allen Transportarten in etwa gleich hoch; 2. die Kosten der Alternativen Bahn und Schiff erhöhen sich bei einer Treibstoffpreiserhöhung nicht oder nur unwesentlich, sind also vom Treibstoffpreis weitgehend unabhängig, und 3. die Kosten der Rohrtransporte werden nicht berücksichtigt. Dies vor allem deshalb da ein erheblicher Teil der Transportkosten von Privatpersonen getragen wird (z.B. über Treibstoffpreise oder Energiekosten).

Weiters werden die in der Tabelle 59 ausgewiesenen Transportleistungen in folgenden Positionen bereinigt: Der Transitverkehr betrifft die österreichische Produktion in keiner Weise. Die aus Österreich exportierten

Rohstoffe, Halbfertigprodukte und Fertigprodukte beeinflussen die österreichische Produktion nicht mehr, da die Transportkosten vom ausländischen Abnehmer getragen werden.

Importierte Produkte	Transportkosten-belastung in Österreich	Berücksichtigung in %
Fertigprodukte	Nein	40 %
Halbfertigprodukte	Ja	40 %
Rohstoffe	Ja	20 %

Bei importierten Gütern muß grundsätzlich zwischen Fertigprodukten sowie Rohstoffen und Halbfertigprodukten unterschieden werden, wobei die Fertigprodukte für die österreichische Transportkostenbelastung irrelevant sind. Rohstoffe und Halbfertigprodukte, die in Österreich weiterverarbeitet werden, beeinflussen aber durch ihre Transportkosten die gesamten Transportkosten und sind somit in der Berechnung der österreichischen Transportkostenbelastung enthalten. Diese Importe würden bei einer Treibstoffpreiserhöhung in Österreich relativ billiger werden. Es wird also angenommen, daß alle Rohstoffe und Halbfertigprodukte mit den durch die höheren Treibstoffpreise höheren Transportkosten belastet sind.

Tabelle 60: Bereinigtes Güterverkehrsaufkommen Österreich 1988

	Straße	Bahn	Schiff	Gesamt
Nahverkehr	4,0	-	-	4,0
Fernverkehr, davon	3,7 (57%)	5,2 (38%)	0,7 (5%)	9,6 (100%)
Binnen	2,7	3,4	0,1	6,2
Import	1,0	1,8	0,6	3,4
Gesamt	7,7	5,2	0,7	13,6

Der auf der Straße erbrachte Anteil der Verkehrsleistung beträgt 56,62 %. Da jedoch angenommen werden muß, daß die Straßenverkehrsleistungen im innerösterreichischen Nah- und Fernverkehr untererfaßt sind, wird der Anteil der Straßenverkehrsleistungen um einen Sicherheitszuschlag von 10 %, das entspricht 5,66 Prozentpunkten, auf 62,28 % erhöht.

Aus den Werten der Transportleistungen mit Werksverkehr läßt sich unter Berücksichtigung des Anteils der Straßenverkehrskosten und der anteiligen Treibstoffkosten an den gesamten Transportkosten, der Anteil der Treibstoffkosten an den gesamten Produktionskosten errechnen.

Tabelle 61: Treibstoffkostenbelastung der Wirtschaft

Wirtschaftsbereich	mit Werkverkehr	ohne Werkverkehr
1. Land- und Forstwirtschaft	4,9 %	0,6 %
2. Energie	5,4 %	0,7 %
3. Bergbau	2,1 %	0,3 %
4. Nahrungsmittel	6,4 %	0,8 %
5. Textil	6,2 %	0,8 %
6. Holz	8,7 %	1,1 %
7. Papier	7,8 %	1,0 %
8. Chemie	6,4 %	0,8 %
9. Steinwaren	9,1 %	1,1 %
10. Grundmetall	11,4 %	1,4 %
11. Metallverarbeitung	7,9 %	1,0 %
12. Maschinen	7,7 %	1,0 %
13. Elektro	6,5 %	0,8 %
14. Fahrzeuge	6,3 %	0,8 %
15. Bau	9,8 %	1,2 %
16. Handel	5,7 %	0,7 %
17. Gastgewerbe	6,4 %	0,8 %
18. Verkehr	15,8 %	2,0 %
19. Banken	3,9 %	0,5 %
20. Sonstige Dienstleistungen	6,0 %	0,7 %

Addiert man diese zusätzliche Transportkostenbelastung zu den gesamten Transportkosten, so erhält man die gesamte Transportkostenbelastung nach einer Treibstoffpreiserhöhung. Die folgende Tabelle zeigt die zusätzliche Transportkostenbelastung, die sich bei einer Treibstoffpreiserhöhung von 50 %, 100 %, 200 % und 300 % für die einzelnen Wirtschaftsbereiche ergibt, dargestellt.

Tabelle 62: Transportkostenbelastung durch eine Treibstoffpreiserhöhung

Wirtschaftsbereiche	50 %	100 %	200 %	300 %
1. Land-/ Forstwirtschaft	0,3 %	0,6 %	1,2 %	1,8 %
2. Energie	0,3 %	0,7 %	1,3 %	2,0 %
3. Bergbau	0,1 %	0,3 %	0,5 %	0,8 %
4. Nahrungsmittel	0,4 %	0,8 %	1,6 %	2,4 %
5. Textil	0,4 %	0,8 %	1,5 %	2,3 %
6. Holz	0,5 %	1,0 %	2,1 %	3,2 %
7. Papier	0,5 %	1,0 %	1,9 %	2,9 %
8. Chemie	0,4 %	0,8 %	1,6 %	2,4 %
9. Steinwaren	0,6 %	1,1 %	2,3 %	3,4 %
10. Grundmetall	0,7 %	1,4 %	2,8 %	4,3 %
11. Metallverarbeitung	0,5 %	1,0 %	2,0 %	2,9 %
12. Maschinen	0,5 %	1,0 %	1,9 %	2,9 %
13. Elektro	0,4 %	0,8 %	1,6 %	2,4 %
14. Fahrzeuge	0,4 %	0,8 %	1,6 %	2,3 %
15. Bau	0,6 %	1,2 %	2,4 %	3,7 %
16. Handel	0,4 %	0,7 %	1,4 %	2,1 %
17. Gastgewerbe	0,4 %	0,8 %	1,6 %	2,4 %
18. Verkehr	1,0 %	2,0 %	3,9 %	5,9 %
19. Banken	0,2 %	0,5 %	1,0 %	1,5 %
20. Sonst. Dienstleistungen	0,4 %	0,7 %	1,5 %	2,2 %

Tabelle 63 zeigt die gesamte Transportkostenbelastung in den einzelnen Wirtschaftssektoren nach einer Treibstoffpreiserhöhung.

Tabelle 63: Transportkostenbelastung nach einer Treibstofferhöhung				
Wirtschaftsbereiche	**50 %**	**100 %**	**200 %**	**300 %**
1. Land-/Forstwirtschaft	5,2 %	5,5 %	6,1 %	6,6 %
2. Energie	5,7 %	6,0 %	6,7 %	7,3 %
3. Bergbau	2,2 %	2,4 %	2,6 %	2,9 %
4. Nahrungsmittel	6,8 %	7,1 %	7,9 %	8,6 %
5. Textil	6,6 %	6,9 %	7,6 %	8,3 %
6. Holz	9,2 %	9,7 %	10,6 %	11,6 %
7. Papier	8,2 %	8,7 %	9,6 %	10,4 %
8. Chemie	6,8 %	7,1 %	7,9 %	8,6 %
9. Steinwaren	9,6 %	10,1 %	11,1 %	12,1 %
10. Grundmetall	12,0 %	12,6 %	13,8 %	15,0 %
11. Metallverarbeitung	8,3 %	8,8 %	9,7 %	10,5 %
12. Maschinen	8,1 %	8,6 %	9,4 %	10,3 %
13. Elektro	6,9 %	7,2 %	8,0 %	8,7%
14. Fahrzeuge	6,7 %	7,0 %	7,7 %	8,5 %
15. Bau	10,3 %	10,9 %	11,9 %	13,0 %
16. Handel	6,0 %	6,4 %	7,0 %	7,7 %
17. Gastgewerbe	6,8 %	7,1 %	7,9 %	8,6 %
18. Verkehr	16,6 %	17,4 %	19,0 %	20,5 %
19. Banken	4,1 %	4,4 %	4,8 %	5,3 %
20. Sonst. Dienstleistungen	6,3 %	6,7 %	7,4 %	8,1 %

4.4.2. Elastizitäten der Wirtschaft

Grundsätzlich verhalten sich Unternehmen und Industrie nicht anders als private Haushalte. Sie können Transportleistungen aufgrund der veränderten Preissignale substituieren oder aber gänzlich vermeiden. Änderungen der Fahrzeugtechnik und Anpassungen der Preise bzw. der Produktionskostenstruktur werden auch zu Gewöhnungseffekten führen.

Unter der Annahme, daß die Produktion nicht gedrosselt werden kann und sich die Betriebsstrukturen nur teilweise auf die veränderten Preisbedingungen umstellen können, werden Unternehmen ihre erhöhten Transportkosten direkt an den Kunden weitergeben. Das aber bedeutet, daß es zu weniger großen Verbrauchsrückgängen im motorisierten Verkehr kommen kann.

Im Ökobonusmodell und den damit zusammenhängenden Ergebnissen wurde immer mit der gleichen Elastizität der Wirtschaft und der privaten Haushalte kalkuliert. Das heißt die Elastizität der Wirtschaft beträgt 100 % der Elastizität der privaten Haushalte.

Um die Auswirkungen detaillierter darzustellen, wurde eine weitere Variable eingebaut, die sämtliche Ergebnisse beeinflußt: der Elastizitätsfaktor der Wirtschaft. Beispielsweise bedeutet ein Elastizitätsfaktor von 70%, daß die Wirtschaft nur 70 % der Elastizität der privaten Haushalte erreicht. Der Anteil der Wirtschaft an den gesamten Elastizitäten wird über die veränderten Verbraucherpreise ermittelt. Je niedriger dieser Faktor ist, um so höher ist der ausbezahlte Ökobonus (mehr Treibstoffverbrauch) und um so niedriger ist der gewünschte Verbrauchseffekt.

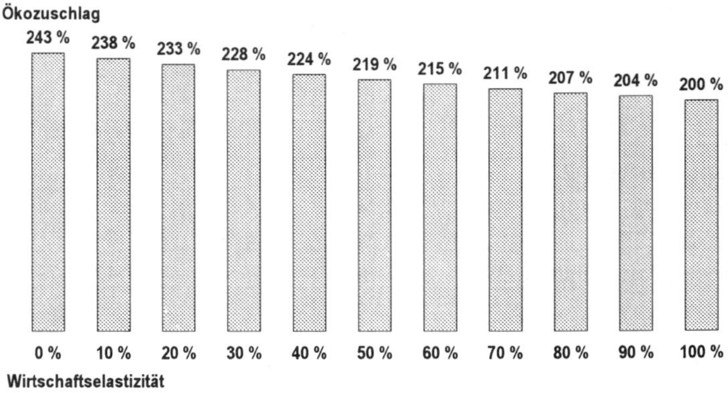

Abbildung 15: Ökozuschlag nach Wirtschaftseleastizität

Um das festgelegte Ziel weiterhin zu erreichen, muß der in der folgenden Tabelle angeführte Ökozuschlag eingeführt werden. Dies bedeutet, das z.B. bei einem Elastizitätsfaktor der Wirtschaft in der Höhe von 50 % (die Wirtschaft erreicht nur 50 % der Elastizität des privaten Verkehrs) der Ökozuschlag 219 % betragen müßte. Dies deshalb, weil eine geringere Elastizität in der Wirtschaft zu höheren Transportkosten und damit auch zu höheren Produktionskosten führt. Der damit verbundene Preisanstieg wird einerseits durch den höheren Ökobonus (durch den Mehrverbrauch von Treibstoffen in der Wirtschaft) und andererseits durch die mit einem höheren Ökozuschlag verbundenen Konsequenzen (höhere Elastizität und damit höhere Einsparungen bei den Ausgaben für die erhöhten Treibstoffe) neutralisiert.

4.4.3. Auswirkungen auf den Verbraucherpreisindex

Der Verbraucherpreisindex zeigt jene Preisänderungen an, von denen Konsumenten beim Erwerb von Waren oder Dienstleistungen betroffen sind. Voraussetzung für die Berechnung des Verbraucherpreisindex ist eine Standardisierung des zugrundeliegenden Verbrauchsschemas, anschaulich als Warenkorb bezeichnet, und die Festlegung der Gewichtung, also jener Relationen, mit denen die einzelnen Preise in die Indexberechnung eingehen.

Der Warenkorb ist die Liste jener Waren und Dienstleistungen, deren Preise laufend beobachtet werden. Die Qualität des Index hängt dabei nicht nur von der Anzahl der einbezogenen Güter ab, sondern auch davon, ob solche Positionen ausgewählt wurden, die repräsentativen Charakter haben.[14]

Die Prozentanteile, die den einzelnen Positionen des Warenkorbes und den durch sie vertretenen Waren am Gesamtverbrauch der Haushalte zukommen, nennt man Gewichtung. Grundlage der Gewichtung ist ein Durchschnittsverbrauch, gewonnen aus den Aufzeichnungen der an der Konsumerhebung mitwirkenden Haushalte. Diesem Gewichtungsschema liegt für 1990 ein monatlicher Ausgabenbetrag von S 20.390,-- zugrunde.[15] Verfügt man über eine Liste repräsentativer Waren mit gesicherten Gewichtsanteilen, so lassen sich durch Multiplikation mit den jeweiligen Preisen durchschnittliche Preisveränderungen zwischen verschiedenen Zeitpunkten feststellen. Setzt man die für die Indexberechnung beobachteten Preise zu einem späteren Zeitpunkt (Vergleichsperiode) mit den Preisen der gleichen Waren zum Zeitpunkt des Beginns der Indexberechnung (Basisperiode) in Beziehung, so erhält man eine Prozentzahl, die die durchschnittliche Preisveränderung in der dazwischenliegenden Zeit angibt.[16]

Jeder der 21 Wirtschaftsbereiche wurde einer Indexposition zugerechnet. Um die Erhöhung des Verbraucherpreisindex übersichtlicher darzustellen, wurden alle Indexpositionen, die zum selben Wirtschaftsbereich gehören, zusammengefaßt und ihre Anteile am Gesamtindex addiert.

Tabelle 64: Verbraucherpreiserhöhung durch erhöhte Treibstoffpreise

Wirtschaftsbereich	Index-Anteil	Ökozuschlag von 100 %	Ökozuschlag von 200 %
1. Land- und Forstwirtschaft	1,4 %	1,4 %	1,4 %
2. Energie	4,2 %	4,2 %	4,2 %
3. Bergbau, Steine	1,2 %	1,2 %	1,2 %
4. Nahrungs- u. Genußmittel	20,4 %	20,6 %	20,8 %
5. Textil, Bekleidung, Schuhe	11,1 %	11,2 %	11,3 %
6. Holz-, Sport- u. Spielwaren	3,6 %	3,6 %	3,6 %
7. Papier, Druckereiwesen	2,1 %	2,1 %	2,1 %
8. Chemie	5,8 %	5,9 %	5,9 %
8a. Betriebsmittel	3,8 %	7,7 %	11,5 %
9. Steinwaren, Glas	2,7 %	2,7 %	2,7 %
11. Metallverarb.,Feinmechanik	1,4 %	1,4 %	1,4 %
13. Elektro	2,7 %	2,7 %	2,8 %
14. Fahrzeuge	4,0 %	4,0 %	4,1 %
15. Bau	5,2 %	5,3 %	5,4 %
17. Hotel-, Gastgewerbe	8,8 %	8,9 %	8,9 %
18. Verkehr	4,0 %	4,1 %	4,1 %
19. Versicherungen, Banken	2,6 %	2,6 %	2,6 %
20. Sonst. priv./ öff. Dienste	14,4 %	14,5 %	14,6 %
21. Mehrwertsteuer	0,5 %	0,5 %	0,5 %
Summe	**100,0 %**	**104,7 %**	**109,3 %**

Die Summe, die sich in den einzelnen Spalten ergibt, spiegelt die Erhöhung des Verbraucherpreisindex wieder. Dabei wird von einem Verbraucherpreisindex von 100 ausgegangen. Dies bedeutet also, daß eine Treibstoffpreiserhöhung um 200 % zu einer Erhöhung des Verbraucherpreisindex von 100,0 auf 109,3 führt.

Die bisher berechneten Auswirkungen auf den Verbraucherpreisindex gelten unter der Annahme, daß die veränderten Treibstoffpreise keinen Einfluß auf das Verkehrsverhalten der Bürger und der Unternehmen haben. Auch wurde die Rückvergütung durch den Ökobonus in den Kalkulationen noch nicht berücksichtigt. Unter der Annahme, daß sich die Wirtschaft so wie jeder einzelne Bürger auf die veränderten Verkehrspreise einstellt, können somit vier verschiedene Betrachtungen dargestellt werden.

VPI nach einer Treibstoffpreiserhöhung um 200 %

Diese Auswirkungen einer Treibstoffpreiserhöhung wurden bisher in diesem Abschnitt ermittelt. Sie betragen 9,3 %.

VPI nach einer Treibstoffpreiserhöhung um 200 % unter Berücksichtigung der Elastizitäten

Für eine 200 %-ige Treibstoffpreiserhöhung beträgt die in dieser Studie berechnete Elastizität Preis - Treibstoffverbrauch -0,1746. Eine Treibstoffpreiserhöhung würde also zu einer Reduktion der Indexpositionen Betriebsmittel (um 34,92 %) führen. Als Folge davon wird es vor allem in der Verbrauchsgruppe 18 (Verkehr) des Gewichtungsschemas zu Veränderungen kommen. Einerseits wird die Gewichtung einiger Indexpositionen steigen (z.B. öffentlicher Verkehr). Diese Steigerung ist für alle Indexpositionen unterschiedlich hoch. Im Gesamten entspricht sie der durch die Elastizität bedingten Reduktion des Betriebsmittelverbrauchs, also 34,92 % der Indexpositionen Betriebsmittel. Andererseits wird es auch zu Gewichtungsverschiebungen zwischen den einzelnen Indexpositionen kommen. Im Rahmen dieser Arbeit kann die Berechnug der Verbraucherpreisindexerhöhung unter Einbeziehung der Elastizität nur insoweit errechnet werden, als sie die Reduktion der Betriebsmittel und die Erhöhung der übrigen Indexpositionen um jeweils 34,92 % der Betriebsmittel betrifft. Die Gewichtungsverschiebungen zwischen den Indexpositionen werden nicht berücksichtigt, da sie vernachlässigbar klein sind.

Der Verbraucherpreisindex würde in diesem Fall um 6,1 % steigen, wobei sich die Betriebsmittel um 5,0 % die übrigen Indexpositionen um 1,1 % erhöhen würden. Die restlichen Erhöhungen heben sich mit den Verminderungen bei den bestehenden Preisen auf. So saldieren sich reduzierte Fixkosten des KV zu den erhöhten Kosten des öffentlichen Verkehrs.

VPI nach einer Treibstoffpreiserhöhung um 200 % und Zuteilung des Ökobonus

Die kaufkraftstärkende Wirkung des Ökobonus neutralisiert die VPI-Erhöhung beträchtlich. Die VPI-Erhöhung ohne Ökobonus beträgt gemäß Betrachtung A 9,3 %. Das bedeutet für jeden Österreicher jährliche Mehrausgaben von rund öS 16.000,- pro Jahr. Zieht man von diesem Mehraufwand den Ökobonus (14.646,- ohne Anpassung des Fahrverhaltens) ab, so verbleiben jährliche Mehrausgaben von rund 2.500,- öS, oder eine VPI-Erhöhung von 1,4 %.

VPI nach einer Treibstoffpreiserhöhung um 200 % unter Berücksichtigung der Elastizitäten und Zuteilung des Ökobonus

Unter Berücksichtigung der Elastizitäten und bei Zuteilung des Ökobonus beträgt der VPI nach einer 200 %-igen Treibstoffpreiserhöhung 100,5 %.

4.4.4. Auswirkungen auf den Außenhandel

Grundsätzlich müßte man von der Annahme ausgehen, daß österreichische Produkte im Verhältnis zu ausländischen teurer werden. Diese Annahme hat dann Gültigkeit, wenn sich die Transportleistung der österreichischen Wirtschaft nicht verändert. In diesem Fall hätten in Österreich produzierte Produkte höhere Transportkosten und damit im Vergleich zum Ausland höhere Produktionskosten. Diese zusätzliche Transportkostenbelastung beträgt bei einer 200 %-igen Treibstoffpreiserhöhung je nach Wirtschaftsbereich 0,5 % bis 3,9 % des Bruttoproduktionswerts (Tabelle 62: Transportkostenbelastung durch eine Treibstoffpreiserhöhung). Die durchschnittliche Erhöhung aller 20 Wirtschaftsbereiche beträgt 1,7 %. Die Konkurrenzfähigkeit österreichischer Produkte wird nur geringfügig beeinflußt. Es sind daher keine drastischen Veränderungen im Außenhandel zu erwarten.

Eine Treibstoffpreiserhöhung und eine damit verbundene Abnahme des Verkehrsaufkommens muß auch nicht dazu führen, daß die Nachfrage nach Kraftfahrzeugen und damit die Fahrzeugimporte zurückgehen. Vor allem in den ersten Jahren nach Einführung einer Treibstoffpreiserhöhung wird erhöhte Nachfrage nach verbrauchsärmeren Fahrzeugen bestehen.

Die einzige Ausnahme, bei der es zu einer deutlichen Abnahme der Importe kommt, ist der Treibstoff.

Österreichische Produzenten haben aber auch die Möglichkeit, ihre Position im internationalen Vergleich dadurch abzusichern, daß sie versuchen ihre Transportkosten zu verringern oder ihre Transportstruktur durch günstigere Transportformen zu substituieren. Tabelle 65: Beispiele für Transportkostenverteilung zeigt, wie stark Unternehmen von einer Treibstoffpreiserhöhung betroffen sind, in Abhängigkeit davon wie die Transportkosten auf die verschiedenen Transportarten aufgeteilt sind. Bei der Berechnung wird davon ausgegangen, daß trotz der höheren Treibstoffkosten keine Anpassung der Transportabwicklung erfolgt.

Tabelle 65: Beispiele für Transportkostenverteilung

Transport-abwicklung	**Treibstoffpreiserhöhung**					
	keine	**200 %**	**keine**	**200 %**	**keine**	**200 %**
Straßentransporte	90 %	126 %	70 %	98 %	50 %	70 %
Alternativen	10 %	10 %	30 %	30 %	50 %	50 %
Gesamt	100 %	136 %	100 %	128 %	100 %	120 %

Die Tabelle zeigt, in welchem Ausmaß Transportleistungen substituiert bzw. vermieden werden müssen, um eine zusätzliche Transportkostenbelastung zu minimieren bzw. zu verhindern. Grundsätzlich muß gesagt werden, daß entsprechend der in dieser Studie errechneten Elastizität (eine Treibstoffpreiserhöhung um 200 % führt zu einem maximalen Rückgang der Verkehrsleistung um 34,9 %) nicht mehr als eben 34,9 % vermieden oder substituiert werden können. Diese Elastizität reicht allerdings aus, daß ein Unternehmen, daß bisher zur Gänze Straßentransporte durchführte, seine Transportkosten konstant hält.

Die folgenden Veränderungspotentiale beziehen sich auf eine Ausgangssituation, bei der von einem Unternehmen 70 % der Transporte auf der Straße und 30 % mit alternativen Transportmitteln durchgeführt werden.

Tabelle 66: Transportkosten bei Vermeidung und/oder Substitution			
Transportabwicklung	**Straßen-transporte**	**Alternativen**	**Gesamt**
Keine Änderung	98,0 %	30,0 %	**128,0 %**
20 % auf Alternativen verlagert	78,4 %	44,0 %	**122,4 %**
20 % werden vermieden 10 % auf Alternativen verlagert	68,6 %	37,0 %	**105,6 %**
30 % werden vermieden	68,6 %	30,0 %	**98,6 %**
31 % werden vermieden 4 % auf Alternativen verlagert	67,4 %	32,6 %	**100,0 %**

Diese Berechnungen beziehen sich auf die heutigen Rahmenbedingungen in der österreichischen Wirtschaft. Das Transportaufkommen kann in Zukunft aber auch durch günstigere Standortwahl oder durch Zusammenarbeit mit nähergelegenen Lieferanten und Kunden reduziert werden. Auch besteht die Möglichkeit, Verfahren zu entwickeln, um die Transportkosten zu verringern.

Langfristig wirkt sich dies positiv auf die Konkurrenzfähigkeit der österreichischen Wirtschaft aus, da Österreich im Bereich verkehrssparender Maßnahmen und Innovationen eine führende Position erlangen könnte. Zudem nimmt der Ökobonus die sich abzeichnende Verknappung der fossilen Brennstoffe „sanft" vorweg. Eine rechtzeitige Auseinandersetzung mit dem Zwang zum Energiesparen kann langfristig sogar entscheidende Wettbewerbsvorteile bringen.[17]

Ein heute nicht meßbarer Nachteil im Außenhandel könnte sich also in der Zukunft in einen wesentlichen Vorteil umwandeln.

4.4.5. Auswirkungen auf die Transportwirtschaft

Besonderes Interesse bei den Auswirkungen einer Treibstoffpreiserhöhung über den Ökobonus gilt der „treibstoffpreisabhängigen" Transportwirtschaft. Denn in diesem Bereich wirkt sich ein erhöhter Treibstoffpreis wesentlich stärker aus, als in den anderen Wirtschaftsbereichen. Der Anteil der Treibstoffkosten an den gesamten Kosten ist deutlich höher. Der Anteil der Treibstoffkosten an den gesamten Transportkosten liegt bei etwa 20 %. Eine Erhöhung der Treibstoffkosten um 200 % würde also dazu führen, daß die Gesamtkosten um 40 % steigen. Dies läßt vermuten, daß die österreichische Transportwirtschaft gegenüber dem Ausland einen erheblichen finanziellen Nachteil haben könnte. Bei genauerer Untersuchung zeigen sich jedoch keine besonderen Benachteiligungen.

Transporte innerhalb von Österreich

Bei diesen Transporten liegt eine Benachteiligung für die Transportwirtschaft in keinster Weise vor, da ausländische Transportunternehmen innerhalb von Österreich keine Transporte durchführen dürfen. Die Erhöhung der Treibstoffkosten führt bei allen österreichischen Transportunternehmen zu ähnlich hohen zusätzlichen Kosten, die an die Auftraggeber weiterverrechnet und schlußendlich von den Endverbrauchern - also den Beziehern des Ökobonus - getragen werden.

Grenzüberschreitende Transporte

Anders sieht die Untersuchung bei den Auslandstransporten aus. Mit Hilfe eines Kostenvergleichs kann eine Benachteiligung der österreichischen Transportunternehmen durch ausländischen Transportunternehmen ermittelt werden. Die Transportlänge beträgt im angeführten Beispiel 400 km, von denen 200 km in Österreich und 200 km im Ausland zurückgelegt werden. Die Transporte werden in einem Fall von einem ausländischen und im anderen Fall von einem österreichischen Transporteur durchgeführt.

Im Beispiel sind die Kosten des ausländischen Transporteurs vor der Treibstoffpreiserhöhung in Österreich gleich hoch wie die des österreichischen Transporteurs und jeder Lkw beginnt seinen Transport mit einem vollgetankten Wagen an der Grenze.

Im Ausland ergeben sich keine wesentlichen Unterschiede.

Im Inland sieht die Situation folgendermaßen aus: bis zu einem Verbrauch von 40 Litern in Österreich besteht kein Nachteil der österreichischen Transporteure gegenüber den ausländischen. Ab 40 in Österreich verbrauchten Litern steigt die Benachteiligung der österreichischen Transporteure je zusätzlich verfahrenem Liter. Ab 60 Liter sinkt die Benachteiligung wieder mit jedem verfahrenem Liter. So liegt der Transportkostenunterschied von österreichischen Transporteuren gegenüber ausländischen Transporteuren zumeist unter 5 %.

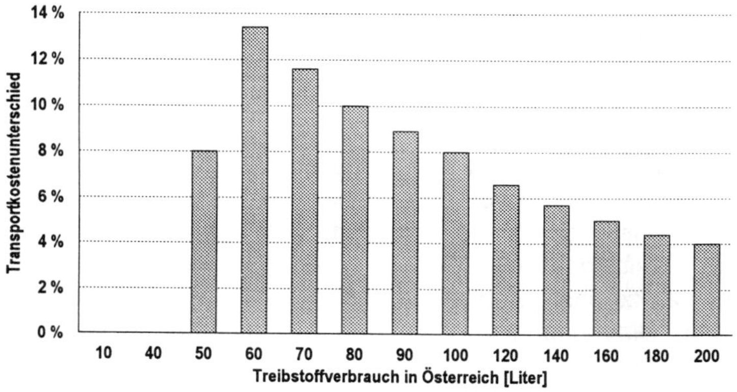

Abbildung 16: Benachteiligung österreichischer Transporteure

Die Benachteiligung ist in % der gesamten Transportkosten dargestellt und ergibt sich nur bei optimaler Ausnutzung des für ausländische Lkw größeren Leervolumens im Tank.

Zusammenfassung

- Die Auswirkungen des Ökobonus auf die Wirtschaft wird durch die Veränderung der Produktpreise dargestellt. Die zusätzliche Belastung der Wirtschaftsbereiche beträgt bei transportextensiver Produktion 0,5 % und reicht bei transportintensiver Produktion (z.B. Grundmetallindustrie) bis zu 2,8 %.
- Unternehmen können ihre Transportkostenerhöhung wie Privatpersonen vermeiden oder substituieren. Ist beides nicht möglich können sie ihre Mehrbelastung über die Produktpreise an den Kunden weitergeben.

- Der Verbraucherpreisindex erhöht sich real nur wenig, wenn man den ausbezahlten Ökobonus den höheren Transport- und Produktkosten gegenüberstellt. Die Erhöhung liegt etwa bei 0,5 %.
- Die durchschnittliche Mehrbelastung der Wirtschaft durch den Ökobonus beträgt 1,7 %. Die Transportkosten können bei einer gewünschten Anpassung der Transportstruktur konstant gehalten werden.
- Eine Benachteiligung österreichischer Transportunternehmen gibt es nur beim grenzüberschreitenden Verkehr aufgrund unterschiedlicher Leervolumensgrößen.

---

1 Werte vom Umweltbundesamt (CO2-Emissionsentwicklung und -prognose für Österreich, Zweiter Umweltkontrollbericht, Materialien für eine Ozonstrategie)

2 Werte vom Umweltbundesamt (CO2-Emissionsentwicklung und -prognose für Österreich, Zweiter Umweltkontrollbericht, Materialien für eine Ozonstrategie)

3 Zweiter Umweltkontrollbericht, BM für Umwelt, Jugend und Familie, Umweltbundesamt, Wien 1991, S. 9

4 Zweiter Umweltkontrollbericht, BM für Umwelt, Jugend und Familie, Umweltbundesamt, Wien 1991, S. 4

5 Werte vom Umweltbundesamt (CO2-Emissionsentwicklung und -prognose für Österreich, Zweiter Umweltkontrollbericht, Materialien für eine Ozonstrategie)

6 Sammer G., Mobilität in Österreich 1983 - 2011, Graz, S 81 ff.

7 Novy, Peter, Mobilität - Steuern, Graz, S 46.

8 Sammer G., Mobilität in Österreich, Graz, S 81 ff.

9 Novy, Peter, Mobilität - Steuern, Graz, S 49.

10 vergleiche Berechnungen in der Ökobonus-Modellrechnung

11 Katzmann W., Schromm H. (1991), Umweltreport Österreich, S 145 ff.

12 Novy, Peter, Mobilität - Steuern, Graz, S 55.

13 Vgl. Berechnungen des Österreichischen statistischen Zentralamtes, (ÖStZ), Güterverkehrsstatistik 1988, Wien 1991

14 Verbraucherpreisindex Revision 1986, österreichisches statistisches Zentralamt, Heft 853, Wien, S.7

15 Verbraucherpreisindex Revision 1986, österreichisches statistisches Zentralamt, Heft 853, Wien, S.9

16 Verbraucherpreisindex Revision 1986, österreichisches statistisches Zentralamt, Heft 853, Wien, S.7

17 Der Ökobonus, Verkehrsclub der Schweiz, Herzogenbuchsee 1989, S. 19

5. Akzeptanz des Ökobonus

Der Entschluß, den Ökobonus in einer Marktwirtschaft einzuführen, hängt nicht nur von den technischen und rechtlichen Umsetzungsmöglichkeiten ab. Vielmehr spielen auch psychologische Momente eine Rolle. Es geht um das Gefühl der Bevölkerung, um das Verständnis der Wirtschaft und um das Verantwortungsbewußtsein der politischen Entscheidungsträger. Es geht um die Akzeptanz des Ökobonus.

Im Marketing beschreibt die Akzeptanz die positive Einstellung einer Zielgruppe gegenüber einem neuen Produkt. Die Akzeptanz als Beurteilungskriterium entspricht daher den Anforderungen, das Verständnis für den Ökobonus zu diskutieren. In diesem Kapitel werden verschiedene Blickwinkel der Akzeptanz diskutiert.

Die individuelle Akzeptanz beschäftigt sich mit Fragen zur Treibstoffpreiserhöhung, zu den Kosten- und Preisveränderungen, wie weit die heutigen Preise echte Marktpreise darstellen oder aber den sozialen Aspekten von Treibstoffpreiserhöhungen. Es geht um die Höhe des Ökobonus, um die möglichen Wirkungen und Nachfrageeffekte und um das Verhalten der Bürger in Zusammenhang mit dem benachbarten Ausland.

Im Mittelpunkt der Akzeptanz des Ökobonus durch die Wirtschaft steht wohl die Frage der Konkurrenzfähigkeit. Wie wird sich die Transportwirtschaft entwickeln oder welche Einflüsse hat der Ökobonus auf den Transitverkehr?

Die volkswirtschaftliche Akzeptanz setzt sich mit anderen Fragen auseinander. Kann der Ökobonus Signale für ein nachhaltiges Wirtschaften setzen? Wie wird sich der Tourismus entwickeln, wie die Umweltsituation? Und ist eine Umsetzung des Ökobonus im internationalen Umfeld überhaupt realistisch?

Mehrere Meinungsumfragen ergeben, daß das Stimmungsbild in der Bevölkerung und in der Wirtschaft dasselbe ist: Obwohl höhere Preise im Verkehr und damit „Kostenwahrheit“ für wünschenswert gehalten wird, herrscht dennoch eine eher ablehnende Haltung. Welche(r) Bürger(in) würde höhere Produktpreise akzeptieren, wenn er/sie günstigere bezahlen kann?

Der Ökobonus hat aber nicht nur preisliche Auswirkungen und die Diskussion kann sich nicht nur um Preise drehen. Schadstoffbelastungen durch den Verkehr können verringert, externe Kosten des Verkehrs teilweise vermieden werden, Belastungen und Behinderungen in Ballungsgebieten könnten wegfallen, die Nachfrage nach öffentlichen Verkehrsmitteln kann verändert werden und es gibt andere Produktpreise.

Die Akzeptanz des Ökobonus soll daher im gesamten Spannungsfeld zwischen den Belastungen des Verkehrs, den Benachteiligungen verschiedener Gruppen, den möglichen Änderungen des Ökobonus, dem Nutzen des Verkehrssystems und den grundsätzlichen Anforderungen an die Verkehrsstruktur diskutiert werden.

5.1. Treibstoffzuschlag oder Kilometerzuschlag

Der Ökobonus kann als Zuschlag auf den Treibstoffpreis oder als kilometerleistungsabhängige Abgabe eingehoben werden. Die Akzeptanz des Ökobonus hängt entscheidend davon ab, welche der beiden Modellvarianten umgesetzt wird. Angesichts der unterschiedlichen Vor- und Nachteile ist es zweckmäßig den Ökobonus mit Treibstoffzuschlag (T-Modell) dem Ökobonus mit Kilometerzuschlag (K-Modell) gegenüberzustellen.

Treibstoff-Modell (T-Modell)

Bei diesem Modell wird der Ökozuschlag über erhöhte Treibstoffpreise eingehoben. Damit wird für jeden in Österreich getankten Liter ein Zuschlag verrechnet. Dieses Modell ermöglicht es, das Territorialprinzip einzuhalten, da auch Ausländer in Österreich den erhöhten Preis bezahlen müssen. Um zu gewährleisten, daß für die in Österreich verfahrenen Kilometer der Ökozuschlag auch entrichtet wird, gibt es an der Grenze Kontrollen, die eine Tankflucht (Treibstofftourismus) weitestgehend unterbinden sollen. Dabei dürfen Ökobonusbezugsberechtigte bei der Ausreise aus Österreich ein maximales Leervolumen im Pkw-Tank von 10 Litern (Lkw 40 Liter) haben. Allen anderen wird eine maximale Leervolumensgrenze von 15 Litern (Lkw 60 Liter) gewährt.

Kilometer-Modell (K-Modell)

In diesem Fall wird der Ökobonuszuschlag für die in Österreich zurückgelegten Kilometer eingehoben. Dabei werden die gefahrenen Kilometer mittels eines Erfassungsgerätes (z.B. Radumdrehungszähler) ermittelt und mit einem bestimmten Kilometersatz multipliziert. Dieser Kilometersatz ist vom Fahrzeugtyp abhängig, um auch fahrzeugspezifische Daten wie Treibstoffverbrauch und Schadstoffausstoß in die Berechnung miteinzubeziehen. Für die im Ausland zurückgelegten Kilometer muß keine Abgabe entrichtet werden. Daher dürfen diese Kilometer nicht registriert werden. Ausländische Fahrzeuge können nur mit einer Pauschalabgabe (z.B. Vignette) erfaßt werden.

Aspekt	**T-Modell**	**Begründung**	**K-Modell**
Einführung	+	Weil beim T-Modell keine Altfahrzeuge umgerüstet werden müssen, und diese Nachrüstung des bestehenden Fahrzeugparks teuer und teilweise überhaupt nicht möglich ist.	-
Kosten für Durchführung	+	K-Modell kostet einige Milliarden Schilling mehr, die sich vor allem aus den Kosten für die Radumdrehungszähler, für die Montage aber auch für den Vollzug zusammensetzen.	-
Benzin-/ Kilometertourismus	+ / -	Existiert bei beiden Modellen	+ / -
Erfassung	+	Alle Fahrzeuge (auch Mofas, Mopeds, usw.) können beim T-Modell erfaßt werden, weil an den Fahrzeugen keine Erfassungsgeräte eingebaut werden müssen.	

Aspekt	T-Modell	Begründung	K-Modell
Erfassung ausländischer Fahrzeuge	+	Beim T-Modell über jeden Liter getankten Treibstoff. Beim K-Modell z.B. mittels einer Vignette, wobei die Kilometerleistung nur pauschal abgegolten wird.	-
Administrativer Vollzug	+	Beim T-Modell müssen die gefahrenen Kilometer je Fahrzeug nicht erfaßt werden, auch Fahrzeugwechsel während einer Erfassungsperiode sind unerheblich.	-
Grenzkontrollen	+	Sind bei beiden Modellen notwendig: Beim T-Modell sind zur Unterdrükkung des Benzintourismus allerdings nur stichprobenartige Kontrollen erforderlich, beim K-Modell muß zur Erfassung der im Ausland gefahrenen Kilometer, auf die in Österreich kein Ökozuschlag aufgerechnet wird, jedes Fahrzeug überprüft werden. Bei stichprobenartiger Erfassung steht allerdings der Fehlangabe Tür und Tor offen.	-
Territorialprinzip	+	Das Territorialprinzip kann nur beim T-Modell exakt eingehalten werden. Beim K-Modell können ausländische Fahrzeuge nur mit einer Vignette erfaßt werden. Dabei kann aber nicht festgestellt werden, wieviele Kilometer von den ausländischen Fahrzeugen in Österreich zurückgelegt werden.	-

Aspekt	T-Modell	Begründung	K-Modell
Lenkungseffekt	+	Wirkt beim T-Modell direkter, weil man bei jedem Tanken mit dem erhöhten Treibstoffpreis konfrontiert wird und nicht nur bei der Abrechnung je Abrechnungsperiode. Auch umweltfreundliches Fahren wird durch das T-Modell hervorgerufen, weil durch treibstoffsparendes Fahren Kosten gespart werden können. Beim K-Modell hingegen ist es irrelevant, wie man seine Kilometer zurücklegt.	-
Emissionsspezifischer Ökozuschlag	-	Beim K-Modell können auch Abgaswerte in die Berechnung des Zuschlags einbezogen werden. Das T-Modell berücksichtigt lediglich den Treibstoffverbrauch je Fahrzeug.	+

Es zeigt sich, daß das T-Modell erheblich mehr Vorteile aufweist, als das K-Modell. Die Ökobonusauszahlung unterscheidet sich bei den beiden untersuchten Varianten nicht.

Zusammenfassung

- Kurzfristig ist die Einführung des Ökobonus als Zuschlag auf den Treibstoffpreis realistischer und daher anzustreben.
- Langfristig, nach Entwicklung entsprechender Erfassungstechnologie ist auch ein Ökobonus als Zuschlag pro gefahrenem Kilometer (K-Modell) möglich.
- Die Grenzkontrollen sind beim T-Modell deutlich einfacher, als beim K-Modell, da die Möglichkeit der Kilometerhinterschlagung wesentlich größer ist, als die des Benzintourismus.

5.2. Tankflucht

Die Tankflucht bzw. der Treibstofftourismus ist das Verhalten der Bürger, unterschiedliche Preisniveaus der Benzinpreise in benachbarten Ländern auszunutzen, indem in jenem Staat getankt wird, in dem der Treibstoff deutlich günstiger ist. Unterschiedliche Preise für die gleichen Güter entstehen durch verschiedene Ertrags- und Kostenniveaus benachbarter Länder oder durch eine unterschiedliche Besteuerung der Güter.

Das Ausnutzen solch unterschiedlicher Preisniveaus ist nichts Ungewöhnliches. Beispielsweise werden Produktionen oft in Länder verlagert, in denen das Lohnkostenniveau niedrig ist. Oder Touristen wählen ihr Urlaubsziel nach den bestehenden Preisniveaus aus. Aber auch die Einkaufsfahrt über die Grenze zählt zu den typischen Ausprägungen bestehender Preisunterschiede (Zigaretten-, Spirituosen-, Lebensmittelkäufe). Das heißt der Billigpreistourismus ist ein allgemeines Problem, welches am ehesten mit Grenzkontrollen, Zollbestimmungen oder international einheitlichen Regelungen in den Griff zu bekommen ist.

Der Ökobonus schafft durch den Ökozuschlag stark unterschiedliche Preisniveaus. Selbst wenn es gelingt, daß sich die westeuropäischen Staaten gemeinsam auf ein Ökobonussystem einigen, so bleibt aufgrund der Grenzen zu Osteuropa das Problem des Benzintourismus, aber auch des Kilometertourismus (= Verlagerung von Überlandfahrten ins benachbarte Ausland) bestehen. Es müssen daher Lösungen gefunden werden, die auf die generelle Problematik des Benzintourismus eingehen. Denn das scheinbare Schlaraffenland der Benzintouristen ist genauer betrachtet ein volkswirtschaftlicher Mißstand, den es gilt, im Sinne einer gemeinsamen europäischen Wirtschafts- und Umweltpolitik zu beseitigen.

5.2.1. Individueller Nutzen des Treibstofftourismus

Vorweg ist die rein betriebswirtschaftliche Seite der Tankflucht zu erläutern. Es gilt, den „Grenznutzen" der Tankflucht zu ermitteln: jene Strecke, bei der es sich gerade noch auszahlt, mit dem Wagen ins Ausland tanken zu fahren.

Als erstes wird die Tankflucht, die sich bei reiner Betrachtung der Treibstoffkosten, also der variablen Kosten ergibt, analysiert. Obwohl diese

Betrachtung betriebswirtschaftlich falsch ist, muß ihr besonderes Augenmerk geschenkt werden, da jene Fahrzeugnutzer, die über die Grenze tanken fahren, zumeist diese einfache Rechnung aufstellen. In der folgenden Tabelle wird in Abhängigkeit von der maximalen Tankfüllung und des Treibstoffverbrauchs je Fahrzeug jene Entfernung dargestellt, welche im schlechtesten Fall zwischen Ausgangspunkt der Tankfahrt (Wohnort) und der nächstgelegenen Tankstelle im benachbarten Ausland bestehen darf. Ist die Entfernung größer, als die in der Tabelle ausgewiesene, ergibt sich aus der Tankfahrt kein finanzieller Vorteil.

Tabelle 67: Tankflucht: Maximale Entfernung Wohnort - Tankstelle (bei Betrachtung der variablen Kosten)

Tank-volumen	**Füllung**	**Verbrauch (l / 100 km)**				
		6 l	**8 l**	**10 l**	**12 l**	**15 l**
40 l	32 l	178 km	133 km	107 km	89 km	71 km
50 l	40 l	222 km	167 km	133 km	111 km	89 km
70 l	56 l	311 km	233 km	187 km	156 km	124 km

Betrachtet man ausschließlich die variablen Kosten, so zeigt sich, daß sich „Treibstofftourismus“ in den meisten Fällen lohnt. Fast alle Pkw´s - auch jene mit niedrigem Tankvolumen und hohem Verbrauch - können sich finanzielle Vorteile erwirtschaften, auch wenn der Wohnort mehr als 100 Kilometer von der Grenze entfernt ist. Um die Tankflucht transparenter zu machen, sind in der zweiten Tabelle die Entfernungen „Wohnort.-Tankstelle“ nach den Ertragsmöglichkeiten bzw. nach dem finanziellen Vorteil von S 150,-, S 300,- bzw. S 500,- ausgewiesen.

Tabelle 68: Tankflucht: Entfernung Wohnort - Tankstelle und Ersparnis (bei Betrachtung der variablen Kosten)						
		Verbrauch (l / 100 km)				
Ersparnis	**Füllung**	**6 l**	**8 l**	**10 l**	**12 l**	**15 l**
S 150	40 l	176 km	132 km	106 km	88 km	71 km
S 300	40 l	131 km	98 km	78 km	65 km	52 km
S 500	40 l	70 km	52 km	42 km	35 km	28 km

Aussagekräftiger ist jedoch jene Betrachtung, die sämtliche bei der Tankfahrt anfallenden Kosten in Betracht zieht. Als Vollkosten werden S 4,- pro Kilometer angesetzt. Diese Kosten entstehen pro gefahrenem Kilometer. Der finanzielle Vorteil der Tankflucht ist deutlich geringer, wenn man alle mit dem Fahrzeugbetrieb entstehenden Kosten betrachtet.

Tabelle 69: Tankflucht: Maximale Entfernung Wohnort - Tankstelle (bei Betrachtung der Vollkosten)						
		Verbrauch (l / 100 km)				
Ersparnis	**Füllung**	**6 l**	**8 l**	**10 l**	**12 l**	**15 l**
S 150	32 l	60 km	54 km	49 km	45 km	40 km
S 300	40 l	75 km	68 km	61 km	56 km	50 km
S 500	56 l	105 km	95 km	86 km	79 km	70 km

Bei der Betrachtung der finanziellen Vorteile zeigt sich, daß echte finanzielle Vorteile nur dann erwirtschaftet werden können, wenn die Entfernung zur nächsten Tankstelle nicht weiter als 30 - 50 Kilometer ist. In Fällen, wo die Entfernung darüber liegt, lohnt sich die Fahrt über die Grenze nicht.

Tabelle 70: Tankflucht: Entfernung Wohnort - Tankstelle und Ersparnis (bei Betrachtung der Vollkosten)						
		Verbrauch (l / 100 km)				
Ersparnis	**Füllung**	**6 l**	**8 l**	**10 l**	**12 l**	**15 l**
S 150	40 l	60 km	54 km	49 km	45 km	40 km
S 300	40 l	44 km	40 km	36 km	33 km	29 km
S 500	40 l	24 km	21 km	19 km	18 km	16 km

Aber auch die Betrachtung der Vollkosten birgt noch einen Fehler in der wirtschaftlichen Betrachtung der Tankflucht: nämlich die Vernachlässigung der Zeitkosten. Unterstellt man, daß die Tankfahrt zu Lasten der Freizeit durchgeführt wird, und das ist bei der typischen Tankfahrt der Fall, dann ist der Zeitaufwand mit Arbeitszeit gleichzusetzen. Die Opportunitätskosten für den Ertrag pro Stunde wurden mit recht S 110,- angesetzt.

Tabelle 71: Tankflucht: Maximale Entfernung Wohnort - Tankstelle (bei Betrachtung der Zeitkosten)						
Tank-		**Verbrauch (l / 100 km)**				
volumen	**Füllung**	**6 l**	**8 l**	**10 l**	**12 l**	**15 l**
40 l	32 l	44 km	40 km	38 km	35 km	32 km
50 l	40 l	55 km	50 km	47 km	44 km	40 km
70 l	56 l	76 km	71 km	66 km	61 km	56 km

Umgelegt auf finanzielle Vorteile bleiben wirklich nur mehr Fahrzeuge mit niedrigem Verbrauch als Nutznießer des Treibstofftourismus übrig. Fahrzeuge mit hohem Verbrauch können ihre Tankfahrt nur mit genau berechnetem Leertank erfolgreich abschließen.

Tabelle 72: Tankflucht: Entfernung Wohnort - Tankstelle (bei Betrachtung der Vollkosten inkl. Zeitkosten)						
Tank-		**Verbrauch (l / 100 km)**				
volumen	**Füllung**	**6 l**	**8 l**	**10 l**	**12 l**	**15 l**
40 l	40,00	43 km	40 km	37 km	35 km	32 km
50 l	40,00	32 km	30 km	28 km	26 km	23 km
70 l	40,00	17 km	16 km	15 km	14 km	12 km

Alle Kalkulationen beruhen darauf, daß sich der Kfz-Lenker bewußt ist, gegen die Normen zu verstoßen, wenn er illegal billigen Treibstoff nach Österreich einführt. Bei Einhaltung der im Ökobonussystem bestehenden Leervolumensgrenzen ergeben sich keine Vorteile aus dem Treibstofftourismus.

5.2.2. Volkswirtschaftlicher Schaden des Benzintourismus

Wie zumeist gehen individuelle Nutzen zu Lasten der Volkswirtschaft, so daß wir in diesem Fall konkret von Schaden sprechen können. Denn während der Ökobonus aufgrund seines Rückvergütungssystems dem Staat keinen Schaden zufügt (wenn kein Geld in den Ökobonus fließt, sinkt die Rückverteilung, der Staat ist ja nur Verwalter), gehen durch das Tanken im Ausland die anteiligen Mineralöl- und Umsatzsteuern verloren.

Daß dieses Phänomen bei offenen Grenzen auftritt, ist unbestritten. Ohne Kontrolle wird sich der Benzintourismus so abspielen, wie es sich im Gebiet zwischen Deutschland, Belgien und den Niederlanden am Abend, wenn Büros und Geschäfte geschlossen sind, abspielt. Bei einer Preisdifferenz von umgerechnet öS 1,50 pro Liter Bleifrei-Sprit, so errechnete das niederländische Wirtschaftsinstitut LEI, haben Niederländer in einem Jahr rund 176 Millionen Liter Benzin in Deutschland und Belgien getankt. Deutsche und belgische Dieselfahrer hingegen tankten 70 Millionen Liter Diesel und Gas in den Niederlanden, wo diese Treibstoffe billiger sind.

Aus dem Nachteil der entgangenen Steuern durch Benzintourismus und den sinnlosen Kilometern, wenn offene Grenzen der Tankflucht keine Grenzen setzen, lassen sich nur zwei Lösungsansätze ableiten:

a) Grenzkontrollen müssen die negativen Effekte von unterschiedlichen Treibstoffpreisen unter zu Hilfenahme finanzieller Sanktionen minimieren oder

b) die Preise werden mit Hilfe eines in jedem Land unterschiedlichen Ökobonus europaweit vereinheitlicht,

Regelmäßig, wenn es um die Diskussion von Treibstoffsteuern geht, erhebt die Wirtschaft ihre Stimme und befürchtet, daß grenznahe Tankstellen aufgelassen werden müssen.

Diese Tatsache ist nur dann berechtigt, wenn keine Kontroll- und Sanktionsmechanismen eingesetzt werden. Das heißt, es bestehen offene Grenzen. Das zeigt auch das niederländische Beispiel des LEI. Aufgrund der stärkeren Nachfrage niederländischer Autofahrer im benachbarten Ausland setzte in grenznahen Bereichen der Niederlande ein Tankstellensterben ein. Offene Grenzen benötigen also ein System, in dem Preise aufwandsneutral gleichgestellt werden. Der Ökobonus kann ein realistischer Lösungsansatz sein.

Zum Thema Tankstellensterben gibt es allerdings auch andere Standpunkte. Letztlich ist die Anzahl der Verkaufsstellen für Treibstoffe durchaus marktkonform, da jedes Produkt, jedes Geschäft langfristig dem Produktzyklus unterliegt und sich den Marktgegebenheiten anpaßt. Unterstellt man auch ökologische Anforderungen an den Ökobonus, so gilt die Frage weniger dem Tankstellensterben als dem Waldsterben. Wenn unser Wirtschaftssystem einmal so selbsterhaltend ist, daß uns das Tankstellensterben ökonomisch ruiniert, dann ist die Zeit für zukunftsorientierte Reformen bereits verpaßt. Dann können die letzten Liter Treibstoff ruhigen Gewissens über arbeitsplatzerhaltende Tankstellen vertrieben werden.

Zusammenfassung

- Die Tankflucht ist ein allgemeines Problem, welches dann auftritt, wenn in benachbarten Ländern stark unterschiedliche Preise für gleichartige Güter bestehen.

- Legt man der Tankfahrt ins Ausland Vollkosten des Fahrzeugs und Zeitkosten für den Fahrer zugrunde, ergeben sich finanzielle Vorteile in Entfernungen von 10 - 30 km von der Grenze.
- Die Tankflucht fügt der eigenen Volkswirtschaft erheblichen finanziellen Schaden durch Steuerausfälle zu. Durch sinnlos gefahrene Kilometer entstehen außerdem externe Schäden.
- Der Ökobonus kann das bereits bestehende Problem der Tankflucht eindämmen, wenn es gelingt durch länderspezifisch unterschiedliche Ökozuschläge einheitliche Treibstoffpreise zu erzeugen.

5.3. Soziale Akzeptanz

5.3.1. Verkehrskosten

Die Verkehrskosten werden durch den Ökobonus verändert. Dieser ist als Zuschlag auf den Treibstoffpreis oder gleichbedeutend als Erhöhung der Kilometerkosten definiert. Untersucht man die Akzeptanz der Bevölkerung gegenüber solchen umweltpolitisch begründeten Maßnahmen, müssen vorerst die Kostenanteile an den Haushaltskosten transparent gemacht werden.

Mit Hilfe der Konsumerhebung 1984 lassen sich die Anteile der Treibstoffkosten an den Kosten des motorisierten Verkehrs feststellen. Aus der Konsumerhebung 1984 lassen sich auch jährliche Treibstoffkosten nach unterschiedlichen Einkommensgruppen darstellen. Die in der Tabelle 73 dargestellten Werte aus dem Jahr 1984 zeigen eines sehr deutlich: Einkommensschwache Haushalte haben sehr geringe Treibstoffkosten, weil sie wahrscheinlich seltener ein Auto besitzen und wenn sie ein Auto besitzen, dieses aufgrund der gegebenen Budgetrestriktionen maßvoll einsetzen. In einkommensstarken Haushalten liegt der Ausgabenanteil für Treibstoffe deutlich höher (progressive Treibstoffkostenanteile).

Die Fahrzeugbenutzung nach dem Stand im Erwerbsleben verdeutlicht, daß wirtschaftlich schwächere Schichten das Auto wesentlich weniger benutzen, als wirtschaftlich stärkere Gruppen. Den niedrigsten Benutzungsanteil haben dabei Hausfrauen mit 11,2 %, bzw. Studenten und Schüler mit 2,6 %, die ja einen Großteil ihrer Wege mit dem Umweltverbund zurücklegen.[1] Selbständige benutzen mit 58,7 % ein Fahrzeug. Noch höher liegen nur noch die Beamten mit 68,7 %, während Arbeiter und Angestellte mit rund 45 % ein Fahrzeug benutzen.

Tabelle 73: Treibstoffkostenanteile am Haushaltseinkommen					
Haushalts-einkommen in öS	**Treibstoffkosten**		**Ökobonus Zuschlag**	**Ökobonus**	**Ökobonus Guthaben**
pro Monat [2]	**pro Monat**	**pro Jahr**	**pro Jahr**	**pro Haushalt**	**pro Haushalt**
unter 2.000	10 öS	125 öS	250 öS	17.168 öS	16.918 öS
2.000 bis 3.000	19 öS	228 öS	456 öS	17.168 öS	16.712 öS
3.000 bis 4.000	34 öS	408 öS	816 öS	17.168 öS	16.352 öS
4.000 bis 5.000	52 öS	630 öS	1.260 öS	17.168 öS	15.908 öS
5.000 bis 6.000	91 öS	1.091 öS	2.182 öS	17.168 öS	14.986 öS
6.000 bis 7.000	122 öS	1.466 öS	2.932 öS	17.168 öS	14.236 öS
7.000 bis 8.000	170 öS	2.041 öS	4.082 öS	17.168 öS	13.086 öS
8.000 bis 9.000	179 öS	2.148 öS	4.296 öS	17.168 öS	12.872 öS
9.000 bis 10.000	195 öS	2.345 öS	4.690 öS	17.168 öS	12.478 öS
10.000 bis 12.000	241 öS	2.887 öS	5.774 öS	17.168 öS	11.394 öS
12.000 bis 15.000	385 öS	4.619 öS	9.238 öS	17.168 öS	7.930 öS
15.000 und mehr	505 öS	6.065 öS	12.130 öS	17.168 öS	5.038 öS
Selbständige	588 öS	7.057 öS	14.114 öS	17.168 öS	3.054 öS

5.3.2. Haushalte

Die soziale Akzeptanz wird dann höher, wenn es gelingt, den Verkehrsteilnehmern bewußt zu machen, daß sie die Verkehrsmittel besser ausnutzen, d.h. auch verstärkt gemeinsam nutzen sollten. Eine zentrale Rolle kommt dabei den Haushalten zu. In einer Zeit mit immer mehr Ein-Personenhaushalten muß nicht nur der Trend zum öffentlichen Verkehr gesetzt werden, sondern auch die gemeinschaftliche Nutzung des motorisierten Verkehrs belohnt werden. Und das tut der Ökobonus.

In der folgenden Tabelle sind unterschiedlich große Haushalte dargestellt. Der Haushalt mit 2,6 Personen entspricht der durchschnittlichen Haushaltsgröße Österreichs. Unter der Annahme, daß auch eine durchschnittliche Kilometerleistung mit dem motorisierten Verkehr konsumiert wird und die Ausgaben dem österreichischen Durchschnitt entsprechen, kann der Ökobonus in diesem Haushalt zu keiner Mehrbelastung aber auch zu keinem Guthaben führen.

In der ersten Tabelle wurde unterstellt, daß alle Haushalte dieselbe Pkw-Fahrleistung benötigen. Es zeigt sich, daß Haushalte mit mehr als zwei Personen durch den Ökobonus begünstigt (= besser entschädigt) werden. Es erleiden ja auch mehrere Personen Schäden aus dem KV (Systemausgleich). Die erhöhten Produktpreise können durch den Ökobonus kompensiert werden.

Tabelle 74: Haushaltsbudget beim Ökobonus

Personen je Haushalt	2	2,6	3	4	5
Ökobonus	19.065	24.525	28.598	38.131	47.664
Ökozuschlag Pkw	- 14.218	- 14.218	- 14.218	- 14.218	- 14.218
Produktpreise-Anstieg	- 3.952	- 5.084	- 5.929	- 7.905	- 9.881
Substitute ÖV	- 4.060	- 5.223	- 6.090	- 8.120	- 10.150
Budgetärer Saldo	**- 3.165**	**0**	**2.361**	**7.888**	**13.414**
Saldo exkl. Substitute	895	5.223	8.451	16.008	23.564

Die Haushalte konsumieren Fahrzeugkilometer jedoch nicht in Abhängigkeit der Anzahl der Fahrzeuge, sondern in Abhängigkeit der Personen, die in einem Haushalt leben. Das gilt nicht nur für die Fahrzeugkilometer, sondern auch für den Konsum der Güter des täglichen Bedarfs. In der folgenden Tabelle wurden die durchschnittlichen Fahrleistungen je Haushalt in Abhängigkeit von den Haushaltspersonen gewichtet. Allerdings nicht proportional, sondern degressiv, da Haushalte mit mehr Personen Fahrzeuge öfters gemeinsam nutzen. Ein Haushalt mit fünf Personen benötigt etwa doppelt so viele Kilometer, wie ein Haushalt mit zwei Personen (bei proportionaler Betrachtung wären es zweieinhalbmal soviel Kilometer).

Tabelle 75: Haushaltsbudget, gewichtete Kilometerleistung

Personen je Haushalt	**2**	**2,6**	**3**	**4**	**5**
Gewichtung Km	**0,78**	**1,00**	**1,17**	**1,43**	**1,64**
Ökobonus	19.065	24.525	28.598	38.131	47.664
Ökozuschlag Pkw	- 11.019	- 14.218	- 16.564	- 20.261	-23.342
Produktpreise-Anstieg	- 3.952	- 5.084	- 5.929	- 7.905	- 9.881
Substitute ÖV	- 4.060	- 5.223	- 6.090	- 8.120	- 10.150
Budgetärer Saldo	**34**	**0**	**15**	**1.845**	**7.177**
Saldo exkl. Substitute	29	0	13	1.559	3.626

Die Tabelle zeigt, daß bei gewöhnlichem Kilometerkonsum Haushalte ab zwei Personen keine finanziellen Nachteile zu erwarten haben. Teilweise müssen sie jedoch ihre KV-Leistung durch ÖV-Leistung substituieren.

In der letzten Tabelle dieser Untersuchung wurde der Effekt des gemeinsamen Konsums nochmals betont. In der ökonomischen Literatur werden der Haushaltsgröße nämlich zwei gegensätzliche Effekte zugeschrieben: ein negativer Einkommenseffekt und ein positiver „spezifischer" Effekt.[3] Je mehr Personen von einem bestimmten Haushaltseinkommen leben müssen, desto geringer wird der Lebensstandard pro Kopf. Dieser Verarmungseffekt (Einkommenseffekt) der Haushaltsgröße wird oft dadurch gemildert, daß in größeren Haushalten verschiedene Einsparungen möglich sind, z.B. durch den Kauf billiger Großpackungen, durch bessere Auslastung von Haushaltsgeräten oder in Haushalten mit Kindern, durch die Mehrfachverwendung von Kleidern und Spielsachen (spezifischer Effekt). So ist oft mit geringerem Aufwand pro Kopf der gleiche Nutzen zu ziehen, wie in kleineren Haushalten. Größere Haushalte geben daher in der Regel wohl mehr aus als kleinere, doch steigen die Ausgaben nicht proportional mit der Kopfzahl, d.h. die Ausgaben pro Kopf sinken.[4] Es wurde daher unterstellt, daß auch die Ausgaben je Haushalt nicht proportional mit der Anzahl der Haushaltsangehörigen steigen, sondern degressiv. Es zeigt sich aber ein ähnliches Bild: Mehrpersonenhaushalte profitieren vom Ökobonus.

Tabelle 76: Haushaltsbudget, gewichtete Kilometer und Produktpreise

Personen je Haushalt	**2**	**2,6**	**3**	**4**	**5**
Gewichtung Km	**0,78**	**1,00**	**1,17**	**1,43**	**1,64**
Produktpreisfaktor	**1,10**	**1,00**	**0,90**	**0,80**	**0,70**
Ökobonus	19.065	24.525	28.598	38.131	47.664
Ökozuschlag Pkw	- 11.019	- 14.218	- 16.564	- 20.261	-23.342
Produktpreise-Anstieg	- 4.348	- 5.084	- 5.336	- 6.324	- 6.917
Substitute ÖV	- 4.060	- 5.223	- 6.090	- 8.120	- 10.150
Budgetärer Saldo	**- 361**	**0**	**608**	**3.426**	**7.255**
Saldo exkl. Substitute	3.699	5.223	6.698	11.546	17.405

Eine wesentlichste Erkenntnis dieser Betrachtungen zeigt die Zeile „Saldo exklusive Substitute". Der Ökobonus ermöglicht subjektbezogen die Nachfrage nach Alternativen zum KV. Der ÖV muß nicht subventioniert werden. Die geänderten Preisrelationen machen den ÖV marktwirtschaftlich attraktiv. Entschließt man sich für die Einführung des Ökobonus, kann mit der Erweiterung und Attraktivierung des ÖV-Netzes und -Angebots bereits begonnen werden.

5.3.3. Infrastruktur

Die soziale Akzeptanz wird entscheidend von infrastrukturellen Möglichkeiten und Zwängen geprägt. Gelingt es bei der Umsetzung des Ökobonus auf die Qualitätsverbesserungen z.B. im Wohnumfeld hinzuweisen, so gibt es durchaus positive Akzeptanzeffekte.

Nicht nur die Verbesserung des Wohnumfeldes durch geringere Schadstoffbelastungen, weniger Lärm und eine geringere Landschaftszerschneidung, sondern vor allem die verbesserte Verkehrsmittelwahl ist Rückgrat einer ökologisch-orientierten Infrastruktur. D.h., die öffentlichen Verkehrsmittel müssen aufgrund der bereits beschriebenen Nachfrageeffekte möglichst rasch verbessert werden. Aber auch die internen Stadt- und Ortsstrukturen müssen dem gewünschten Lebensumfeld angepaßt werden.

5.3.4. Regionale Unterschiede

„Die Bewohner von Ballungsgebieten können auf den öffentlichen Verkehr umsteigen, da sie von einem attraktivem Netz versorgt werden. In der Region ist das nicht möglich!", ist das häufigste Argument, wenn es um die Frage sozialer Akzeptanz von Treibstoffpreiserhöhungen geht. Grundsätzlich muß aber diese Argumentation in Frage gestellt werden. Sind nicht die Bewohner von Agglomerationen wesentlich höheren Belastungen durch den KV ausgesetzt? Müssen nicht Bewohner von Ballungsgebieten häufiger in die Region fahren, um sich zu regenerieren? Fahren nicht Bewohner von Ballungsgebieten trotz verbesserter ÖV-Strukturen mehr Auto, weil der ÖV hilflos überlastet und daher unattraktiv ist?

Beim Ökobonus ergibt sich diese Polarisierung „Stadtbewohner - Landbewohner" nicht. Es geht vielmehr um externe Schäden, die alle gleichermaßen betreffen. In der Stadt gibt es Schadstoffbelastungen (NO_x, Staub) und am Land gibt es Schadstoffbelastungen (Ozon, saurer Regen). In der Stadt gibt es Unfälle (eher mit Leichtverletzten), am Land gibt es Unfälle (eher mit Schwerverletzten). In der Stadt gibt es Lärm und psychosoziale Belastungen, die es aber am Land genauso gibt. Wozu also polarisieren? Wenn wir den Umwelt- und Umfeldproblemen in Zukunft glaubhaft begegnen wollen, dann nur gemeinsam.

Die meisten der angeführten Argumente sprechen dafür, daß der Ökobonus keine regionalen Nachteile mit sich bringt. Weitere Argumente, die diesen Standpunkt verstärken sind:

- Gerade in den Regionen sind viele Mehrpersonenhaushalte. Wie im vorigen Abschnitt gezeigt wurde, sind diese gewöhnlich Gewinner im Ökobonussystem.
- In Österreich gibt es heute kaum Regionen, die weiter als 30 km vom nächsten öffentlichen Verkehrsmittel entfernt sind. Diese Anfahrt, welche mit dem Individualfahrzeug Pkw bewältigt werden kann, bedeutet keine finanzielle Mehrbelastung. Erst wenn alle Strecken mit dem Pkw zurückgelegt werden, kommt es zu finanziellen Einbußen. Der Ökobonus aber fördert den ÖV und verbessert somit regional benachteiligte Bewohner. Die Berufsanfahrt, welche sehr oft zu einem Engpaß der Mobilität wird, wird im nächsten Punkt (4.3.6.) ausführlich untersucht.
- Gerade Bewohner in der Region können noch auf eine gute (nicht entmischte) Infrastruktur zurückgreifen. Handwerker, Kaufleute und kommunale Einrichtungen finden sich in gut proportionierten Strukturen wieder. Der Ökobonus festigt solche Strukturen, während er die aufgrund der niedrigen Preise gewählten Strukturen von Ballungsgebieten, die ein hohes Aufkommen an motorisiertem Verkehr fördern, verändern könnte.

5.3.5. Berufsanfahrt

Einer der Fahrzwecke, der aus wirtschaftlichen Überlegungen kurzfristig nicht vermieden und nur teilweise substituiert werden kann, ist die Berufsanfahrt. Das „Pendeln“ nimmt in der Diskussion der sozialen Akzeptanz einen hohen Stellenwert ein. Berufspendler sollen nicht noch mehr belastet werden. Sie bezahlen gewöhnlich für den Parkplatz und verlieren wertvolle Tageszeit bei der Berufsanfahrt.

Aufbauend auf eine Studie der Arbeiterkammer Steiermark wurden die Pendlerströme der Steiermark nach der Entfernung und dem Pendlerverhalten in Tages- und Wochenpendler unterschieden. Die Kilometerabstufung wurde bewußt sehr eng gewählt, um die Auswirkungen des Ökobonus besser analysieren zu können.[5 6]

In der Steiermark gibt es 187.569 Pendler, welche eine einfache Pendlerstrecke bis zu 175 km zurücklegen. Weitere Strecken legen 1.079 Pendler zurück. Somit gibt es 189.267 Pendler.

Untersucht wurden jene Pendler, die Strecken bis zu 175 km zurücklegen. Davon sind 149.393 Tagespendler, welche täglich eine Strecke von durchschnittlich 22 Kilometer hin und zurück, somit 44 Kilometer zurücklegen. 38.795 Pendler sind sogenannte Wochenpendler, welche wöchentlich eine einfache Strecke von durchschnittlich 93 Kilometer, somit 186 Kilometer zurücklegen.

Die Mehrkosten der Kfz-Pendler durch den Ökobonus in der Höhe von öS 1,55 je gefahrenem Kilometer wurden dem Ökobonus gegenübergestellt. Dabei wurde angenommen, daß Tagespendler für das Einkommen eines Haushalts mit drei Personen und Wochenpendler für das Einkommen eines Zwei-Personenhaushalts aufkommen.

Unterstellt man, daß alle Pendler ihre tägliche Berufsanfahrt mit dem Auto zurücklegen, so sind 88 % der Pendler durch den Ökobonus bessergestellt. Zusätzlich haben sie nun die Möglichkeit auch andere Verkehrsmittel zu benützen. Sie können den Ökobonus gezielt für ihre Verkehrsmittelwahl benutzen.

In diesem Zusammenhang sei vermerkt, daß gerade weite Berufsanfahrten mit dem öffentlichen Verkehr zurückgelegt werden. Auch Wochenpendler legen weite Strecken häufiger mit dem öffentlichen Verkehr, als mit dem eigenen Pkw zurück. Sie sind zu über 80 % bessergestellt als vor der Einführung des Ökobonus.

Berücksichtigt man, daß Treibstoffpreiserhöhungen allein schon durch rationellere Einteilung der Berufsanfahrten, und durch die Bildung von Fahrgemeinschaften die Verteuerung der Fahrkosten auffangen können, so kann vermutet werden, daß keine Tages-, aber auch Wochenpendler durch den Ökobonus schlechtergestellt werden. Die kräftige Anhebung der Treibstoffpreise könnte bei der Wohnsitzwahl eine stärkere Betrachtung der Nähe des Arbeitsplatzes oder dessen Erreichbarkeit durch öffentliche Verkehrsmittel in den Mittelpunkt rücken.[7]

Daß die Pendler-Mobilität verstärkt mit dem öffentlichen Verkehr abgewickelt wird, zeigt auch eine Untersuchung des GVF aus 1983. Die Schweizer Pendler legten dabei mit dem Auto durchschnittlich Pendlerstrecken von 10 Kilometer zurück, während sie mit den öffentlichen Verkehrsmitteln durchschnittlich Entfernungen von 20 Kilometer zurücklegten.

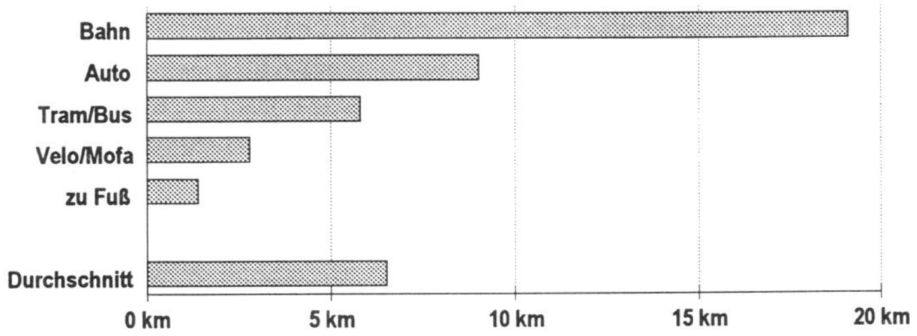

Abbildung 17:Pendlermobilität CH[8]

Pendler werden vom Staat auch im Einkommensteuergesetz durch das Pendlerpauschale unterstützt. Teilweise kommt es dabei zu kontraproduktiven Unterstützungen, wenn etwa das Pauschale nicht an den Nachweis der Benützung eines öffentlichen Verkehrsmittels gekoppelt ist. Die steuerlichen Anreize setzen oftmals ein falsches Signal. Der Ökobonus setzt durch die Wahlfreiheit und die geänderten Verkehrskosten ein deutliches Signal, daß Berufspendeln teuer sein kann und durch soziale Mobilität vermeidbar ist.

Zusammenfassung

- Die soziale Akzeptanz ergibt sich aus dem Blickwinkel eines individuellen, wirtschaftlichen und volkswirtschaftlichen Verständnisses.
- Die Analyse der Haushalte in Österreich zeigt, daß aus dem Ökobonus genügend finanzielle Guthaben verbleiben, um die veränderten Preise zu bezahlen.
- Haushalten verbleibt ein größeres Ökobonusguthaben zur Disposition. Dies ist auf die gemeinsame Benutzung eines Kfz zurückzuführen.
- Haushalte mit geringerem Einkommen und Haushalte mit geringeren Ausgaben profitieren vom Ökobonus stärker als Haushalte mit hohem

Einkommen oder hohen Ausgaben. Dies deshalb, da sie, wenn sie überhaupt ein Auto besitzen, dieses weniger oft nutzen.

- Je mehr Personen in einem Haushalt leben, um so mehr profitieren sie vom Ökobonus.
- Angestellte und Arbeiter, die ihr Fahrzeug zur Berufsanfahrt nutzen, werden durch den Ökobonus finanziell nicht schlechter gestellt.

5.4. Wirtschaftsakzeptanz

Die Einführung des Ökobonus erfordert die Unterstützung und das Verständnis der Wirtschaft. Es gibt viele Gründe, warum gerade die Wirtschaft ein Ökobonussystem akzeptieren kann. Das liegt zunächst im System, welches einen technologischen Schub Richtung Kostenwahrheit, transparenter Preise und eine Vorbereitung auf zukünftige Straßenverhältnisse - qualitativ gutes System - bringt. Eines ist klar: Ein billiges Verkehrssystem mit hohen qualitativen Leistungen gibt es nicht mehr und kann aufgrund mangelnder Ertragskomponenten auch nicht hergestellt werden. Umweltauflagen, Gebote und Verbote werden durch den Ökobonus dann überflüssig, wenn externe Kosten über den Preis dem Verursacher angelastet werden. Und der ist in jedem wirtschaftlichen Kreislauf der Konsument.

Die Auswirkungen einer Treibstoffpreiserhöhung in den einzelnen Wirtschaftsbereichen sind gering. Sie liegen im Bereich von Preisunterschieden, die es für das gleiche Gut bei verschiedenen Anbietern gibt. Daher dürfte es sowohl im Inland, als auch im Ausland zu keinen wesentlichen Benachteiligungen kommen. Aufgrund dieser Tatsache wäre es durchaus verständlich, wenn die Wirtschaft eine Treibstoffpreiserhöhung mit Ökobonus akzeptiert.

Die Entwicklung unserer Umwelt wird es wahrscheinlich schon in den nächsten Jahren erforderlich machen, den Kraftfahrzeugverkehr durch bestimmte Maßnahmen einzuschränken. Eine der einfachsten, aber auch wirkungsvollsten dieser Maßnahmen ist eine Treibstoffpreiserhöhung. Um eine solche Treibstoffpreiserhöhung wird auch die EU nicht hinwegkommen. Länder, die zu diesem Zeitpunkt bereits einen hohen Treibstoffpreis haben (wie ein Land, welches den Ökobonus einführt) und daher keine Anpassungen mehr vornehmen müssen, würden auf diese Art zu einem geringen, aber durchaus nicht zu unterschätzenden Vorteil kommen, weil sie sich schon auf den höheren Preis eingestellt haben.

Österreichische Wirtschaftsunternehmen könnten gegenüber allen anderen europäischen Unternehmen im Vorteil sein, da sie ihre Transportkosten und damit auch die Produktionskosten bereits marktkonform optimiert haben. Ein geringfügiger Nachteil (höhere Kilometerkosten) könnte auf diesem Weg durchaus zu einem Vorteil gegenüber allen anderen Wirtschaftsteilnehmern innerhalb der EU werden. Die Konkurrenzfähigkeit der österreichischen Wirtschaft würde steigen.

Höhere Treibstoffkosten führen durch das geringere Verkehrsaufkommen zu einer Entlastung der Umwelt. Diese Entwicklung wäre vor allem für Österreichs wichtigsten Wirtschaftsbereich - den Fremdenverkehr - von großer Bedeutung. Eine gesunde Umwelt führt zu mehr Fremdenverkehr und damit werden auch viele andere österreichische Wirtschaftsbereiche gestärkt.

Ein höherer Treibstoffpreis würde auch zu einer größeren Nachfrage nach öffentlichem Verkehr führen. Als Folge davon wäre ein Ausbau des heute bestehenden öffentlichen Verkehrsnetzes erforderlich. Durch eine solche Maßnahme würde es der Wirtschaft leichter fallen, ihre Transporte auf öffentliche Verkehrsmittel zu übertragen, was ja derzeit durch die geringe Kapazität nur schwer möglich ist, und die Transportkosten könnten auf einfachem Wege reduziert werden. Durch diesen forcierten Ausbau des öffentlichen Verkehrs würden sich wiederum Vorteile in Bezug auf die EU ergeben. Österreich könnte einer Treibstoffpreiserhöhung innerhalb der EU gelassen entgegensehen, da der erforderliche Ausbau des öffentlichen Verkehrs bereits stattgefunden hat oder damit zumindest begonnen wurde, ein modernes Bahnsystem zu schaffen. Keine Probleme könnte es dahingehend geben, daß es auf Grund eines starken Anstiegs der Nachfrage nach öffentlichem Verkehr zu Kapazitätsengpässen kommen würde. Das heutige Bahnsystem entspricht sicher nicht den Anforderungen der EU. Größere Adaptionen in Österreich sind also in jedem Fall notwendig.

Eine erhöhte Nachfrage im öffentlichen Verkehr bedeutet aber auch eine höhere Nachfrage nach Einrichtungen, die diese Nachfrage befriedigen. Das Netz des öffentlichen Verkehrs müßte erweitert werden und belebt somit die österreichische Wirtschaft. Straßenbahnen, U-Bahnen oder

Busse müßten produziert werden, deren Produktion im Gegensatz zur Autoindustrie in Österreich erfolgen könnte.

Ein weiterer Wirtschaftsimpuls ergibt sich aus den für die Durchführung des Ökobonussystems erforderlichen technischen Geräten. Radumdrehungszähler, Leervolumensmeßgeräte für den Tank oder eine „Black Box" könnten in Österreich entwickelt und produziert werden.

Mit einem ausgebauten öffentlichen Verkehrsnetz und einer damit verbundenen höheren Kapazität wäre es auch leichter, die Transitproblematik Österreichs in den Griff zu bekommen. Eine Transitlösung „auf der Bahn durch Österreich" oder „mit der Bahn durch Österreich" könnte in diesem Fall durchaus realisiert werden. Dies würde wiederum einen positiven Einfluß auf die Umwelt und daher auch auf den Fremdenverkehr ergeben.

Eine Erhöhung des Treibstoffpreises bedeutet auch, daß die Wirtschaft in ihrer Wahl über die Art des Transportmittels „nicht" eingeschränkt wird. Eine solche Einschränkung würde sich z.B. durch eine Transportemissionsbeschränkung ergeben. Jedes Unternehmen kann also weiterhin selbst entscheiden, auf welchem Wege die Transporte durchgeführt werden. Damit wären Unternehmen, die weiterhin auf den Transportweg Straße vertrauen, interessiert, daß treibstoff- und emissionssparende Innovationen entwickelt und produziert werden. Österreichs Wirtschaft könnte auch auf diesem Gebiet einen Vorteil gegenüber dem Ausland erarbeiten.

Da die Wirtschaft die Möglichkeit hat, ihre erhöhten Produktionskosten über den Preis auf den Endverbraucher zu übertragen, erhebt sich die Frage, wodurch sich für die Wirtschaft eine Treibstoffpreiserhöhung mit Ökobonus von einer ohne Ökobonus unterscheidet.

Treibstoffpreiserhöhung ohne Rückerstattung

Um die Auswirkungen für die Wirtschaft transparent zu machen, wird von einem gleich hohen Ökozuschlag - Iso einer echten „Steuer" - von 200 % ausgegangen. Wesentlicher Unterschied ist, daß die Bürger bzw. Konsumenten keine jährliche Rückerstattung d.h. keinen Ökobonus erhalten.

Der Staat kann nun mit dem eingenommenen Geld Umweltschutzmaßnahmen setzen, den öffentlichen Verkehr subventionieren, einzelne Wirtschaftsbereiche subventionieren oder aber auch das Staatsdefizit abbauen. Eine solche Aufteilung könnte dazu führen, daß einzelne Wirtschaftsbereiche benachteiligt werden. Selbst unter der Annahme, daß die Subventionen gerechtfertigt wären, ist nicht sichergestellt, daß diese an den Konsumenten weitergegeben werden. Auch eine indirekte Subventionierung (z.B. Reduktion der Umweltabgaben in der Wirtschaft) wirkt sich nicht immer in einer Preisreduktion aus.

Für den österreichischen Markt würde diese Treibstoffpreiserhöhung bedeuten, daß die Produkte teurer werden (wenn auch sehr gering), die Bevölkerung aber weniger Geld zur Verfügung hat.

Die Mehrausgaben betragen unter den im Modell errechneten Elastizitäten rund 10.500,- öS pro Pkw. Weitere Mehrausgaben, die in dieser Berechnung nicht erfaßt sind, sind die Kosten für alternative Verkehrsmittel, wie insbesondere die Kosten für öffentliche Verkehrsmittel.

Diese Mehrkosten können nur ausgabenseitig eingespart werden, d.h. der private Konsum wird zurückgehen. Die Nachfrage würde sinken und die österreichische Wirtschaft müßte vorerst mit geringeren Einnahmen in der Höhe von 31,4 Mrd. öS rechnen. Vorerst deshalb, da die über Steuern in den Staatshaushalt fließenden Mittel von 31,4 Mrd. öS über den öffentlichen Konsum wieder in die österreichische Wirtschaft gepumpt werden können. Allerdings muß dazu ein Verteilungsschlüssel festgelegt werden, um die gewünschte Allokation zu erzielen, nämlich die Zweckbindung für Straßenbau, öffentlichen Verkehr und den Ausbau der Verkehrsinfrastruktur für Fußgeher und Radfahrer. Eine Steuer kann den gewünschten Umbau des Verkehrssystems ausschließlich angebotsseitig herbeiführen.

Gleichgültig wie diese Steuer konzipiert ist, ist nicht sichergestellt, daß die aufgebrachten Mittel nicht für andere Aufgaben des Staates verwendet werden. Dann allerdings kommt es sicherlich in manchen Branchen zu schweren wirtschaftlichen Einbrüchen und zwar vor allem in jenen, welche von den Österreichern leichter eingespart werden können, das wären neben den Ausgaben für Kfz (Lenkungswirkung) etwa Urlaubsausgaben, Freizeitausgaben aber auch Ausgaben für den öffentlichen Verkehr. Das bedeutet dann, daß theoretisch bei einem verbesserten ÖV-Angebot, die Nachfrage absinkt. Bei geringfügigen Treibstoffpreiserhöhungen von 10 % bis 40 % dürfte dieser Effekt noch nicht eintreten. Der Problematik der reinen Angebotspolitik im ÖV sollte man sich dennoch bewußt sein.

Treibstoffpreiserhöhung um 200 % mit Ökobonus

Auch in diesem Fall werden die Treibstoffkosten pro Fahrzeug in gleicher Höhe steigen. Pro Person wird aber ein Ökobonus in der Höhe von 9.500,- öS ausbezahlt. Damit können nicht nur die Mehrausgaben für den Pkw bezahlt werden, sondern auch erhöhte Verbraucherpreise und die Kosten für alternative Verkehrsmittel. Jeder einzelne kann aufgrund des Ökobonus seine Dispositionen treffen. Die geänderten Preise erzeugen eine geänderte Nachfrage.

Der wesentliche Vorteil für die Wirtschaft ist, daß das Angebot nach der geänderten Nachfrage produziert werden kann, während Großaufträge durch die öffentliche Hand zurückgehen. Die Wirtschaft kann beim Ökobonus den Markt beobachten und sich an der Nachfrage der Konsumenten orientieren. So entsteht ein marktwirtschaftlicher Wettbewerb, der den Kontakt von Konsumenten und Produzenten fördert.

Zusammenfassung

- Das Verkehrssystem der Zukunft muß qualitativ hochwertig sein. Diese Qualität hat ihren Preis, der vom Konsumenten auch bezahlt werden muß.
- Der Ökobonus setzt aufgrund einer veränderten Verkehrsmittelwahl Nachfrageimpulse nach öffentlichen Verkehrsmitteln und -systemen.
- Grenz-, Kontroll- und Erfassungssysteme setzen einen Technologieschub in der Kraftfahrzeugentwicklung, der durchaus von österreichischen Unternehmen bewältigt werden kann.
- Der Ökobonus setzt nachfrageseitig wirtschaftliche Impulse und erhält die Kaufkraft. Das ist ein wesentlicher Unterschied zu einer reinen Treibstoffsteuer, die erst über öffentliche Investitionen angebotsseitig Impulse setzen kann. In diesem Fall würde Kaufkraft abgeschöpft werden (Steuer) und das vorhandene Angebot könnte ohne Subventionen (Billigtarife im öffentlichen Verkehr) nicht genutzt werden.

5.5. Europareife des Ökobonus

Die Versöhnung von Ökologie und Ökonomie ist zu einem Dauerthema geworden. Ob nun von ökosozialer Marktwirtschaft oder qualitativem Wachstum die Rede ist, gemeint ist immer die Entkoppelung des wirtschaftlichen Fortschritts vom Energie- und Ressourcenverbrauch, sowie die Reduktion von Schadstoffen. Die zunehmenden Umweltschäden verdeutlichen aber die mangelnde Effizienz der bisherigen Maßnahmen. Viele Wirtschaftszweige mußten feststellen, daß die Umweltzerstörung eine Verschlechterung der Produktionsgrundlagen zur Folge hat. Da auch immer mehr Konsumenten ökologische Aspekte in ihre Kaufentscheidung miteinbeziehen, liegt die Herausforderung Europas in der Herstellung von Produkten, die den Produktionsfaktor „Umwelt" ebenso effizient einsetzen, wie die Faktoren Arbeit und Kapitel. Doch sind das die bestimmenden Aspekte der Europadiskussion?[9]

Um die Risiken im Bereich Ökologie gering zu halten, werden gewöhnlich zwei Lösungsmodelle angeboten: Die Einrichtung von Umwelthaftpflichtversicherungen, wobei die Schwierigkeit in den unkalkulierbaren Folgerisiken liegt (z.B. Altlasten) und die Einbeziehung von Ökobilanzen, wobei dieser Ansatz zum Teil bereits in der Praxis angewendet wird.[10] Allerdings ergeben sich auch im Bereich der Ökobilanzen erhebliche Bewertungsprobleme, so daß letztlich keiner der beiden Ansätze einen Beitrag zur europäischen Diskussion leisten kann. Beide Ansätze haben nämlich ein Problem gemeinsam: sie setzen bei bereits bestehenden Problemen auf und versuchen diese - bei gleichbleibenden Zielkomponenten - zu lösen. Die Diskussion in Europa sollte sich aber wesentlich stärker auf einen dritten Lösungsansatz konzentrieren: den Vorsorgegedanken. Globale Probleme, wie das demographische Wachstum der Welt, die Umweltkrise und die Verschuldungskrise in der Dritten Welt, verlangen nach international organisierten Lösungen. Die Perspektive einer dichter werdenden Kette von Dürre-, Flut- und Hungerkatastrophen, von Seuchengefahren und Klimaveränderungen fordert die weltpolitische Handlungsfähigkeit der Europäer heraus.[11]

Der Ökobonus setzt beim Vorsorgegedanken auf. Nicht die Behebung bzw. Linderung bestehender Belastungen soll eingeleitet werden, sondern die zukünftigen Belastungen sollen erst gar nicht eintreten. Das aber bedeutet eine Veränderung unseres gesellschaftlichen Handelns. Gewohnheiten und standardisierte Wirtschaftsabläufe müssen anders gestaltet werden. Sie müssen marktwirtschaftlicher gesteuert werden. Und das macht der Ökobonus. Seine Wirkung lenkt das wirtschaftliche Verhalten und da primär das verkehrsspezifische Verhalten. Aber es kommt auch zu sekundären Lenkungen, in dem die Infra-, Wirtschafts- und Gesellschaftsstruktur beeinflußt wird.

Gerade in einem ganzheitlichen Gefüge, welches auf jede einzelne Wirtschaftseinheit - insbesondere den Konsument - Rücksicht nimmt, stehen die Chancen für den Ökobonus gut. Der Ökobonus könnte neben der lenkungspolitischen Funktion durchaus auch eine Preisausgleichsfunktion übernehmen. Wie das konkret aussehen kann, wird in den folgenden Abschnitten aufgezeigt.

5.5.1. Europäische Union

Die europäische Union will zu einer großen Wirtschafts- und Handelsunion werden. Dieser Handel läßt sich nur durch ein gigantisches Netz von Transportwegen und -möglichkeiten verwirklichen, welche in einem aus flächenmäßig kleinen Staaten bestehenden Europa direkt zur Frage des Transits führen.

Markant kommt dieser Zusammenhang in der Begründung für die Errichtung eines spezifischen Programms für Erforschung und technologische Entwicklung im Verkehrswesen (EURET) zum Ausdruck, in dem die Kommission ausführt: „Die Vollendung des Binnenmarktes ist untrennbar mit einem gemeinschaftlichen Verkehrssystem verbunden, das sowohl qualitativ als auch quantitativ in der Lage ist, die dadurch steigende Verkehrsnachfrage in allen Bereichen zu befriedigen.“[12]

Ziel der EU ist es, eine Wirtschaftsunion zum Zweck der wirtschaftlichen und politischen Integration zu bilden. Der Bildung eines gemeinsamen Marktes werden dabei vier Grundfreiheiten zugrundegelegt.

- Freier Verkehr von Waren
- Freier Verkehr von Personen
- Freier Dienstleistungsverkehr
- Freier Kapitalverkehr

Demnach ist unbestritten, daß die Europäische Union eine dritte große Handelszone aufbauen will, denn sämtliche Grundfreiheiten garantieren

„Verkehrs"-Freiheiten. Ein Ansteigen des Güter- und Personentransits ist vorprogrammiert. Die Optimierung dieser Transitströme innerhalb einer großen Handelszone ist somit Basisziel der EU.

Weitere Schritte auf dem Weg zur Wirtschaftsunion sind neben der Bildung dieses Gemeinsamen Marktes, eine einheitliche Wirtschaftspolitik, eine Währungsunion und eine politische Union.

EU und Österreich

Der gigantische Wirtschaftsraum EU ist auch für Österreich von überragender Bedeutung. 64 % der gesamten österreichischen Ausfuhren gingen 1987 in die EU, gleichzeitig bezog Österreich 68 % der Importe aus dem Integrationsraum. Die starke Europa-Zentriertheit des österreichischen Außenhandels und die unmittelbare Gestaltung der Beziehungen Österreichs zur EU für die heimische Wirtschaft liegen somit auf der Hand.

Die Strukturanalyse der österreichischen Im- und Exporte, verglichen mit den Im- und Exporten Österreichs aus und in den EU-Raum zeigt nur einen gravierenden Unterschied. Im Bereich der Energieeinfuhren ist die EU für Österreich wenig bedeutend. So entfallen 21,2 % der gesamten Importe auf Rohstoffe, Brennstoffe und Energie. Der Anteil derselben Importgruppe aus der EU beträgt vergleichsweise nur 10,6 %.[13]

Die Bedeutung Österreichs für die EU wird im Weißbuch der Kommission vom 14.6.1985 deutlich. Hinsichtlich der Verwirklichung des Binnenmarktes im Verkehrssektor wird insbesondere Folgendes vorgesehen: die Herstellung des freien Dienstleistungsverkehrs im Verkehr, der Abbau der Grenzkontrollen sowie die Lösung des Transitproblems für den innergemeinschaftlichen Verkehr durch Österreich, die Schweiz und das ehemalige Jugoslawien.

Transit

Transit ist in diesem Abschnitt abweichend von der bisher in dieser Studie üblichen Definition zu verstehen. Bisher wurde Transit gleichgesetzt mit Durchfahrtsverkehr über nationale Grenzen hinweg. Auch assoziiert man Transit gerne mit dem Transport von Gütern. Transit ist aber nicht ausschließlich eine Frage des Gütertransportes, sondern auch eine des Personentransits.

Neben den Handelsströmen des Transits setzen sich jährlich Millionen Europäer in Bewegung, um ihre Freizeit- und Urlaubsträume zu verwirklichen. Viele Millionen wiederum pendeln mit Verkehrsmitteln zur Arbeit und gehen ihren beruflichen Interessen und Aufgaben nach.

Mit dem Beitritt Österreichs zur EU ist Transit nicht „nur" ein Grenzproblem, sondern ein innereuropäisches Problem. Die Erweiterung der Transitproblematik auf den innerstaatlichen Bereich scheint deshalb besonders wichtig, zielen doch die Bestrebungen der EU auf einen einheitlichen Waren- und Dienstleistungsmarkt ab, deren Transitprobleme lediglich an den Grenzen zu EU-Anrainerstaaten zu finden sind.

Nur so ist es möglich, daß die Lösung des Alpen-Transitproblems möglicherweise zur „Nagelprobe" für die Verwirklichung eines echten integrierten europäischen Verkehrsmarktes werden kann. Nämlich, wenn die EU-interne Verkehrspolitik die Transitproblematik verleugnet. Diese Verlagerung des Transitproblems an die Grenze zu EU-Anrainerstaaten bringt der Wirtschafts- und Sozialausschuß der EU ganz klar zum Ausdruck: „Das unmittelbare Gemeinschaftsinteresse an der Auseinandersetzung mit den Problemen des Transits zwischen der EWG, Österreich, der Schweiz, Slowenien, Kroatien und dem ehemaligen Jugoslawien besteht darin, daß in Ermangelung einer Lösung dieser Probleme auch die Überwindung der gegenwärtigen Schwierigkeiten beim Transitverkehr zwischen den Gemeinschaftsländern keineswegs ausreichen würde, um die Verwirklichung eines einheitlichen Marktes bis 1993 zu gewährleisten."[14] Die Verwirklichung des Binnenmarktes hängt zum großen Teil von der Lösung des Transitproblems ab.

Eine Bestandsaufnahme des europäischen Transits zeigt ein enormes Wachstumspotential in den kommenden 10 bis 15 Jahren. Die EU, der gefallene „Eiserne Vorhang" und die wirtschaftspolitischen Umstrukturierungen in Europa treiben Menschen und Güter auf die Straße.

Die Fortbewegung von Menschen mit Hilfe einer Sache (Kfz, Bahn, Flugzeug, etc.) ist Personentransit. Dominant ist der Freizeitverkehr vor dem Erledigungsverkehr, während beruflich veranlaßte Verkehrswege (Wirtschafts-, Pendler-, und Ausbildungsverkehr) eher eine unbedeutende Rolle einnehmen.[15]

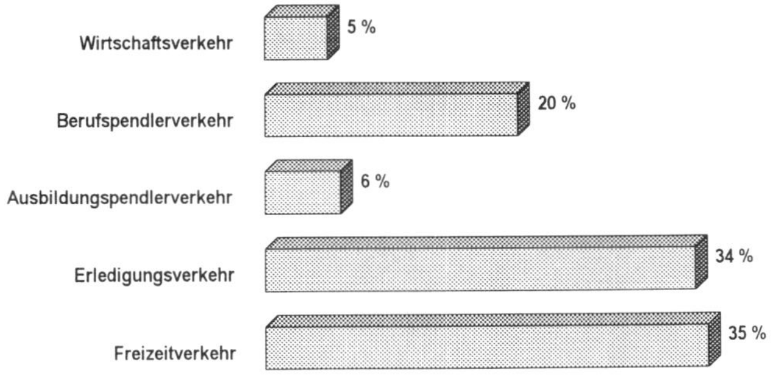

Abbildung 18: Modal Split nach Verkehrszweck BRD für 2000 (Mobilitätsprognose des ADAC)

Der Tourismus (Reise- und Einkaufstourismus) ist somit der wesentlichste Verursacher des Personentransits, da die zurückgelegten Strecken je Fahrt ein enormes Ausmaß angenommen haben. Während sich die Zahl der durchschnittlich angesteuerten Ziele nicht verändert hat, hat sich die Wegestrecke verdoppelt. Auch die Zahl der Urlaubsreisenden ist seit den Sechzigerjahren in selbem Maße gestiegen.

Und dieser Trend zum Personentransit wird fortgesetzt. Gleichgültig, welche Studie man betrachtet, gleichgültig, was die Ursache ist: Der Transit kommt erst ins Rollen. So bringt die Öffnung des Ostens eine Verstärkung des Personentransits in beiden Richtungen. Mehr Westeuropäer in Osteuropa, mehr Osteuropäer in Westeuropa. Die Zahl der über niederösterreichische und burgenländische Grenzstellen nach Österreich einreisenden Ausländer stieg von 3,2 Mio im Jahr 1985 auf über 16,4 Mio im Jahr 1989.[16]

Trotz aller externen Effekte, welche sich direkt und indirekt auf unsere Lebensbereiche niederschlagen, gehört gerade der Personentransit im Kfz zu den am höchsten subventionierten Bereichen der Volkswirtschaft. Dennoch wird für diese Bereiche keine echte Kostenrechnung aufgemacht. Diskussionen scheitern zumeist an sozialen Argumenten. Soziale Argumente, bei denen der scheinbar Schwächere vorgeschoben wird, um die Wirtschaft zu stützen. Denn die Verkehrsleistung steigt erheblich mit dem Wohlstandsniveau.

Kostenwahrheit

Die EU-Kommission hat sich für die Schaffung der „Kostenwahrheit" beim Wettbewerb zwischen den einzelnen Verkehrsträgern Straße - Schiene - Schiffahrt ausgesprochen.[17] EU-Verkehrskommisar Van Miert sah die Grenzen im Straßentransport längst erreicht. Auch die Steuer soll zur Einschränkung des Lkw-Verkehrs beitragen.[18]

Auch die Bundesrepublik Deutschland hält eine europäische Regelung des Wegekostenproblems für dringend notwendig, um folgende Punkte zu erreichen:

- Eine umweltgerechte Arbeitsteilung zwischen den Verkehrsträgern,
- eine Angleichung der Wettbewerbsbedingungen zwischen den einzelnen Verkehrsträgern,
- eine Angleichung der Wettbewerbsbedingungen zwischen den Güterkraftverkehrsunternehmen in den verschiedenen EU-Mitgliedsstaaten.

Die Bundesregierung der BRD sieht daher in der Anlastung der Wegekosten an schwere Nutzfahrzeuge auf der Basis des Territorialprinzips - die Nutzfahrzeuge zahlen ihre Wegekosten dort, wo sie tatsächlich fahren - und in der Harmonisierung der Wettbewerbsbedingungen wichtige Elemente für einen funktionierenden Verkehrsmarkt.[19]

Doch der gesamte Europäische Markt wird mit dem der Kostenwahrheit widersprechenden Argument begründet: nämlich den günstigeren Preisen für Konsumenten. Diese „billigen" Preise können entweder mit weniger Löhnen (Substitution von Arbeitskräften) oder aber mit billigeren Transportkosten erreicht werden. Das bedeutet, daß Luft, Wasser, Erde und Energie noch günstiger werden oder zumindest günstig bleiben müssen.

Daß die Transport- und Versandkosten eines Gutes einen wesentlichen Kostenfaktor darstellen und dementsprechend auch einen direkten Einfluß auf die Ausrichtung der Handelsströme haben, ist eine nationalökonomische Binsenweisheit. Daraus resultiert aber der Umstand, daß man durch eine gemeinsame, akkordierte Verkehrspolitik eindeutige Handelsvorteile für die daran beteiligten Volkswirtschaften schaffen kann, während die daran nicht beteiligten Drittstaaten entsprechend diskriminiert werden. In diesem Bereich muß man sich die überregionale Problematik der „externen Kosten" in Erinnerung rufen, um sofort zu erkennen, daß die Aussicht, „Kostenwahrheit" in der EU tatsächlich einzuführen, sehr gering ist.

Solange die Kosten für die Lagerhaltung um vieles höher sind, als die Transportkosten, wird jeder seine Waren transportieren und nicht lagern. Die derzeitige Logistik macht sich diesen finanziellen Vorteil zunutze. Die „just-in-time"-Fertigung (Lieferung der Vorprodukte genau dann, wenn sie verarbeitet werden) gilt daher als einer der Hauptverursacher des Verkehrsaufkommens. Das sollte aber nicht im Sinne der Verkehrsplaner der EU sein. „Millionen Tonnen von Gütern ziehen derzeit in Europa ihre Kreise, obwohl es eigentlich nicht unbedingt sinnvoll ist."[20] So rollen die Laster öfter halbleer an oder stehen erst mal an der Ecke vor dem Werktor, bis sie drankommen.

Kaum ein industrielles Produkt wird noch vollständig an nur einem Ort hergestellt. Oft sind Teilfertigungen über den ganzen Kontinent verteilt, in der Elektronikindustrie sogar schon rund um die Welt. Die zunehmende Verteilung der Produktionsschritte über weite Räume verursacht zusätzlichen Geschäftsverkehr. Und das alles ist nur möglich, weil Transportkosten billiger sind, als volkswirtschaftlich gerechtfertigt.[21]

Billig ist jedoch nicht gleich kostengünstig. Das gilt auch für die Europäische Union. Denn kostengünstige Produktion heißt sparsamer Einsatz der Ressourcen. Billig hingegen bezieht sich lediglich auf die verrechneten Preise. Diese billigen Preise können zumeist nur unter Vernachlässigung wichtiger Kostenbestandteile kalkuliert werden. Wenn aber Grund und Boden nicht vermehrbare und daher knappe Produktionsgüter sind, müssen die gesellschaftlichen Wertesysteme adaptiert werden. Nur so kann sichergestellt werden, daß Güter nicht mit billigen Preisen versehen werden, um sie danach unwiederbringlich zu verbrauchen.

In der Diskussion um die Funktion der Europäischen Union spielt diese „Werte"-Frage eine zentrale Rolle. Wer definiert Kostenwahrheit? Wer legt die Art der Internalisierung externer Kosten fest, sofern sie erfaßbar sind? Wer bestimmt das System der Variabilisierung von Verkehrskosten? Das Gesetz einer großen europäischen Union kann nur unter dem Motto stehen: Das Recht des einen ist die Pflicht des anderen. Anders können die angestrebten Freiheiten nicht definiert werden. Doch wer legt diese Rechte und Pflichten fest?

Betrachtet man die Diskussionen innerhalb der EU, so scheinen die Interessensgegensätze gerade diese Fragen betreffend sehr groß zu sein. Bestimmte Mitgliedsstaaten wollen etwa im Interesse ihres Außenhandels die Transportkosten und damit auch die Wegekostenanlastung niedrig halten (Griechenland, Portugal, Irland, Spanien). Andere wiederum wollen ihrem Transportgewerbe bestehende Wettbewerbsvorteile erhalten (Niederlande, Belgien). Wieder andere Mitgliedstaaten wollen, daß möglichst viele ausländische Fahrzeuge auf ihrem Gebiet tanken und halten deshalb ihre Mineralölsteuer unter dem Niveau der Nachbarländer (Luxemburg). Großbritannien wiederum will seine Steuerhoheit nicht angetastet wissen.[22] Der Harmonisierung bleiben also noch einige Türen verschlossen, die es gilt mit einem anwendbaren System zu öffnen.

Der Ökobonus legt einen Rahmen fest, der gerade dem europäischen Integrationsgedanken entspricht. Die Werte-Entscheidungen und die Ausräumung der Interessenskonflikte können dem Markt überlassen werden, denn letztlich handelt jeder von uns ökonomisch und damit auch ökologisch.

5.5.2. Ökobonus in Europa

Der Ökobonus blickt bereits auf eine mehrjährige Geschichte zurück. Im April 1985 hatte Georg Ziegler, Maschineningenieur aus Winterthur, dem Verkehrsclub der Schweiz (VCS) das Konzept „Autoverkehrsreduktion ohne Rationalisierung" vorgestellt. Etwa zur selben Zeit gelangten auch die Ideen von Igor Marincek aus Bern, welche von denselben Überlegungen wie Ziegler ausgingen, zum VCS. Aus der Idee „AURORA" wurde schließlich das „ÖKOBONUS"-Konzept des Verkehrsclubs der Schweiz. Nach intensiven Arbeiten innerhalb des VCS wurde der Ökobonus im Juni 1985 mit einer Pressekonferenz der Öffentlichkeit vorgestellt.

Zur selben Zeit reichte auch Nationalrat und Ökonomieprofessor Franz Jäger diese Idee im Parlament ein. Die ersten Reaktionen in den Medien waren niederschmetternd. Zusammen mit zwei Ökonomieprofessoren wurden die Vertreterinnen und Vertreter des VCS als weltfremde Utopisten abgetan. Der Vorschlag galt als asozial und der Aufruhr ging soweit, daß Nationalrat Jäger eine Morddrohung erhielt. Das Problem lag aber nicht an der Idee, sondern am mangelnden Verständnis.

Der VCS verfolgte die Idee und deren Umsetzungsmöglichkeit trotz der eher demotivierenden Geschehnisse konsequent weiter. Gespräche mit Wissenschaftlern, vor allem Ökonomen, mit Vertretern der Wirtschaft und mit bürgerlichen Politikerinnen und Politikern ermöglichten 1988 einen ersten Erfolg. Der Kanton Zürich mit dem größten Ballungszentrum und damit dem stärksten Belastungen aus dem motorisierten Verkehr, überwies eine Standesinitiative an das nationale Parlament für die Einführung eines Ökobonus.

Es folgten weitere Erfolge. Der Bundesrat ließ ein Programm zur Sanierung der Luftsituation erarbeiten. Als eine der wirksamsten Methoden, die Luftverschmutzung zu mindern, wurde vom beauftragten Ingenieurbüro der Ökobonus in der Höhe von einem Franken (öS 8,-) je Liter Treibstoff vorgeschlagen.

Aufgrund dieses Sanierungskonzeptes erließ der Bundesrat der Schweiz schrittweise Maßnahmen zur Verbesserung der Luftqualität. Ein wichtiges Instrument bildeten dabei Maßnahmenpläne, welche die Kantone erstellen und durchführen mußten. Seit 1984 waren bereits Katalysatoren zugelassen und seit Oktober 1987 vorgeschrieben. Seit Jänner 1985 gelten niedrigere Tempolimits (80/120). In den Agglomerationen gehen die Kantone auf Autobahnen sogar noch weiter hinunter (80 km/h). Seit Jänner 1986 ist die Abgaswartungspflicht für Personenwagen Vorschrift. Im März 1986 wurde die Luftreinhalteverordnung in Kraft gesetzt und eine Revision des Umweltschutzgesetzes eingeleitet. Höhepunkt der sehr raschen und progressiven Umweltpolitik des Bundesrates bildete für den Verkehrsclub der Schweiz der Entschied vom 11. März 1991, in dem angekündigt wurde, den Ökobonus einzuführen, sobald ein taugliches Erfassungssystem entwickelt wurde.

Dann allerdings kam die Wende in der Umweltpolitik. Seit Mitte 1991 gab es keine großen Fortschritte in der Umweltpolitik mehr. Im Juni lehnte das Volk die Neuordnung der Bundesfinanzen ab und im Oktober sistierte der Bundesrat bis auf weiteres die Arbeiten an der Entwicklung des Ökobonus. Dies vor allem deshalb, da der Bundesrat sich ausschließlich auf die kilometerleistungsabhängige Variante des Ökobonus festgelegt hatte. Die Untersuchungen durch das Bundesamt für Umweltschutz ergaben nämlich, daß die Einführung mit Hilfe von Erfassungsgeräten (Kilometerzähler etc.) sehr problematisch und teuer werden würde.

Dennoch, die im Oktober 1990 angekündigte CO2-Abgabe (je Tonne CO2 Fr. 34,70 oder Variante II Fr. 69,41) soll nach dem Ökobonus-Prinzip, d.h. pauschal pro Kopf, zurückerstattet werden. Für die Ausgestaltung und als Wegbereiterin einer CO2-Abgabe leistete der Ökobonus wichtige politische Dienste.

Auch in Österreich wurde das Ökobonus-Konzept aufgegriffen und mehrfach vom Verkehrsclub Österreich in Pressekonferenzen der Öffentlichkeit vorgestellt. Die Erkenntnisse wurden zusammengefaßt in einer Broschüre präsentiert. 1991 und 1992 wurde eine österreichweite Vortragsserie angelegt, um das Thema und die Idee der Öffentlichkeit vorzustellen.

Daß dieses Thema hochaktuell ist, dokumentieren Aussagen einiger österreichischer Politiker. Im August 1992 etwa meinte Vizekanzler Busek: „Eine Steuererhöhung für fossile Brennstoffe, also auch für Benzin, wäre der richtige Schritt zur Durchsetzung erneuerbarer und umweltfreundlicher Energien. Für den Fortschritt umweltfreundlicher Energien wäre es wahrscheinlich besser, in Richtung eines Benzinpreises von 14 oder 15 Schilling zu gehen.“[23]

Das Umfeld und die wirtschaftlichen und politischen Umstände sind in den letzten beiden Jahren bedeutend schwieriger geworden. Trotzdem wächst in der Bevölkerung das Bewußtsein dafür, daß gehandelt werden muß. Gerade die laufende Realisierung des EU-Binnenmarktes wird rasch und deutlich die Grenzen des Verkehrswachstums aufzeigen. In den Erklärungen des EU-Ministerrates vom Dezember 1992 hat die Kostenwahrheit einen wichtigen Platz eingenommen. Die politische und öffentliche Diskussion über das System und die wirtschaftliche Kraft des Ökobonus können einen entscheidenden Beitrag zur Meinungsbildung, zum Verständnis und - bei Einführung eines Ökobonussystems - zur Umsetzung der erforderlichen umweltpolitischen Ziele leisten.

5.5.3. Verwaltungs- oder Marktwirtschaft

Eine bedeutende Frage der europäischen Integration, ist die nach dem richtigen Maßstab an Verwaltung. Wieviel Aktivitäten können privatisiert werden ohne daß die gewünschten Anforderungen, wie Sicherheit, Recht, Wettbewerb etc. vernachlässigt werden?

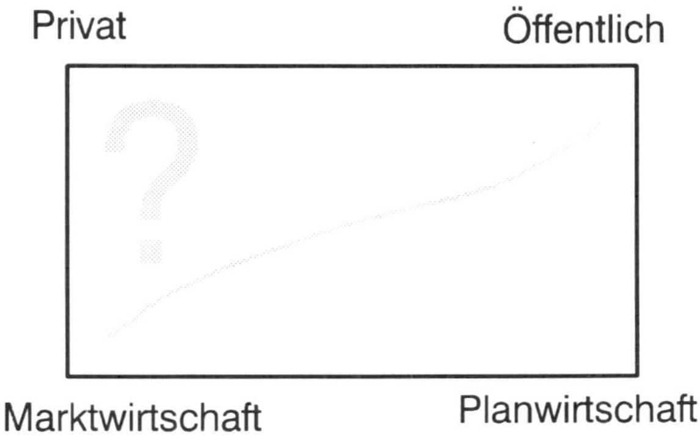

Abbildung 19: Verwaltungsmatrix

Die Problematik liegt sicherlich darin, daß ein rein öffentliches Verwaltungssystem durch unterschiedliche Informationsmöglichkeiten deutliche Wettbewerbsverzerrungen bringt. Gerade das ist im gesamten Verkehrssektor in Europa eingetreten. Starke Subventionierungen in „allen" Sektoren (Straßennetz, Sozialtarife bei der Bahn, Befreiung des Flugsprits von der Mineralölsteuer, etc.) haben falsche Preissignale gesetzt. Der Ökobonus setzt aber marktkonforme Preissignale und neutralisiert den Großteil der Subventionierungen.

Der Wunsch nach weniger Verwaltung besteht nicht nur in Österreich, sondern in ganz Europa. Die Konsequenz kann daher nur lauten, mehr marktwirtschaftliche Mechanismen einzuführen.

5.5.4. Umweltbilanzen

Auf der Inputseite der Produktionsprozesse ist die Umwelt Entnahmemedium für Ressourcen, wogegen sie auf der Outputseite Aufnahmemedium für Emissionen und Abfälle ist. Beide Seiten haben gemeinsam, daß die Kapazitätsgrenze längst überschritten wurde. Um diese Vorgänge darstellen zu können und nach eingehender Analyse Maßnahmen zu setzen, müssen Umweltbilanzen erstellt werden. Ausgangspunkt einer Umweltbilanz ist daher die Erfassung der Stoff- und Energieflüsse im Zusammenhang mit den wirtschaftlichen Aktivitäten. Über diese Input-Output-Analyse soll Klarheit über die innerhalb einer Systemgrenze eingesetzten Materialien und Emissionsmengen geschaffen werden. Die Untersuchungseinheit der Umweltbilanz kann eine Region, eine Stadt, ein Betrieb, ein Prozeß (z.B. Verkehr) oder ein Produkt sein.[24]

Die Bewertung der Umweltbilanz erfolgt im wesentlichen nach gesamtwirtschaftlichen Aspekten. Beurteilungskriterien sind das gemeinsame volkswirtschaftliche Interesse und die Nachhaltigkeit des Wirtschaftens - kurz: Ökologie als Langfristökonomie. Mit der Umweltbilanz werden systematisch Stoff- und Energieeinsatz, Transformationsprozesse, entstandene Produkte, stoffliche und nicht stoffliche Emissionen sowie strukturelle Auswirkungen erfaßt und dargestellt.

Wirtschaftliche Produktion ist von der Betrachtungsweise nichts anderes als die Umwandlung von natürlichen Ressourcen in Waren, die nach Ver- und Gebrauch als Abfall wieder in ökologische Kreisläufe eingehen. Diese wirtschaftliche Tätigkeit hat heute eine Dimension erreicht, die zunehmend in einem Konflikt von Wirtschaft und Natur mündet. Prinzipiell sind aber Ökonomie und Ökologie miteinander kompatibel und können sich gegenseitig nicht ausschließen. Wirtschaft und Umwelt einander entgegenzusetzen ist eine Fehlentwicklung des 20. Jahrhunderts. Es gilt also einen Weg zu finden, der uns diesen Konflikt nicht nur ethisch löst, sondern es muß mit Hilfe verschiedener Instrumente der wirtschaftliche Kreislauf wieder an den ökologischen angepaßt werden. Eine andere Lösung gibt es für das langfristige Überleben der Menschheit nicht.[25] Umweltbilanzen können dabei der Informationsträger für entsprechende Ziel- und Maßnahmenplanung sein. Wenn es uns nicht selbst gelingt ein Umweltinformationssystem zu schaffen, dann wird es uns von der Natur aufgezwungen.

Europa und da insbesondere die europäische Union wird die anstehenden Umweltprobleme ohne Umweltbilanzen kaum lösen können. Umweltbilanzen werden die Diskussionsgrundlage für viele gesamtpolitische Entscheidungen sein. Davon kann sich auch das Ökobonussystem nicht ausschließen. Gelingt es mit Umweltbilanzen Informationen der europäischen Staaten besser aufzubauen, vergleichbar zu machen und zu diskutieren, dann wird auch ein gemeinsames Vorgehen „Ökobonus" realistisch.

5.5.5. Realpolitische Probleme

Ost- West

Im Osten Europas sind die alten Strukturen und Apparate zusammengebrochen. Völlig neue Organisationsformen müssen errichtet werden. Die politischen Führungen stehen damit vor der Aufgabe, den Wandel gleichzeitig in drei Richtungen zu organisieren: vom Totalitarismus zur Demokratie, von der Planwirtschaft zur Marktwirtschaft sowie von der Blockstruktur zur nationalen Eigenständigkeit. Für die Menschen in Mittel- und Osteuropa bedeutet der Gewinn der Freiheit in mancher Hinsicht auch einen Verlust von Sicherheit. Alle Bezugsgrößen ihrer materiellen Existenz - Beschäftigung, Löhne und Preise, Renten und Sozialleistungen - stehen zur Disposition. Die festgefügte Struktur der Gesellschaft ist zerbrochen und neue soziale Gruppen entstehen. Der Druck auf die neuen Regierungen wird dadurch zunehmen.[26]

In diesem Umfeld findet sich Österreich an der Grenze zwischen zwei grundlegend verschiedenen Systemen wieder. Während man im Westen die Konsumgesellschaft scheinbar nur noch durch ordnungspolitische Maßnahmen von ihrer Konsumwut befreien kann, herrscht in weiten Teilen des Ostblocks Armut und Organisationsmangel. Die alten Strukturen müssen verworfen werden, die neuen können auf dem umweltpolitisch zerstörten Boden nicht fruchten. Westeuropa kann nicht tatenlos zusehen, wie der östliche Teil leidet. Dazu sind auch die Verflechtungen - aber nicht nur die wirtschaftlichen, sondern vor allem die ökologischen - zu groß. Wir müssen also Systeme entwickeln, die gleichermaßen Wirkung zeigen: in Westeuropa restriktiv, in Osteuropa fortschrittlich. Die Geschwindigkeiten der Entwicklung müssen vorsichtig einander angepaßt werden.

Das trifft vor allem auf die durch unterschiedliche Währungsparitäten und Kaufkräfte entstandenen Preisunterschiede zu. Diese können nicht als systemgegeben toleriert werden, wenn sie zu sozialen Ungerechtigkeiten führen. So mag es den Anschein erwecken, daß die Einkaufsfahrt über die Grenze den Umsatz im Ostblock fördert. Letztlich aber bewirkt dieser Vorgang eine verstärkte Abhängigkeit der Oststaaten vom Ausland und durchlöchert die Chancen ein eigenes starkes Wirtschaftssystem aufzubauen. Die Abhängigkeiten sind relativ groß und mit jenen vergleichbar, welche in Österreich im Fremdenverkehr bestehen. Ähnliches gilt selbstverständlich für die Tankfahrten über die Grenze. Ein Ostblockland, welches sich nur mühevoll mit entsprechenden Mineralölmengen eindecken kann, hat wenig Freude, wenn der Umsatz wieder ins Ausland abfließt.

Öffentlicher Verkehr

Jeder spricht von der Attraktivierung des öffentlichen Verkehrs, doch keiner weiß, wie man diesen finanzieren soll. Dabei liegt das Problem gar nicht am öffentlichen Verkehr und dessen Angebot, sondern vielmehr in einer Mobilitätshysterie und falschen Preisen.

Viele Fahrten würden selbst wenn es eine ÖV-Alternative gäbe, weiterhin mit dem Auto zurückgelegt werden. Erst die Disponibilität des Autos macht das Fahren interessant. Dieses Phänomen wird auch der verbesserte ÖV nicht beseitigen können, solange nicht marktgerechte Preise bezahlt werden müssen.

Wäre dies der Fall, würde der ÖV auch aufgrund seiner prinzipiell besseren Kostenstrukturen attraktiver werden. Die Finanzierung des ÖV aus den Quellen des KV scheint allerdings nicht die richtige Lösung, denn dadurch würden sich zwar kurzfristig die Effekte - teurerer KV und finanzierter ÖV - herstellen lassen, doch muß langfristig mit extremen Einkommenseinbussen gerechnet werden. Dann aber läßt man dem KV-Kunden keine Chance mehr, als sein Auto zu benutzen. Was bliebe, ist ein möglicherweise durchaus attraktiver ÖV, der überhaupt nicht genutzt wird. Die Folge wäre ein weiterer Preisverfall des ÖV und damit wohl auch höhere Defizite als heute. Die Lösung kann hier nur Kostenwahrheit heißen.[27]

Preisniveaus

Auch wenn man die europäische Union als einen großen Wirtschaftsraum betrachtet, so setzt sich dieser Wirtschaftsraum aus mehreren Märkten zusammen. Diese Märkte sind die einzelnen europäischen Staaten. Bestehen nun aufgrund gewachsener Strukturen und der unterschiedlichen Wirtschaftssysteme unterschiedliche Preisparitäten, so führen diese zu typischen Marktverhalten, wie etwa den Treibstofftourismus (Tankflucht). Diese Verhalten wurden an anderer Stelle bereits beschrieben. Wesentlich ist aber, daß das System des Ökobonus auf Basis solcher Verhalten funktioniert: Veränderte Preise führen zu anderem Konsumverhalten.

Durch die in vielen kleinen europäischen Staaten unterschiedlichen Preisparitäten tritt das Ziel des Ökobonus in Konkurrenz mit dem Konsumverhalten. Die Wirkung des Ökobonus wird dementsprechend geringer sein.

5.5.6. Europa-Ökobonus

Die Lösung unterschiedlicher Preisdisparitäten heißt Eurobonus (Europa-Ökobonus). Die Einführung des Ökobonus in einem oder mehreren europäischen Staaten wird nur dann gelingen, wenn diese Preisdisparitäten ausgeglichen werden können. Dazu stehen drei Strategien zur Verfügung:

- Einführung des Ökobonus in einem europäischem Staat mit Hilfe eines Erfassungs- und Kontrollsystems an den Grenzen
- Gemeinsame Einführung eines Ökobonussystems unter Belassung der bestehenden Preisdifferenzen
- Gemeinsame Einführung des Ökobonus unter Ausgleich der bestehenden Preisdifferenzen

Die beiden ersten Lösungsvorschläge wurden im Rahmen dieser Studie ausführlich dargestellt. Im Rahmen der europäischen Union kann sich aber vor allem die Diskussion über den dritten Ansatz lohnen.

Preisdifferenzen bei Konsumgütern des täglichen Bedarfs verzerren den Wettbewerb. Und das vor allem dann, wenn diese Preise innerhalb Europas von Land zu Land unterschiedlich sind. Das wurde bereits anhand der Tankflucht-Problematik gezeigt. Diese Konsumströme (Benzin-, Zigaretten-, Nahrungsmittel-, oder Kleidungsanschaffung im benachbarten Ausland) fallen dann weg, wenn keine Preisunterschiede mehr bestehen. Das Ziel diese Preisunterschiede zu neutralisieren, ist unter anderem auch Ziel des gemeinsamen europäischen Marktes. Allerdings müssen in einem solchen Fall nicht nur die Produktionspreise, sondern auch die entsprechenden Steuern und Abgaben auf die Produktion und den Konsum der angebotenen Wirtschaftsgüter angepaßt werden.

Diese Anpassungen sind jedoch äußerst schwierig durchzuführen, da Europa aus einer Vielzahl von Staaten besteht, deren Finanzstrukturen nicht von heute auf morgen geändert werden können.

Mit dem Ökobonus kann aber eine Angleichung der Preisniveaus erreicht werden. Die EU setzt einen Standardpreis für ein Produkt fest: z.B. für

Treibstoff öS 20,- je Liter. Dieser Preis ergibt sich aufgrund der Marktpreise des Mineralöls und bestimmter ökologischer Anforderungen, wie etwa dem Toronto-Ziel. Aufgrund der Marktpreise des Rohstoffs Öl schwanken diese Preise, so wie sie sich auch jetzt laufend ändern.

Während der Preis somit europaweit gleich ist, gleichen die einzelnen Mitgliedstaaten, aber auch die Nachbarstaaten die Differenz zu den tatsächlichen Rohstoffpreisen zuzüglich der länderspezifischen Steuern durch die Einhebung eines Ökozuschlags aus. Dieser Ökozuschlag wird systemgemäß als Ökobonus am Jahresende ausgeschüttet. Aufgrund der in allen Ländern gleichen Verrechnungspreise erübrigen sich Grenzkontrollen und Erfassungsgeräte, da der Ökozuschlag über den Treibstoffpreis verrechnet wird. Jeder Einwohner ist animiert, vor dem Verlassen der Heimat sein Kraftfahrzeug vollzutanken, da der Ökozuschlag in jenen staatlichen Fonds fließt, aus dem er seinen Ökobonus ausbezahlt bekommt. Darüber hinaus erübrigen sich viele marktverzerrende Einkaufsfahrten über die Grenze, da der Anreiz wegfällt, Geld durch Tanken von billigem Sprit zu „sparen".

Tabelle 77: Europa-Ökobonus (Eurobonus)

	Ungarn	**Österreich**	**Italien**
Treibstoffpreis (inkl. Steuern)	8,- öS	10,- öS	15,- öS
Ökozuschlag pro Liter	12,- öS	10,- öS	5,- öS
Treibstoffpreis gesamt pro Liter	20,- öS	20,- öS	20,- öS
Ökonbonus pro Jahr und Bürger	7.800,- öS	6.500,- öS	3.250,- öS

Das Beispiel zeigt, wie sich die Gestaltung eines europäischen Ökobonus mit Ausgleich unterschiedlicher Preisparitäten des Produkts Treibstoff auswirkt. In jedem Land wird der gleiche Preis verrechnet. In Abhängigkeit von den Einkaufspreisen und den darauf erhobenen Steuern ist der Ökobonus je Bürger jedoch unterschiedlich.

Der bedeutendste Lösungsansatz liegt wohl in einer konstruktiven, sachlichen, durchaus aber auch emotional geführten Diskussion. Dabei gilt es die Vorteile und den Nutzen des Ökobonus in den Vordergrund zu stellen. Wie sich am jüngsten Beispiel in der BRD (Anfang 93) gezeigt hat, wo die Diskussion über Straßengebühren wieder einmal im Keim erstickt ist, macht es wenig Sinn unvorbereitet und farblos in die Diskussion um verkehrsspezifische Abgaben zu gehen.

Es gilt die Wahrheit - nämlich falsche Preise - zu betonen. Der Bürger muß erkennen können, warum er plötzlich höhere Kosten in Kauf nehmen muß, als er gewohnt ist. Solange das nicht publik gemacht wird, werden viele gute Lösungsansätze, wie der in Deutschland, von der Masse der Bevölkerung abgelehnt werden.

Zusammenfassung

- Der europäische Markt soll die Preise neu gestalten. Billig darf jedoch nicht mit „kostengünstig" gleichgesetzt werden, so daß sich auch die EU Kostenwahrheit zum Ziel gemacht hat.
- Der Ökobonus kann europaweit neue Preissignale setzen. Billige Verkehrskosten können preisbewußter dargestellt werden.
- Aufgrund der durch den Ökobonus gesetzten Preissignale müssen Unternehmen und Staatsverwaltungen vermehrt Umweltbilanzen erstellen. Diese machen die wahren Kosten transparent.
- In der Beziehung zwischen Ost und West kann der Ökobonus eine Brücke bauen, da er den öffentlichen Verkehr - das osteuropäische Verkehrsmittel - fördert und mit der Bonuszahlung wertvolle Kaufkraftstützungen einleitet.
- Eine europaweite Einführung des Ökobonus kann mit einer Preisausgleichsfunktion verbunden werden. Die Tankflucht und der Treibstofftourismus könnten so unterbunden werden.

5.6. Flugverkehr

Eine motorisierte Verkehrsform wurde in den Betrachtungen über den Ökobonus bisher ausgeklammert: Der Flugverkehr. Das hat mehrere Gründe. Das Flugzeug ist ein Verkehrsmittel, deren Schadstoffkomponenten noch wenig erforscht sind. Die Belastungen des Flugverkehrs sind territorial nur schlecht zuzuordnen und wirken zumeist global. Umgekehrt ist die Einhebung eines Ökozuschlags auf Flugtreibstoff in einem Land allein kaum möglich. Notwendig wäre internationales Vorgehen. Dennoch darf der Flugverkehr bei einer Gesamtbetrachtung des Ökobonussystems nicht vernachlässigt werden. Allein bei den zurückgelegten Personenkilometern beträgt der Anteil des Flugverkehrs in Österreich rund 5 %.[28]

Die Entwicklung des Flugverkehrs ähnelt stark jener des Autoverkehrs, sie erfolgt lediglich 30 Jahre danach. Auch im Kfz-Sektor galt es das Auto mit billigen Preisen durch Verdrängungswettbewerb (insbesondere durch Abbau des Konkurrenten „ÖV") zu etablieren. Straßen wurden öffentlich finanziert und Gelder wurden - weit über das durch die autoverkehrsspezifischen Abgaben erbrachte Steueraufkommen hinaus - aufgenommen. Die billigen Preise signalisierten ein „traumhaftes" Angebot. Die Nachfrage stieg dementsprechend und führte zu den bekannten Verkehrsproblemen.

Im Flugverkehr gibt es extreme steuerliche Begünstigungen, von denen vor allem die Befreiung von Flugbenzin von der Mineralölsteuer zu erwähnen ist. Auch die notwendige flugspezifische Infrastruktur wird teilweise aus staatlichen Kassen bereitgestellt. Kein Wunder also, daß die Preise im Flugverkehr fallen, während die Kosten (private und externe) aufgrund der starken Belastung des Flugraums weiter steigen. Aber die Preise signalisieren ein Überangebot. Die Nachfrage steigt daher deutlich. Die Folge davon sind überlastete Flugräume, Flughäfen und Abflughallen. Auch im Flugverkehr hat der Marktmechanismus aufgrund von Subventionen versagt.

5.6.1. Entwicklung des Flugverkehrs

Im Jahr 1992 blieb die Weltluftfahrt aufgrund billiger Preise tief in der Verlustzone. Die IATA-Jahresversammlung in Montreal hat einen Verlust der Fluggesellschaften im internationalen Linienverkehr von 2,6 Milliarden Dollar festgestellt. Unter Berücksichtigung dieser Rechnung hat der internationale Linienverkehr in vier Jahren (1990-1992 plus erwarteter Verlust 1993) mit einem kumulierten Verlust von rund 10 Mrd Dollar abgeschlossen.[29]

Die Regierungen schweigen sich über ihre Luftverkehrspolitik aus, sofern sie überhaupt eine definiert haben. Sie bestärken einerseits die Konsumenten in ihrem Glauben, daß die tiefstmöglichen Tarife auf rentablen

Strecken gleichzeitig und stets auch auf allen anderen Strecken angeboten werden sollten. Die Parallelen zu den Preisgestaltungsproblemen im öffentlichen Verkehr sind nicht zu übersehen, denn die durch steuerliche Begünstigungen ermöglichten billigen Flugpreise rentieren sich nur mehr bei gut ausgelasteten Flugzeugen und Flugstrecken. Doch wird mit aller Kraft versucht, sowohl die Preise weiterhin billig zu halten, als auch das bestehende Flugnetz und die Kapazität aufrechtzuerhalten.

Es ist ein Preiskampf der vor vier Jahren über dem Nordatlantik und Europa entbrannt ist. Nutznießer scheinen die Konsumenten zu sein. Doch steigern die günstigen Preise die Nachfrage - und das führt dann - wie im Auto- und öffentlichen Verkehr - zu weiteren Preissenkungen. Überstehen werden diesen Preiskampf nur wenige Großgesellschaften. Nicht überstehen wird diesen Preiskampf die Umwelt, denn die überhöhte Nachfrage und die damit verbundenen Fahrgaststeigerungen belasten zunehmend das gesamte Klima dieser Erde.

Und ein weiterer „Produktionsfaktor" wird diesen Preiskampf nicht überstehen: die Arbeitskraft. Das Einsparpotential des Flugpersonals liegt bei rund 5,6 Milliarden Schilling pro Jahr.[30] Durch diese Einsparungen vermindert sich zwar der Arbeitseinsatz, nicht hingegen die Flugverkehrsmenge. Das wahre Einsparpotential liegt aber nicht im Bereich der Arbeitskräfte, sondern in der Flugmenge. Wenn man bedenkt, daß seit Jahren die Atlantikflüge von keiner Gesellschaft kostendeckend geflogen werden - und das bei einer weitgehenden Befreiung des Flugpetroleums von der Mineralölsteuer -, dann kann die ökonomische Lösung dieses Kostenproblems nur in einer Einstellung des Flugbetriebs oder einer Preisanpassung enden.

Glaubt man den Prognosen, so muß bis zum Jahr 2000 mit einer Verdoppelung des Flugverkehrs gerechnet werden. Und das sowohl im Bereich des Passagier- und Frachtflugs. 1988 wurden in der zivilen Luftfahrt 4,4 Millionen Starts und Landungen durchgeführt, im Jahr 2000 sollen es Schätzungen zufolge rund 7,5 Millionen sein. Derzeit werden die zivilen Personentransporte von weltweit rund 9.000 Verkehrsflugzeugen bewältigt.[31] Aber die Auftragsbücher der Flugzeughersteller sind prall gefüllt. Schätzungen des amerikanischen Stanford Research Institute zufolge wird der Bedarf an neuen Flugzeugen in 20 Jahren bei 11.000 liegen. Gerade in Europa soll sich die Zahl der Passagiere von insgesamt 267 Millionen im Jahr 1988 auf 500 Millionen im Jahr 2000 nahezu verdoppeln.[32]

Diese Entwicklung gilt auch für Österreich. So verdoppelte sich von 1980 bis 1990 das Flugverkehrsaufkommen im kommerziellen Passagierflugverkehr. Auch 1991 und 1992 gab es jährliche Wachstumsraten von über 10 %.[33]

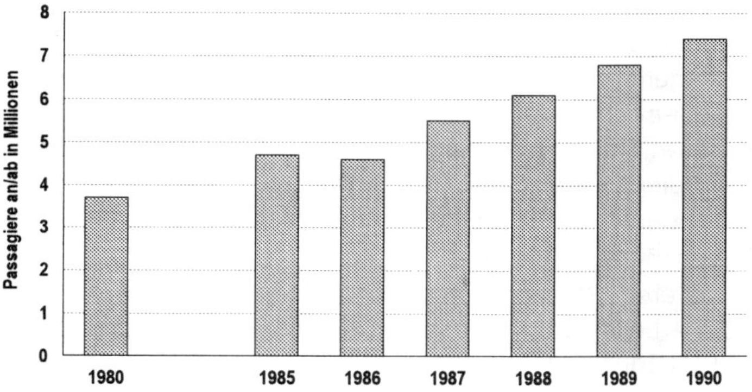

Abbildung 20: Kommerzieller Passagierflugverkehr in Österreich 1980 - 1990

5.6.2. Probleme des Flugverkehrs

Die Probleme des Flugverkehrs ergeben sich aufgrund der Umweltbelastungen, den zu niedrig verrechneten Preisen und einer ungenügenden Nutzenbetrachtung bzw. der geringen Kooperation mit alternativen Verkehrsformen.

Betrachtet man die Wünsche der Bevölkerung, so ergibt sich ein klares Bild. Aufgrund der Problematik des Flugverkehrs wünschen sich nur 8 % der Bevölkerung eine weitere Förderung des Flugverkehrs, während 57 % den Flugverkehr eher einschränken würden.[34] Das wird vor allem dann verständlich, wenn man bedenkt, daß nur wenige Österreicher direkt Nutzer des Flugverkehrs sind, wie etwa Geschäftsleute und Urlaubsreisende. Dabei sollte nicht übersehen werden, daß gerade im Frachtverkehr das Flugzeug immer häufiger eingesetzt wird. Dennoch: Es gilt die Skepsis der Bevölkerung gegenüber dem Flugverkehr zu beachten. Sie muß entscheiden, ob Güter mit Hilfe eines energieaufwendigen Transportmittels von weit her transportiert werden und damit die Umwelt belasten oder ob Alternativgüter produziert bzw. weniger transportintensiv bereitgestellt werden.

Der Vorteil des Flugverkehrs, weite Strecken relativ rasch zu bewältigen, ist - volkswirtschaftlich betrachtet - ein Nachteil. Denn während der Konsument mit Hilfe des Flugzeugs in kürzester Zeit die verschiedensten Städte und Länder auf dieser Welt erreichen kann, wird die Umgebung in kürzester Zeit mit hohen Emissionen belastet.

Kurzstreckenflüge, wie sie etwa in Europa in Mode gekommen sind, haben einen extrem hohen Energieverbrauch, da die Starts und Landungen der Flugzeuge letztlich die Treibstofffresser sind. Langstreckenflüge wiesen zwar einen besseren Treibstoffverbrauch je Personenkilometer auf, die hohe Belastung ergibt sich da aber aufgrund der weiten geflogenen Strecken.

Letztendlich sind es die günstigen Flugtarife, die, wie bereits in der Einleitung erwähnt wurde, zu einer viel zu großen Nachfrage geführt haben. Flugbenzin ist etwa von der Mineralölsteuer befreit. Der Absatz großer Mengen von Energie wird auch heute noch begünstigt, obwohl man sich längst schon im Klaren ist, daß das stark im Gegensatz zum Ziel „Energiesparen“ steht.

5.6.3. Flugverkehr und Ökobonus

Will man wirklich „Kostenwahrheit“ im Verkehr einführen, so führt im Flugverkehr kein Weg an der Zurechnung der externen Kosten vorbei. Bei einer Erhebung des Ökozuschlags auch für Flugpetroleum wird die Akzeptanz des Ökobonus verstärkt. Derzeit verzerren die verrechneten Preise die Verkehrsmittelwahl. So etwa ist bei längeren Distanzen, das Flugzeug oft die bessere Alternative. Das vor allem deshalb, da auch die Fahrzeitkosten berücksichtigt werden müssen. Und die sind beim Flugverkehr zumeist niedriger als bei den Alternativen „Fahrt mit dem Auto“ und „Fahrt mit der Bahn“.[35]

Der Ökozuschlag auf das Flugbenzin würde 1990 ein Aufkommen von öS 7,2 Mrd erbringen.

Verbrauch Flugpetroleum 1990	315.000 t
Dichte	0,800 kg / Liter
Literverbrauch 1990	393.750.000 Liter
Ökozuschlag	öS 18,20
Gesamtaufkommen Ökozuschlag	öS 7.166,250.000,-
Ökobonus pro Person	öS 929,-
Ökobonus bei Anpassung des Flugverkehrs	öS 604,-

Der Ökozuschlag könnte gerade im expandierenden Flugverkehr zu neuen Strategien und zu einem ökonomischeren Einsatz des Flugzeuges führen. Abschließend muß nochmals darauf hingewiesen werden, daß der Ökobonus im Flugverkehr nur bei einem gemeinsamen europäischen Vorgehen eingeführt werden kann. Ein Alleingang Österreichs ist unmöglich.

Zusammenfassung

- Derzeit ist der Flugverkehr viel zu billig. Diese Preise signalisieren ein Überangebot und führen zu einer hohen Nachfrage.
- Der Flugverkehr verbraucht wie der übrige motorisierte Verkehr Energie. Da er zu den externen Schäden beiträgt, sollte in einem ganzheitlichen Ökobonussystem auch Flugpetroleum mit einem Ökozuschlag verteuert werden.
- Das Flugverkehrsaufkommen in Österreich würde den Ökobonusfonds um rund öS 7,2 Mrd erhöhen. Berücksichtigt man eine Anpassung der Verkehrsmenge würde das Aufkommen noch immer öS 4,8 Mrd oder einen erhöhten Ökobonus von öS 604,- pro Person ausmachen.

5.7. Ökobonus im Umfeld verkehrspolitischer Instrumente

Der Ökobonus ist ein neues lenkungspolitisches Instrument im Verkehrssektor. Er ergänzt das bestehende Instrumentenbündel und kann entscheidend zur Optimierung bestehender und geplanter Maßnahmen beitragen. Es ergibt sich eine Wechselwirkung dahingehend, daß der Ökobonus andere Instrumente unterstützt, seine Wirkung aber auch erst in einem ausgewogenen Maßnahmenbündel entfalten kann. Unter diesem Bündel lassen sich die traditionelle Abgabenpolitik, die Ordnungspolitik, Road-Pricing, die Vergabe von Nutzungsrechten oder die Strukturpolitik aufzählen.

Viele dieser Maßnahmen werden bereits heute in bestimmter Form gesetzt. Einige in stärkerer Form, andere abgeschwächt. Anhand der Abgrenzung zu Road-Pricing, einer technischen Erfassung und Vorschreibung der Verkehrskosten, soll aufgezeigt werden, wo die kompetitiven Vorteile des Ökobonus liegen. Gerade Road-Pricing, welches auch auf das Verursacherprinzip aufbaut, ermöglicht eine ausführliche Analyse.

5.7.1. Road-Pricing

Wie die Diskussionen in der Schweiz bereits gezeigt haben, ist es wichtig, den Ökobonus im Umfeld der bestehenden oder geplanten Verkehrsfinanzierungen zu betrachten. Entscheidend ist dabei die Frage, inwieweit sich die lenkungspolitischen Ziele verschiedener Steuern und Abgaben mit jenen des Ökobonus überschneiden.

Gibt es also andere fiskalpolitische Maßnahmen (Steuern, Abgaben, Mauten etc.), die zu den selben Auswirkungen wie der Ökobonus führen, so tritt der Ökobonus quasi in Konkurrenz zu diesen.

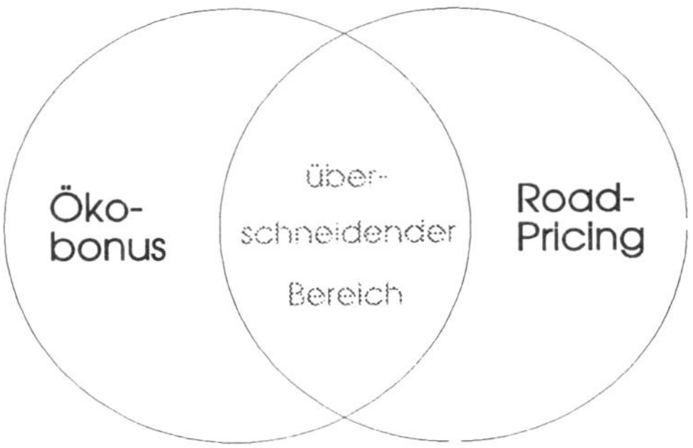

Abbildung 21: Ökobonus und Road-Pricing

Die Unterschiede von Ökobonus und Road-Pricing zeigen, daß der Ökobonus eine ergänzende Maßnahme in der Verkehrsgestaltung ist und sich sehr deutlich von Road-Pricing unterscheidet. Viele Ziele können unter Verwendung beider Maßnahmen besser bzw. überhaupt erst erreicht werden.

Unter Road-Pricing werden im weiteren Sinn alle verursachergerechten Straßengebühren verstanden, im engeren Sinn nur eine fahrleistungsabhängige, zeitlich und örtlich gestaffelte Straßenbenützungsgebühr.[36] Das Anforderungsprofil an Road-Pricing umfaßt einen umfangreichen Katalog, von dem vor allem „verursachergerecht" (fahr-, leistungs- und platzbedarfsabhängig), „aufkommensergiebig" und „regional und sozial gerecht" betont werden müssen.[37]

- fahrleistungsabhängig
- verkehrslenkend (verkehrspolitisch verträglich)
- verursachergerecht
- umweltschonend
- regional und sozial gerecht
- aufkommensergiebig
- national verträglich mit anderen Steuern (z.B. Umweltabgaben)
- hohe Akzeptanz
- international verträglich (nicht diskriminierend)
- praktikabel, geringe Verwaltungskosten
- rasch umsetzbar
- Möglichkeit zur Regionalisierung offen
- Möglichkeit zur privaten Finanzierung offen
- Berücksichtigung des höchstmöglichen technischen Standes

Der angeführte Katalog ist eine ziemlich erschöpfende Aufzählung und stellt die Anforderungen an ein marktwirtschaftliches und in der Öffentlichkeit akzeptiertes Road-Pricing dar. Grundsätzlich erfordert Road-Pricing Transparenz der Verkehrskosten, eine überschaubare Wegekostenrechnung und die Darstellung der natürlichen Rahmenbedingungen in Form von Ökobilanzen. Letztlich sind Einführungsvariante und Öffentlichkeitsarbeit wesentliche Kriterien für die optimale Wirkung von Road-Pricing.

5.7.2. Formen von Road-Pricing

Prinzipiell kann Road-Pricing funktional in Straßenbenützungsgebühren für den fahrenden und für den ruhenden Verkehr unterschieden werden. Räumlich differenziert man zwischen Road-Pricing in dicht verkehrsvernetzten Gebieten (Ballungsgebiete, Stadt) und auf überregionalen Strekken. Wesentliches Merkmal ist die Berücksichtigung von Knappheiten aufgrund des vorhandenen Angebots.

Tabelle 78: Komponenten von Road-Pricing

		FUNKTIONAL	
		Fahrend	**Ruhend**
RÄUMLICH	**Ballungs-gebiete**	z.B. Stadtmaut	z.B. Parkraumgebühren Garagentarife
	Regionale Strecken	z.B. Autobahnmaut	z.B. Tageskarten, Parkplätze

Road-Pricing umfaßt demnach eine Fülle von Maßnahmen, welche zeitlich und örtlich aufeinander abgestimmt, umgesetzt werden können. Einige dieser Maßnahmen sind bereits eingeführt worden. Andere wurden aus verschiedenen Gründen noch nicht umgesetzt.

Die Akzeptanz von Road-Pricing hängt von den gesetzten Maßnahmen und von der Zustimmung der Betroffenen - der Bevölkerung und den Wirtschaftsstrukturen - ab.

So wird eine zukünftige Entgeltsabrechnung für die Benutzung der Verkehrsinfrastruktur durch eine Erhöhung der Kilometerkosten (= Road-Pricing) mehrheitlich abgelehnt.[38] Autobahn- und Stadtmauten werden zwar eher akzeptiert, dieser verbesserte Akzeptanzeffekt ergibt sich jedoch aufgrund der Möglichkeit, den Mauten auszuweichen bzw. von der Bemautung überhaupt nicht betroffen zu sein. Der Kreis der Belasteten ist also kleiner.

Probleme ergeben sich bei nicht einheitlichem und alle erfassendem Road-Pricing. Die Verlagerung auf Nebenstraßensysteme, deren Benutzung den Straßenbenützern nicht verrechnet werden kann, ist die Folge. Der Wechsel auf alternative umweltschonendere Verkehrsformen wird weniger deutlich ausfallen und die Verkehrsvermeidung könnte durch Fahrten auf Umwegen komplett ausfallen, die Verkehrsleistung könnte sogar verstärkt werden. Das wäre aber kontraproduktiv.

5.7.3. Ziele von Road-Pricing

Es ist klar, daß sich das Anforderungsprofil, wie es eingangs angeführt wurde, nicht von selbst ergibt, sondern auf Basis bestimmter Ziele entwickelt wurde. Diese Ziele werden nun dargestellt, um danach mit den Zielen des Ökobonus verglichen zu werden:

- verursachergerechte Verkehrsfinanzierung
  (ökonomische Finanzierbarkeit ist nicht mehr gewährleistet)
- Erreichung von Kostenwahrheit im Straßenverkehr
- stärkere Variabilisierung von Straßen- und Verkehrsgebühren
- verkehrspolitische Lenkung über Marktpreise

Die Ziele sind wirtschaftswissenschaftlich weitestgehend anerkannt und fordern mehr Marktwirtschaft im Verkehr. Der Verkehr soll sich über ein neues Preisgefüge einerseits selbst finanzieren, andererseits soll er aber über Preiseffekte mit anderen, weil umweltfreundlicheren Verkehrsarten abgewickelt werden.

5.7.4. Ziele des Ökobonus

Die Ziele des Ökobonus sind in vielen Bereichen deckungsgleich mit jenen von Road-Pricing. So soll die Einhebung verursachergerecht sein, der Variabilisierung der Verkehrskosten dienen und vorwiegend lenkungspolitische Wirkungen zeigen.

Die wesentlichen Unterschiede liegen in der Verwendung der, durch den Ökozuschlag aufgebrachten Mittel und vor allem darin, welche Kosten über den Ökozuschlag internalisiert werden sollen. Sind es nämlich beim Road-Pricing die direkten durch das Straßensystem und dessen Erhaltung und Betrieb entstehenden Kosten, die den Verursachern angerechnet werden, so sind es beim Ökobonus vor allem jene Kosten, die indirekt verursacht werden und derzeit von den Staatsbürgern über andere Preise bezahlt werden (Unfälle, Lärm, Schadstoffbelastung). Diese Kosten können nur schwer quantifiziert werden und über entsprechende Road-Pricingsysteme den Verursachern angelastet werden. Hier stellt der Ökobonus mit seinem transparenten Umverteilungssystem die ideale Ergänzung eines ökonomisch orientierten Road-Pricing dar. Folgende Übersicht macht die wesentlichen Unterschiede deutlich:

	Ökobonus	**Road-Pricing**
Verursacherprinzip	erfüllt	erfüllt
Variabilisierung der Verkehrskosten	erfüllt	erfüllt
Territorialprinzip	erfüllt	erfüllt
Finanzierung der Straßen	nein	ja
Finanzierung direkt zurechenbarer Verkehrskosten	teilweise, über Marktpreise	ja
Anlastung von indirekten Kosten	ja	teilweise, über Umverteilungen
Systemverbesserung	über Nachfrageeffekte	über Angebotseffekte
Lenkungsziele	ja	nur untergeordnete Bedeutung
Kostenwahrheit	ja, indirekte Kosten	ja, direkte Kosten

Der Ökobonus überläßt systemgemäß die Gestaltung und Benutzung des Verkehrssystems den Marktkräften. Er steuert einerseits über Preise die Nachfrage nach KV und andererseits über geänderte Preisrelationen und die Ökobonusauszahlung die allgemeine Nachfrage nach Verkehr. Er internalisiert externe Kosten, verteilt die Einnahmen aber an die Bürger zurück, da sie nicht nur die Verursacher des Verkehrs, sondern vor allem die vom Verkehr Betroffenen sind.

Wie sich anhand des Road-Pricing zeigen läßt, ergänzt der Ökobonus die verkehrspolitischen Instrumente und steht in keiner Konkurrenz zu ihnen. Das gilt vor allem auch für die Ordnungspolitik, die den geregelten Rahmen für das Ökobonussystem gewährleisten muß. Das gilt aber auch für die Strukturpolitik, welche durch den Ökobonus positive Impulse erhält. So zeigt der Ökobonus Schwachstellen in unseren, vom billigen Verkehr geprägten, Strukturen auf.

Ein noch relativ junges Kapitel in der Abgabenpolitik ist die Vergabe von Nutzungsrechten. Diese sind eigentlich Verschmutzungsrechte und sollen, wie an der Börse, einen Markt für die Belastung der Luft, des Wassers und der Böden schaffen.

Abbildung 22: Finanzierung des Verkehrssystems

Auch zu Nutzungsrechten steht der Ökobonus in keiner Konkurrenz. Im Gegenteil: Er kann diese Markteigenschaften im Verkehrssektor bereits jetzt erfüllen. Sollte der Handel mit Nutzungsrechten - wer immer die Marktgröße auch festlegt - tatsächlich einmal Realität werden, d.h. daß sich alle externen Kosten quantifizieren und internalisieren lassen, so wäre es nur marktkonform, die Sinnhaftigkeit des Ökobonus neu zu diskutieren. Doch bis dahin ist noch ein weiter Weg. Vorerst kann der Ökobonus diese Marktfunktionen übernehmen.

Die private Finanzierung des Straßensystems ist heute nicht gegeben. Zu viele Ausgaben müssen über andere, sozial nicht gerechtfertigte Wege aufgebracht werden. Wie in Abbildung 22 dargestellt, müssen Road-Pricing und der Ökobonus noch eine Menge Aufgaben erfüllen, um wirklich zur Kostenwahrheit im Verkehr zu führen.

Zusammenfassung

- Der Ökobonus ist ein neues lenkungspolitisches Instrument im Maßnahmenbündel der Verkehrspolitik.
- Der Ökobonus internalisiert externe Kosten des Straßenverkehrs. Er verändert durch Ökozuschlag und Ökobonusauszahlung vor allem die Verkehrsnachfrage.
- Der Ökobonus ergänzt die bestehenden Maßnahmen der Verkehrspolitik, insbesondere jede Form von Road-Pricing
- Der Ökobonus und Road-Pricing sind Maßnahmen, die aufgrund der umweltpolitischen Lage sofort umgesetzt werden müßten. Dennoch findet sich eine breite Ablehnung in der Bevölkerung gegen eine Erhöhung von Kilometerkosten. Aufgrund der Transparenz des Ökobonussystems sind diesem deutlich bessere Einführungschancen einzuräumen. So kann der Ökobonus auch zum Wegbereiter für Road-Pricing werden.

---

1 Österreichisches Statistisches Zentralamt, nach: Tabelle 2.8. Personenverkehr in Österreich, Heft 856.

2 Konsumerhebung 1984, S 110, Verbrauchsausgaben nach Haushaltseinkommen in Schilling.

3 Zitiert nach Wüger, Michael, in: Monatsberichte 2/89 des WIFO, S 113, Prais - Houthakker, 1955, Glinsner, 1970.

4 Wüger, Michael, Neuere Tendenzen im Konsumverhalten, Eine Auswertung der Konsumerhebung 1984, in WIFO-Monatsberichte 2/89, S 113.

5 Österreichisches Statistisches Zentralamt, Pendlerstatistik Steiermark, Tab. 3 Beschäftigte nach Wohngemeinden, Arbeitsgemeinden und Geschlecht bzw. Pendelfrequenz, S 38.

[6] Arbeiterkammer Steiermark, Pendler nach Entfernungskategorien mit Landesauspendlern.

[7] vergleiche Puwein/ Bayer (1990), Umweltabgaben und Steuerreform, S 95.

[8] VCS - Verkehrsclub der Schweiz, Umwelt - Verkehr - Umkehr, (1991), S. 89

[9] vergl. CA-exclusiv 7/1992, Ökologisch orientiertes Bankmanagement, S 4.

[10] vergl. CA-exclusiv 7/1992, Ökologisch orientiertes Bankmanagement, S 4.

[11] vergl. „Ein Manifest über die zukunft Europas", Universität Mainz, 12/1992, S 3.

[12] Hummer, Waldemar, Transit, S95, Zürich 1990.

[13] Industriellenvereinigung, EG - Daten & Fakten, 1989, S 4.

[14] Hummer, Waldemar, Transit, S 114, Zürich 1990.

[15] ADAC, Mobilitätsprognose BRD, Werte 1982.

[16] Puwein, Wilfired, Wachstumspotentiale des Osteverkehrs, WIFO, Monatsberichte 4/90, S 201.

[17] EGmagazin, 5/1992, Otmar Lahodynsky, Verkehr im Stau, S 6.

[18] EGmagazin, 5/1992, Otmar Lahodynsky, Verkehr im Stau, S 7.

[19] EGmagazin, 5/1992, Dieter Schulte, Verzerrter Wettbewerb, S 9.

[20] ECONOMY, 5/90, Gütertransport, S32.

[21] Der Spiegel, 31/1990, Die Welt als Flohzirkus, S82.

[22] vergleiche EGmagazin, 5/1992, Dieter Schulte, Verzerrter Wettbewerb, S 10.

[23] APA-Meldung vom 12.8.1992, Busek für Steuererhöhung bei fossilen Brennstoffen.

[24] vergl. Jasch, Christine, Ökobilanzen als betriebliche Umweltinformationssysteme, S 2 ff.

[25] Arbeitsgruppe „Möglichkeiten und Probleme der Bewertung von Ökobilanzen, 2. Umweltsymposium der Jungen Industrie, 11/92.

[26] vergl. „Ein Manifest über die zukunft Europas", Universität Mainz, 12/1992, S 1.

[27] vergl. Novy, Peter, Mobilität - Steuern, S162 ff, Graz, 1993.

[28] Novy, Peter, Mobilität - Steuern, S 47, Graz, 1993.

[29] Tropper, Alfons, Entwicklungen im Luftverkehr, (Weltluftverkehr - europäische Entwicklung - regionaler Flugverkehr), Verkehrswissenschaftliche Gesellschaft für Steiermark, S.2., Graz, 1993.

[30] Tropper, Alfons, Entwicklungen im Luftverkehr, (Weltluftverkehr - europäische Entwicklung - regionaler Flugverkehr), Verkehrswissenschaftliche Gesellschaft für Steiermark, S.6., Graz, 1993.

[31] Umweltschutz 12/92, Am Himmel ist der Teufel los, S 9 ff.

[32] Matzen, Dirk, Tatort Himmel - Der Flugverkehr zerstört die Welt, 1992.

[33] Grafik: BMÖWV, Quelle ÖStZ, Zivilluftfahrt 1991, Abb. 4.4/1.

[34] Verkehrsclub Österreich, Verkehr - Vom Erkennen zum Handeln, S 13, Graz, 1991.

[35] aus Gewinn 12/91, S 76.

[36] Estermann, Gerold, in: „Das Geld liegt auf der Straße", Tagungskommentar zu: Straßenbenützungsgebühren in Europa, Graz, 1991.

[37] Estermann, Gerold, in: „Das Geld liegt auf der Straße", Tagungskommentar zu: Straßenbenützungsgebühren in Europa, Graz, 1991.

[38] Herry, Max, Road Pricing in Österreich: Wer will es? Akzeptanzuntersuchungen, Tagungskommentar zu: Straßenbenützungsgebühren in Europa, Graz, 1991.

6. Anforderungen

6.1. Rechtliche Anforderungen

Der Ökobonus muß ökonomisch und rechtlich in das bestehende Gesellschaftssystem passen. Der Ökobonus als lenkungspolitisches Instrument erfordert die Einführung eines leistungsbezogenen Ökobonus-Zuschlags (Ökozuschlags), die Einführung einer jährlichen Bonusauszahlung und entsprechende rechtliche Abgrenzungen zum Ausland.

6.1.1. Ökobonuszuschlag

Der Zuschlag, der in Form des Ökobonus wieder ausgezahlt wird, muß leistungsbezogen eingehoben werden. Alternativ bietet sich die Einhebung des Zuschlags über eine Erhöhung der Treibstoffpreise oder die Einhebung eines Zuschlags aufgrund der erfaßten Kilometer an.

6.1.1.1. Zuschlag auf den Treibstoffpreis

Der Zuschlag auf den Treibstoffpreis kann eine Abgabe sein. Diese Abgabe ist ähnlich wie die Mineralölsteuer eine Mengenabgabe und bleibt daher von der Höhe des Ölpreisniveaus unbeeinflußt. Die Einhebungsform einer Abgabe muß zweckgebunden sein, d.h., die aufgebrachten Mittel müssen in den Ökobonusfonds fließen.

Eine weitere Möglichkeit stellt die Einhebung einer Fondseinzahlung dar. Auch diese kann wie die Mineralölsteuer eingehoben werden, ist aber keine Abgabe, sondern eine Kapitaleinzahlung in den Ökobonusfonds.

Abgabe

Aus Sicht der Einkommensteuer stellt die Abgabe im Privatbereich Werbungskosten gemäß § 16 EStG und im betrieblichen Bereich eine Betriebsausgabe gem. § 4 (4) EStG dar. Für die Werbungskosten gelten die bestehenden Einschränkungen des § 16 (1) Zf 6 EStG, in dem geregelt ist, daß die Aufwendungen für Fahrten zwischen Wohnung und Arbeitsstätte nur eingeschränkt als Ausgaben anerkannt werden. Pendlerpauschale und amtliches Kilometergeld sind entsprechend neu zu kalkulieren.

Wie die Mineralölsteuer unterliegt auch der Ökobonuszuschlag gemäß § 1 (1) EStG der Umsatzsteuer. D.h., daß eine Abgabe von S 10,- eine erhöhte Mehrwertsteuer von S 2,- (20 % Ust) verursacht. Damit steht der Endverbraucher - und das sind die privaten Autonutzer - vor der Tatsache, bei einem Ökobonuszuschlag von S 10,- einen Mehraufwand von S 12,- je Liter Treibstoff leisten zu müssen. Im betrieblichen Bereich hat das keine Auswirkungen, da die Mehrwertsteuer einen Durchlaufposten darstellt.

Zwei gesetzliche Möglichkeiten können dieses steuerliche Problem lösen: a) Der Ökobonuszuschlag wird von der Mehrwertsteuer befreit. Das erfordert bei der Abrechnung von Treibstoffen einen gesonderten Ausweis der Bemessungsgrundlage (den Umsatz), der Umsatzsteuer an sich und des Ökobonuszuschlags (Umstellung der Fakturierung); b) Der Ökobonuszuschlag wird nicht von der Umsatzsteuer befreit. Der Zuschlag wird jedoch inklusive der eingehobenen Umsatzsteuer dem Ökobonusfonds gutgeschrieben. (Beispiel: Um einen Ökobonuszuschlag von S 10,- je Liter Treibstoff einzuführen, wird ein Basiszuschlag von S 8,33 eingeführt. Zusammen mit der darauf verrechneten Umsatzsteuer von S 1,67 fließen dann S 10,- in den Ökobonusfonds.)

Im Bereich der Mineralölsteuer ergeben sich keine Überschneidungen. Um Liquiditätsengpässe bei der Abfuhr der Steuer durch die einhebenden Unternehmen zu vermeiden, könnte die Mineralölsteuer in eine Mineralölsteuer I (die bestehende) und eine Mineralölsteuer II (der Netto Ökobonuszuschlag) geteilt werden. Aufgrund des hohen Liquiditätsbedarfes der Mineralölsteuer II könnte diese um einen Monat verspätet beim Finanzamt abgeführt werden.

Fondseinzahlung

Zahlen alle Fahrzeugbenutzer Beträge in einen Ökobonusfonds ein, so entspricht diese Einzahlung einer Kapitalveranlagung. Der Fonds müßte außerhalb der österreichischen Finanzgebarung wie ein Investmentfonds privatrechtlich verwaltet werden. Die Verwaltung und Führung von Investmentfonds ist im Investmentfondsgesetz geregelt (InvFG). Eine Befreiung von der Börsenumsatzsteuer im § 24 (3) InvFG wäre anzustreben.

Im Einkommensteuer-Gesetz sind Kapitaleinzahlungen in einen Fonds, dessen Fondsvermögen jährlich wieder ausgeschüttet wird, keine Werbungskosten, also auch keine Betriebsausgaben. Der Gesetzgeber müßte daher die Fondseinzahlung im Einkommensteuergesetz gesondert als Werbungskosten und als Betriebsausgabe anerkennen. Damit wäre eine volle Anrechnung der Ausgaben für Kfz-Verkehr, sofern dieser betrieblich veranlaßt ist, gewährleistet. Nichts ändern würde sich für die privaten Kosten der Fahrzeugnutzung. Diese waren schon bisher nicht als Ausgabe absetzbar (Kosten der privaten Lebensführung § 20 (1)).

Da es sich bei der Fondseinzahlung um eine Kapitalbewegung handelt, ist diese gemäß § 6 Pkt. 8 UStG von der Umsatzsteuer befreit. In diesem Fall müßten bei der Fakturierung von Treibstoffen die Umsatzsteuerbemessungsgrundlage, die Umsatzsteuer an sich und der Ökobonuszuschlag gesondert ausgewiesen werden. Das erfordert eine Umstellung der Fakturierung.

6.1.1.2. Kilometerzuschlag

Die zweite Möglichkeit der Einhebung des Ökobonus ist ein Zuschlag in Abhängigkeit der Kilometerleistung der Fahrzeuge. Diese Variante bietet die Möglichkeit fahrzeugspezifische Daten (Emissionen, Normverbrauch, etc.) bei der Berechnung der Abgabe zu berücksichtigen. Unbeeinflußt davon kann auch dieser Zuschlag als Abgabe oder als Fondseinzahlung definiert sein.

Abgabe

Im Bereich der Einkommensteuer ergeben sich keine Probleme, da die Abgabe voll als Werbungskosten und Betriebsausgabe anerkannt wird. Die Abgabe wird gesondert je Fahrzeug vorgeschrieben. Aufgrund der derzeit bestehenden Regelung können demnach entweder die amtlich festgelegten Kilometersätze oder die tatsächlich mit Fahrtenbuch nachgewiesenen Kosten als Ausgabe angesetzt werden. In den Kilometersätzen ist die Abgabe pauschal enthalten (unabhängig von der Fahrzeugtype). Werden die tatsächlichen Kosten abgesetzt, muß der in der Abrechnung ausgewiesene Abgabensatz je gefahrenem Kilometer verrechnet werden.

Die Abgabe ist nicht Umsatzsteuer-pflichtig, da der kilometerabhängigen Abgabe keine Lieferung und Leistung im Sinne des § 3 UStG gegenübersteht.

Im Bereich der Mineralölsteuer ergeben sich bei dieser Variante keine rechtlichen Probleme.

Fondseinzahlung

Wie der Treibstoffzuschlag kann auch der Kilometerzuschlag als Fondseinzahlung ausgelegt werden.

Im Bereich der Einkommensteuer gilt dasselbe wie bei der Einhebungsform des Zuschlags in Form einer Abgabe. Aus einkommensteuerlicher Sicht sind Kapitaleinzahlungen in einen Fonds, dessen Fondsvermögen jährlich wieder ausgeschüttet wird, keine Werbungskosten und daher auch keine Betriebsausgaben. Der Gesetzgeber müßte daher die Fondseinzahlung im Einkommensteuergesetz gesondert als Werbungskosten und als Betriebsausgabe anerkennen. Damit wäre eine volle Anrechnung der Ausgaben für Kfz-Verkehr, sofern dieser betrieblich veranlaßt ist, gewährleistet.

Die Fondseinzahlung unterliegt keiner Mehrwertsteuer und kann auch unabhängig von der bestehenden Mineralölsteuer eingeführt werden.

Erfassung

Die Erfassung der geleisteten Kilometer muß über ein neues Gesetz abgesichert werden. Da die Abgabe von der Fälschungssicherheit der Erfassungsgeräte und den korrekten Angaben des Benutzers abhängig ist, besteht ein verstärkter rechtlicher Handlungsbedarf. Dieser umfaßt folgende Bereiche:

1. Gesetz über die Pflicht der Erfassung der Kilometerleistung von motorisierten Fahrzeugen.
2. Aufzählung der betroffenen Fahrzeugtypen.
3. Art und Weise der Erfassung (Radumdrehungszähler, elektronische Erfassung, Plombierung, Wartung, etc.)
4. Meldepflicht (Weiterleitung an die Behörde, Meldezeitraum, etc.)
5. Verwaltungsorgane (Bund, Land, Gemeinde, etc.)

6. Einhebungsform der Abgabe (Vorschreibung, Mahnung, Sanktionen bei Nichtbezahlung, etc.)
7. Ausnahmeregelung für ausländische Fahrzeuge.
8. Übergangsbestimmungen und Durchführungserlässe.

6.1.1.3. Gegenüberstellung der beiden Varianten

Im Bereich des Ökobonuszuschlags besteht für die vier diskutierten Varianten folgender rechtlicher Handlungsbedarf:

	Treibstoffzuschlag		Kilometerzuschlag	
	Abgabe	**Fonds-einzahlung**	**Abgabe**	**Fonds-einzahlung**
Einkommensteuer	☑	☒	☑	☒
Umsatzsteuer	☒	☑	☑	☑
Mineralölsteuer	☒	☒	☑	☑
Kilometererfassung	☑	☑	☒	☒

☑ kein Handlungsbedarf ☒ rechtlicher Handlungsbedarf

Die Gegenüberstellung zeigt, daß die Variante, den Ökobonuszuschlag über den Treibstoff einzuheben, in einigen bestehenden Gesetzen Anpassungsbedarf verursacht, während die Verrechnung des Zuschlags über die gefahrenen Kilometer wenig Änderungen in bestehenden Gesetzen erfordert. Die Erfassung und Abwicklung des Kilometerzuschlags macht jedoch ein eigenes Gesetz erforderlich.

6.1.2. Auszahlung des Ökobonus

Der Öko-"Bonus" ist eine Auszahlung, die die Kaufkraft erhält und alle Österreicher gleichermaßen für die durch den Verkehr erlittenen Nachteile entschädigt. Neben der steuerrechtlichen Betrachtung geht es darum, wer die Empfänger der Ökobonusauszahlung sind. Erst danach können steuerrechtliche Aspekte und die Form der Auszahlung dargestellt werden.

Bei der Auszahlung müssen auch die Verwaltungskosten abgezogen werden. Unter den Verwaltungskosten sind die Kosten für die Einhebung des Kapitals (Ökozuschlag, Abgabe oder Einzahlung) und die Verwaltungskosten für den Ökobonusfonds zu erfassen.

6.1.2.1. Empfänger des Ökobonus

Der Ökobonus ist eine Ausgleichszahlung, die von den Verursachern an die von den Verkehrswirkungen Betroffenen geleistet wird. Der Ökobonus soll daher an alle Bewohner Österreichs ausgezahlt werden. Bewohner Österreichs sind all jene Personen, welche sich vorwiegend in Österreich aufhalten. Diese Regelung, welche dem Einkommensteuergesetz entnommen ist, wird genauer in der Bundesabgabenordnung § 26 geregelt:

> **§26. (1) BAO** Einen Wohnsitz im Sinn der Abgabenvorschriften hat jemand dort, wo er eine Wohnung innehat unter Umständen, die darauf schließen lassen, daß er die Wohnung beibehalten und benutzen wird.
>
> **§26. (2) BAO** Den gewöhnlichen Aufenthalt im Sinn der Abgabenvorschriften hat jemand dort, wo er sich unter Umständen aufhält, die erkennen lassen, daß er an diesem Ort oder in diesem Land nicht nur vorübergehend verweilt. Wenn Abgabenvorschriften die unbeschränkte Abgabepflicht an den gewöhnlichen Aufenthalt knüpfen, tritt diese jedoch stets dann ein, wenn der Aufenthalt im Inland länger als sechs Monate dauert. In diesem Fall erstreckt sich die Abgabepflicht auch auf die ersten sechs Monate. Das Bundesministerium für Finanzen ist ermächtigt, von der Anwendung dieser Bestimmung bei Personen abzusehen, deren Aufenthalt im Inland nicht mehr als ein Jahr beträgt, wenn diese im Inland weder ein Gewerbe betreiben noch einen anderen Beruf ausüben.

Diese Regelung, welche sich an die bestehenden Abgabengesetze anlehnt, ist relativ leicht umzusetzen. Der Empfängerkreis umfaßt somit alle Personen, die sich in einem Jahr länger als sechs Monate in Österreich aufhalten. Auch die Auszahlung an minderjährige Empfänger kann über die Abgabengesetze geklärt werden. So ist im Einkommensteuergesetz der Alleinverdiener nachzuweisen und für den Empfang der Familienbeihilfe die Anzahl der im Haushalt lebenden Kinder.

Zur Kontrolle kann auch eine Abstimmung mit den gemeldeten Personen in Österreich erfolgen. Eine weitere Abstimmungsmöglichkeit ergibt sich mit Hilfe der Wählerevidenzliste.

§ 57 (2) EStG „Alleinverdiener ist ein Arbeitnehmer, dessen von ihm nicht dauernd getrennt lebender unbeschränkt steuerpflichtiger Ehegatte, sofern er mindestens ein Kind hat, Einkünfte von höchstens 40.000 S jährlich, sonst Einkünfte von höchstens 20.000 S jährlich erzielt."

§ 106 EStG Als Kinder im Sinne dieses Bundesgesetzes gelten Kinder, für die dem Steuerpflichtigen oder dem nicht dauernd getrennt lebenden Ehegatten Familienbeihilfe aufgrund des Familienlastenausgleichsgesetzes 1967 oder eine gleichartige ausländische Beihilfe im Sinne des § 4 des Familienlastenausgleichsgesetzes 1967 gewährt wird.

6.1.2.2. Steuerliche Aspekte

Die Auszahlung und Zuweisung des Ökobonus erfolgt einmal jährlich. Das verstärkt den Belohnungseffekt bzw. das Gefühl einen bestimmten Entschädigungsbetrag für die belastende Umweltqualität zu erhalten. Diese Auszahlung ist grundsätzlich einkommensteuerpflichtig.

Im Bereich der Einkommensteuer zählt der Ökobonus zu den sonstigen Einkünften gemäß § 29 EStG. Während der § 41 EStG für Personen mit Einkünften aus nicht selbständiger Arbeit einen (einschleifenden) Freibetrag von S 10.000,- vorsieht, wäre bei allen anderen Einkunftsarten der Ökobonus voll steuerpflichtig. Der Ökobonus soll aber nicht in das bestehende Steuersystem eingreifen und soll auch nicht durch dieses vermindert werden.

Die Zuweisung kann entweder wie die Zuweisung einer Bausparprämie (§ 108 EStG) als Steuergutschrift erfolgen oder als Auszahlung eines Anteils am Ökobonusfonds. Diese steuerliche Behandlung garantiert, daß die Auszahlung nicht steuerpflichtig ist. Die in einem Ökobonusfonds erwirtschafteten Finanzerträge werden bereits im Fonds versteuert (Endbesteuerung 22 % Kapitalertragssteuer).

Die Auszahlung ist nicht Umsatzsteuer-pflichtig, da es sich um keine Lieferung und Leistung im Sinne des UStG handelt.

6.1.2.3. Auszahlungsform

Rechtlicher Handlungsbedarf besteht auch bei der Auszahlung des Ökobonus. Die Auszahlung soll einmal jährlich erfolgen, um die Verwaltungskosten so niedrig wie möglich zu halten. Andererseits ergeben sich auch bei der Zinsabrechnung des Fonds keine Probleme. Psychologisch scheint eine jährliche Ausschüttung deshalb vernünftig, da sie transparent ist, einen angemessenen Bonusbetrag verspricht. Vor allem aber könnten die Mehrkosten durch den Ökozuschlag nicht durch laufende Bonusausschüttungen abgedeckt werden. Das würde nämlich die Idee und das System aushöhlen.

Der Ökobonusfonds wird mit 31.12. jeden Jahres abgerechnet. Die Zinserträge sind abzugrenzen und die Verwaltungskosten dem Fonds anzulasten. Der Ökobonus kann auf mehrere Arten zur Auszahlung kommen. Unabhängig von der Auszahlungsform gilt es sicherzustellen, daß nur Berechtigte den Ökobonus zugewiesen bekommen. Dieser Nachweis ist von den Empfängern zu erbringen, kann aber an andere Nachweisformen (Steuerrechtliche Merkmale, Meldewesen, Wählerevidenz, etc.) gekoppelt sein, wodurch sich die Verwaltung bei der Auszahlung vereinfacht.

Der <u>Scheck</u> ist ein traditionelles Auszahlungsinstrument. Der Vorteil liegt in einer einfachen Vorbereitung und Verwaltung. Jeder Empfänger kann sich nach erbrachtem Nachweis „seinen" Scheck zusenden lassen. Bei postalischer Zusendung ist ein Verrechnungsscheck zu empfehlen, der nur auf Girokonten gutgeschrieben werden kann.

Die <u>Überweisung</u> des Ökobonus aus dem Ökobonusfonds ist verwaltungstechnisch die einfachste Möglichkeit. Allerdings muß sichergestellt sein, daß jeder Empfänger über ein Girokonto verfügt. Ergänzend könnte die Auszahlung über die Post erfolgen. Die Erfassung aller Girokonten ist jedoch aufwendig, aber durchaus dem Stand der Technik entsprechend. Problem macht eher die aufwendige Wartung der Girokontendatei, da die Auszahlung nur einmal jährlich erfolgt.

Eine weitere relativ einfache Methode den Ökobonus an den Empfänger zu bringen, ist die <u>Barauszahlung</u>. Diese kann entweder direkt bei Nachweis der Empfangsberechtigung oder standardisiert an die bekanntgegebene Adresse erfolgen. Da jedoch der Ökobonus für alle Geschädigten in etwa zum selben Zeitraum ausbezahlt werden soll und die Bonushöhe weit über tausend Schilling liegen dürfte, muß auf das Sicherheitsrisiko der Auszahlung hingewiesen werden.

Der Ökobonus kann auch über die Einkommensteuer zugewiesen werden (z.B. Absetzbetrag). Aufgrund seiner Höhe und der Tatsache, daß nicht jeder Österreicher Einkommensteuer entrichtet, müßte ähnlich wie beim Kinderabsetzbetrag eine negative Einkommensteuer zur Auszahlung gelangen. Nicht Einkommenssteuerpflichtige müßten über einen anderen Auszahlungsmodus erreicht werden.

Die Gutschrift des Ökobonus auf die Steuernummer ist verwaltungstechnisch die sauberste Lösung. Voraussetzung ist, daß jeder Österreicher eine Steuernummer hat (ähnlich wie bei der Sozialversicherung). Da das derzeit noch nicht annähernd der Fall ist, bleibt die Gutschrift über die Steuernummer derzeit noch eine Vision.

Die Auszahlung des Ökobonus wird vor allem in den ersten Jahren nur durch ein Mischsystem der dargestellten Varianten gewährleistet sein. Jene, die ein Girokonto haben, werden ihren Ökobonus auf dieses überwiesen haben wollen und keine Barauszahlung wünschen. Auf der anderen Seite werden genug Österreicher gerade einer Barauszahlung, aber auch einer Auszahlung mittels Scheck den Vorzug geben. Mit der Auszahlung könnten aber auch staatliche Interessen, wie die finanzielle Erreichbarkeit jedes Staatsbürgers gefördert werden.

Zusammenfassung

- Die rechtlichen Adaptionen sind bei den beiden untersuchten Varianten - Ökozuschlag als Treibstoffpreiszuschlag oder kilometerleistungsabhängige Vorschreibung - unterschiedlich.
- Der Ökozuschlag auf den Treibstoffpreis erfordert mehrere rechtliche Anpassungen, während die Erhebung über die Kilometerleistung ein eigenes Gesetz über die Erfassung und Abrechnung erforderlich macht.
- Den Ökobonus erhalten all jene Personen, die sich gewöhnlich in Österreich aufhalten oder ihren Wohnsitz in Österreich haben.
- Die Auszahlung erfolgt direkt an den Ökobonus-Bezugsberechtigten und muß klar geregelt sein.

6.2. Technische Anforderungen

Der Ökobonus erfordert Erfassungs- und Kontrollgeräte, um den Verbrauch von in Österreich verfahrenem Treibstoff bzw. von in Österreich zurückgelegten Kilometern zu überprüfen. Diese Geräte sind notwendig, um etwaige Manipulationen und Verfälschungen zu unterbinden, die zu einer zusätzlichen finanziellen Belastung derer führen würden, die wenig oder gar nicht mit dem privaten Kraftfahrzeug fahren.

6.2.1. Einhebung über den Treibstoffpreis

Beim Ökobonus kann die Einhebung des Ökozuschlags über den Treibstoffpreis erfolgen. Für jeden in Österreich getankten Liter wird der Treibstoffpreis zuzüglich des Ökozuschlags verrechnet. Da der Ökobonus nach dem Territorialprinzip einzuheben ist, ist es irrelevant, ob der Treibstoff von in Österreich oder im Ausland zugelassenen Fahrzeugen getankt wird. Es ist daher nicht notwendig beim Ökobonus ein Erfassungsgerät am Fahrzeug zu entwickeln.

Anders sieht die Situation bezüglich der Kontrolle aus. Ein teurer Treibstoffpreis führt dazu, daß jeder versuchen wird, seine Treibstoffkosten zu reduzieren. Dies kann nun einerseits dadurch erreicht werden, daß man weniger fährt (dies entspricht der Idee des Ökobonus), andererseits aber auch dadurch, daß man billigeren Treibstoff im Ausland tankt. Nach Einführung des Ökobonus werden daher viele Autofahrer versuchen, ihre Treibstoffkosten durch Treibstofftourismus zu verringern, da durch die höhere Preisdifferenz zwischen Österreich und dem Ausland die Entfernung, innerhalb der der Treibstofftourismus rentabel ist, zunimmt. Eine solche Einfuhr von billigerem und nicht mit dem Ökozuschlag behafteten Treibstoff geht vor allem zu Lasten derer, die überhaupt kein Auto haben oder ihr Fahrzeug maßvoll einsetzen oder immer in Österreich tanken.

Der Ökobonus sieht deshalb vor, daß Österreich nur mit vollgetankten Autos (max. 10 Liter Leervolumen im Tank) verlassen werden darf. Damit wird gewährleistet, daß für die in Österreich gefahrenen Kilometer oder zumindest einen Großteil davon, auch der Ökozuschlag entrichtet wird.

Um eine solche Vorschreibung auch wirkungsvoll überprüfen zu können sind Meßgeräte erforderlich, die eine rasche Feststellung des Leervolumens im Tank ermöglichen.

Das Leervolumen ist die direkteste Messung, um den Tankinhalt zu bestimmen[1]. Durch die Messung von Druck, Flüssigkeitsmenge oder Niveau, wird entsprechend dem Fahrzeugtyp das Leervolumen berechnet. Die Leervolumenmessung kann mit der Impedanzmessung des Schalldrucks erfolgen.

Der Einsatz des Leervolumenmeßgerätes erfolgt in Ergänzung zum mobilen „Tankwagenkonzept". Die Meßpistole wird dabei am geöffneten Einfüllstutzen dicht angesetzt und an einer Konsole wird der Fahrzeugtyp eingegeben. Anschließend wird mit einem Knopfdruck an der Meßpistole eine Messung ausgelöst. Nach etwa 10 Sekunden leuchtet eine der 3 Anzeigelampen (weniger als 10 Liter, mehr als 10 Liter oder Fehlmessung) auf der Anzeige auf. Bei der Anzeige „mehr als 10 Liter" muß das Fahrzeug zur stationären Kontrolle und der Wagen wird vollgetankt. Sollten mehr als 10 Liter nachfüllbar sein, so müssen finanzielle Sanktionen gesetzt werden.

Die Kontrollgeräte kosten in der Anschaffung ca. öS 800.000,-, die Zuverlässigkeit liegt über 95 % und die Entwicklungs- und Bauphase muß mit zwei Jahren geplant werden. Die reine Meßzeit pro Fahrzeug sollte zwischen 10 und 20 Sekunden liegen.

6.2.2. Erfassung der gefahrenen Kilometer

Sollte die Ökobonusabgabe über gefahrene Kilometer erhoben werden, wie dies beim fahrleistungsabhängigen Ökobonus vorgesehen ist, gibt es mehrere theoretische Möglichkeiten zur Erfassung der gefahrenen Kilometer:[2]

a) <u>Selbstdeklaration:</u> Für jedes Fahrzeug werden die ökozuschlagspflichtigen Kilometer vom Fahrzeughalter anhand des Kilometerstands am Tachometer errechnet und der zuständigen Verrechnungsstelle mitgeteilt. Hier gibt es allerdings zu viele Manipulationsmöglichkeiten.

b) <u>Radumdrehungszähler:</u> Dieser wird in den skandinavischen Ländern (Schweden, Norwegen, Island) zur Besteuerung von Dieselfahrzeugen verwendet. Bei diesem System werden die zurückgelegten Kilometer zusätzlich mit Hilfe des Radumdrehungszählers ermittelt.

c) <u>Plombierter Kilometerzähler:</u> Diese Technik wurde in Schweden vor der Einführung des Radumdrehungszählers angewendet. Sie eignet sich bei mechanischen Kilometerzählern. Die heute überwiegenden elektronischen Kilometerzähler können jedoch nicht plombiert werden, so daß Manipulationen möglich sind.

d) Elektronische Neuentwicklungen: Obwohl diverse Meßgeräte schon auf dem Markt oder in Entwicklung sind, kann heute noch kein Gerät den Ansprüchen genügen. Einerseits ist die Manipulierbarkeit relativ groß, andererseits würden Probleme beim Einbau in Altfahrzeuge entstehen.

Aus all diesen Varianten stellt der Radumdrehungszähler die einzige anwendungs- und marktreife Form zur Erfassung der gefahrenen Kilometer dar. Er weist einen Durchmesser von 55 mm auf mit einem Gewicht von 250 g und wird beim Personen- und Lieferwagen direkt außen auf der Achsnabe montiert. Eine spezielle Halterung garantiert die Fixierung, so daß eine Entfernung nur möglich ist, wenn die Halterung zerstört wird. Mit Hilfe eines nicht magnetischen Pendels werden die Achsdrehungen gezählt.

Die Ablesung der Drehungen erfolgt je nach Gerät mechanisch (Abstempelung eines Druckwertes) oder elektronisch (mit Handcomputer). Auf dem Ausdruck sind der Stand der Achsdrehungen sowie eine Registriernummer (Geräte-Nummer) ersichtlich. Bei der elektronischen Ablesung könnten auch zusätzliche Daten gespeichert werden.

Der Preis für den mechanischen Zähler beträgt für Personen- und Lieferwagen inkl. Halterung ca. 4.000,- öS (+ rund 300,- öS für den Einbau). Der Preis des elektronischen Zählers dürfte geringer sein. Das dort zusätzlich notwendige Handelsgerät (zur Ablesung durch die Behörden) kostet ca. 4.000,- bis 8.000,- öS.

Das Hauptproblem bei der Verwendung von Radumdrehungszählern liegt darin, daß die Montage bei Altfahrzeugen (Nachrüstung) teilweise nur nach Anpassung bzw. teilweise überhaupt nicht möglich ist. Da die Einführung dieser kilometerabhängigen Ökobonus-Variante nur dann sinnvoll ist, wenn die Fahrzeuge aller Abgabenpflichtigen mit einem Radumdrehungszähler ausgestattet sind, wiegt dieses Problem besonders schwer. In der Schweiz wurde deshalb ein Feldversuch[3] durchgeführt, der Aufschluß darüber geben soll, wie groß der Anteil der Fahrzeuge ist, die nur durch eine zusätzliche Anpassung oder überhaupt nicht nachgerüstet werden können.

Die Frage der Montierbarkeit wurde dabei nach verschiedenen Kriterien beurteilt, da Probleme insbesondere in folgenden Bereichen auftreten können: a) Die Bohrung auf der Achsnabe für die Halterung bietet Probleme, was im Extremfall dazu führt, daß die Halterung nicht befestigt werden kann. Die Achse müßte ausgewechselt werden und das hätte zusätzliche Anpassungskosten zur Folge; b) Die Auflagefläche der Halterung ist ungeeignet. Auch dies führt dazu, daß die Halterung im Extremfall nicht mehr befestigt werden kann; c) Eine neue (in Schweden noch nicht existierende) Halterung muß konstruiert werden: Dies ergibt meist keine technischen Probleme. In einzelnen komplexeren Fällen können Mehrkosten resultieren; d) Der Raddeckel müßte aufgefräst werden bzw. ist nicht mehr montierbar. Diese Mehrkosten dürften bei einem großen Fahrzeugpark nicht ins Gewicht fallen. Zu erwähnen ist eher der ästhetische Aspekt; e) Die Einbauposition steht über den Reifenrand bzw. die Karosserie heraus. Dies bietet Sicherheitsprobleme für die Zähler (z.B. Beschädigung beim Einparken sowie Sicherheit für andere Verkehrsteilnehmer). Problematisch ist es vor allem dann, wenn die Einbauposition über die Karosserie hinausragt. Eine Anpassung der Ausrüstungsvorschriften müßte als unverhältnismäßig angesehen werden; f) Die Felgenbohrung ist zu klein oder keine Bohrung ist vorhanden. Bei kleinen Abweichungen ist allenfalls eine Ausbohrung möglich, sonst müßte in Zusammenarbeit mit dem Hersteller eine neue Felge ausgewählt werden, was zu Mehrkosten in der Größenordnung von 4.000,- bis 6.000,- öS führt. Die Felgenvielfalt in Österreich ist außerordentlich groß; jeder Jahrgang pro Fahrzeugtyp kann mit einer anderen Felge ausgerüstet sein.

Die Untersuchung hat ergeben, daß bei 42 % der Personenwagen eine Nachrüstung mit einem Radumdrehungszähler nicht und bei 50 % nur nach Anpassung möglich ist. Bei den Lieferwagen können 16 % nicht und 60 % nur nach Anpassung nachgerüstet werden.

Die wesentlichsten Probleme ergaben sich durch die Größe (Durchmesser) der Zähler. Dies kommt einerseits bei den Felgen zum Ausdruck, die oft eine zu geringe oder keine Bohrung aufweisen und andererseits ragt der Zähler über die zulässige Fahrzeugbreite hinaus.

Anschließend wurden die aus dem Feldversuch ermittelten Werte bezüglich des Fahrzeugalters auf den gesamten Fahrzeugpark der Schweizer bezogen.

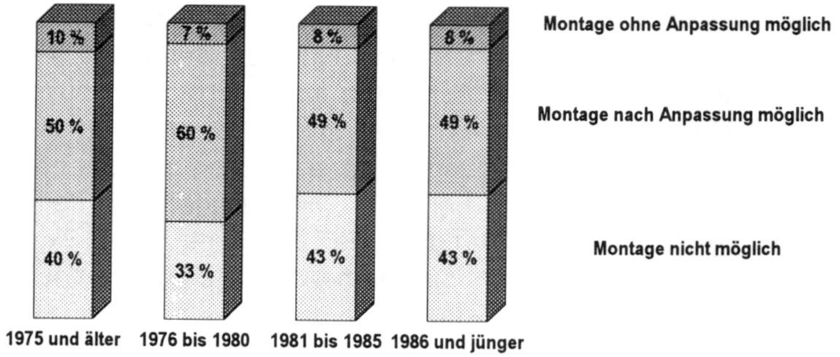

Abbildung 23: Einbaubarkeit von Radumdrehungszählern (Schweizer Fuhrpark)

Der Feldversuch in der Schweiz hat gezeigt, daß bei gut 40 % des bestehenden Fahrzeugparks der Einbau der gängigen Modelle des Radumdrehungszählers nicht möglich ist. Zudem existiert keine Technologie zur Erfassung der Kilometer bei Motorrädern. Die Hauptprobleme liegen bei den Felgen und der Einbauposition. Während bei den Felgen der Prozentsatz durch gewisse Maßnahmen (Verbieten von Sonderfelgen, Ausbohrung der Felgen wenn möglich, Felgenersatz) theoretisch gesenkt werden könnte, sind die Zusatzkosten ab einem gewissen Punkt unverhältnismäßig hoch. In denjenigen Fällen, wo der Zähler über die Karosserie herausragt, müssen die Möglichkeiten als unbefriedigend und unverhältnismäßig betrachtet werden.

Diese Beurteilung beruht auf dem Stand der Technik von Mitte 1991. Grundsätzlich läßt sich argumentieren, daß bei einem Marktpotential von rund 3 Millionen Pkw ein entsprechendes und kostengünstiges Erfassungsgerät entwickelt werden könnte. Das Problem in diesem Bereich besteht jedoch darin, daß eine Marktnachfrage (wegen des engen Anwendungspotentials) nur mit einem politischen Entscheid ausgelöst werden kann.

Zusammenfassung

- Die Erfassung und Kontrolle der Einhebung des Ökozuschlags erfordert einige technische Geräte. Diese sind je nach Einhebungsform unterschiedlich.
- Bei der Einhebung des Ökozuschlags über den Treibstoffpreis muß der Tankinhalt an der Grenze kontrolliert werden. Dieser kann mit einem Gerät, welches das Leervolumen des Tanks mißt, festgestellt werden.
- Bei der Einhebung des Ökozuschlags über die Kilometerleistung müssen neben den fahrzeugspezifischen Daten vor allem die gefahrenen Kilometer festgestellt werden. Das kann mit Radumdrehungszählern, oder elektronischen Meßgeräten erfolgen. In jedem Fall ist nach einer Entwicklungs- und Testphase mit erheblichen Erfassungskosten zu rechnen.

6.3. Erfassung und Kontrolle

Der Ökobonus verteuert die variablen Kosten des motorisierten Verkehrs. Diese Verteuerung muß transparent sein, um die lenkungspolitischen Wirkungen des Ökobonus zu erreichen. Diese Transparenz kann mit Hilfe von Erfassungs- und Kontrollmechanismen erreicht werden, wobei eine Variabilisierung der Verkehrskosten und die Einhaltung des Territorialprinzips anzustreben ist.

Die *Variabilisierung der Verkehrskosten* erfordert ein laufendes Sichtbarmachen der erhöhten Verkehrskosten. Im Einzelfall heißt das, daß die teureren variablen Kosten bei der Bezahlung sichtbar gemacht werden und damit den Konsumenten im Kaufverhalten beeinflussen.

Das *Territorialprinzip* erfordert eine klare Zuordnung der Schadensverursachung und der entstandenen Schäden durch den motorisierten Verkehr im Inland. Einerseits ist damit gewährleistet, daß über den Ökobonus nur jene Schäden zu bezahlen sind, die in Österreich verursacht werden, und andererseits sollen den Ökobonus nur jene Personen erhalten, die überwiegend durch den Verkehr in Österreich belastet werden - die Bewohner Österreichs.

Im Folgenden werden daher die beiden in dieser Studie dargestellten Varianten - Einhebung des Ökobonus über den Treibstoff und kilometerleistungsabhängige Erfassung - auf die Umsetzbarkeit in der Praxis untersucht. In einer Zusammenfassung werden die Varianten bewertet und der Aufwand im folgenden Kapitel gegenübergestellt.

6.3.1. Erfassung über den Treibstoffverbrauch

Jedes Fahrzeug, welches das Territorium Österreichs verläßt, muß vollbetankt sein. Dabei kann ein „Leerinhalt" des Tanks von bis zu zehn Litern toleriert werden (für ausländische Fahrzeuge kann eine höherer „Leerinhalt" festgelegt werden; vergleiche Kapitel Transit).

Die Einhebung des Ökozuschlags erfolgt über den Mineralöleinstandspreis. Die an den Tankstellen abgegebenen Treibstoffpreise beinhalten bereits den Ökozuschlag, der Kunde kalkuliert mit „einem" Literpreis. Dieser Preis repräsentiert einen Teil der variablen Kosten des Fahrzeugs.

Kontrollgeräte für den Tankinhalt

Um die Einfuhr von billigerem Treibstoff aus dem Ausland zu unterbinden, müssen an den Grenzen Kontrollgeräte eingesetzt werden. Diese Kontrollgeräte prüfen den Tankinhalt bei der Ausreise. Die Geräte sollten mobil sein, um einerseits die Aufstellung an verschiedenen Orten zu ermöglichen und andererseits eine möglichst rasche Kontrolle zu gewährleisten.

Die Kontrollen des Tankinhalts werden stichprobenweise durchgeführt (beispielsweise jedes dreißigste Fahrzeug). Dadurch ist sichergestellt, daß die Fahrzeuge, die die Grenzen überqueren, keine Zeitverluste hinnehmen müssen.

Einreisende, welche das Ökobonussystem nicht kennen, müssen bei der Einreise darauf aufmerksam gemacht werden, daß sie beim Verlassen Österreichs den Tank mit einer bestimmten Mindestmenge befüllt haben müssen. Einreisende sind darauf hinzuweisen, daß sie keine Treibstoffmengen außerhalb des Tanks nach Österreich einführen dürfen.

Die Differenz vom vollen Tankinhalt, den Fahrzeuge bei der Einreise haben können und der gesetzlichen Mindestmenge bei der Ausreise, ist jenes Volumen, welches für den Nichterhalt des anteiligen Ökobonus jedem Durch- und Einreisenden zusteht.

Um die Kontrolle effizient zu machen, d.h. daß die Tankflucht tatsächlich unterbunden wird, müssen finanzielle Sanktionen gesetzt werden.

6.3.2. Kilometerleistungsabhängige Erfassung

Die Umsetzung des Territorialprinzips bedeutet für den kilometerabhängigen Ökobonus, daß für die im Ausland gefahrenen Kilometer kein Ökozuschlag erhoben wird bzw. daß ausländische Fahrzeuge für die in Österreich zurückgelegten Kilometer den Ökozuschlag abführen müssen.

Damit auf die im Ausland zurückgelegten Kilometer kein Ökozuschlag berechnet wird, müßte beim derzeitigen technischen Stand jedes österreichische Auto beim Verlassen Österreichs kontrolliert werden und der Kilometerstand erfaßt werden. Bei der Einreise müßte der Kilometerstand wiederum kontrolliert werden, damit die Auslandskilometer bei der Berechnung des Ökozuschlags nicht berücksichtigt werden. Da eine Durchführung auf diese Art unmöglich ist, müßte ein System entwickelt werden, bei dem der aktuelle Kilometerstand beim Verlassen Österreichs und ebenso bei der Einreise automatisch erfaßt wird. Damit wäre bei der Berechnung des Ökozuschlags keine Korrektur (Abzug der im Ausland gefahrenen Kilometer) notwendig.

Jeder Grenzüberfahrende muß daher einen „Kilometerbeleg" ausfüllen und diesen vom Grenzbeamten nach erfolgter Überprüfung bestätigen lassen. Dieser Aufwand fällt für jedes Fahrzeug an. Sonderregelungen für Tages- und Wochenpendler wären notwendig, um den Verwaltungsaufwand so gering wie möglich zu halten.

Eine andere Möglichkeit ergibt sich durch technologische Blockiereinrichtungen an den Kilometerzählern. Der Grenzbeamte klemmt - beispielsweise mit Hilfe einer Magnetkarte - den Kilometerzähler bei der Ausreise elektronisch ab. Bei der Einreise muß jedes Erfassungsgerät am Kfz kilometermäßig reaktiviert werden.

Eine weitere Möglichkeit wäre, Radumdrehungszähler zu entwickeln, die bei der Ausreise aus Österreich abgeschaltet werden (z.B. beim Durchfahren eines Lichtschrankens) und bei der Einreise wieder aktiviert werden. Auch in diesem Fall wären nachträgliche Berechnungen zur Errechnung der gefahrenen Kilometer nicht notwendig.

Zur Erfassung der, von ausländischen Fahrzeugen in Österreich zurückgelegten, Kilometer gibt es zwar in der Theorie durchführbare technische Möglichkeiten, die aber in der Praxis noch nicht realisierbar sind. Für ausländische Fahrzeuge müßte daher ein anderes, pauschales Ökozuschlagssystem eingeführt werden. Beispielsweise könnten ausländische Fahrzeuge ihren Ökozuschlag durch eine Jahres-Vignette leisten.

Da solche Vignetten nicht leistungsbezogen eingehoben werden, ergibt sich für inländische Firmen die Möglichkeit, ihre Fahrzeuge im Ausland anzumelden und damit der kilometerleistungsabhängigen Erfassung des Ökozuschlags zu entgehen. Es könnte daher zu einer „Autoflucht“ kommen.

Kilometererfassungsgeräte in den Fahrzeugen

Die technischen Voraussetzungen wurden bereits im vorigen Abschnitt erläutert. Da der Ökobonus jedoch nicht nur auf Neufahrzeuge erhoben wird, muß bei Einführung des Ökobonus jedes österreichische Fahrzeug mit einem Erfassungsgerät ausgestattet sein. Für die Bereitstellung aller Fahrzeuge mit einem Erfassungsgerät muß daher eine Einbaufrist von 1 bis 5 Jahren geplant werden. Für Fahrzeuge, in die ein nachträglicher Einbau eines Erfassungsgerätes nicht möglich ist, müssen Übergangsbestimmungen festgelegt werden, die eine kilometerabhängige Erfassung ermöglichen. Dies kann durch die Nutzung des bereits eingebauten Kilometerzählers oder eine pauschalierte Erfassung erfolgen.

Basisdaten des Fahrzeuges

Die Kilometerleistung eines Fahrzeuges läßt noch keine Rückschlüsse auf die tatsächlichen externen Belastungen zu. Diese sind bestimmt vom Treibstoffverbrauch, dem Einbau von Schadstoffverminderungsfiltern, der Größe des Fahrzeuges und dem Gebrauch. Bei einer kilometerleistungsabhängigen Erfassung müssen diese Daten je Fahrzeug erfaßt werden und mit der Kilometerleistung multipliziert werden. Danach kann die verbrauchsabhängige Höhe des Ökozuschlags berechnet werden.

Vorschreibung des Ökozuschlags

Um das Ziel der Variabilisierung der Kosten des motorisierten Verkehrs zu erreichen, muß die Vorschreibung des Ökozuschlags zumindest einmal monatlich erfolgen, da die Wirkung sehr stark vom Bewußtmachen der Kosten abhängt. Bereits eine monatliche Vorschreibung verliert jedoch an Wirkung.

Das Erfassungs- und Mahnwesen erfordert daher einen größeren Aufwand. Eine monatliche Vorschreibung erfordert ein monatliches Ablesen und eine Erfassung aller Fahrzeuge und Fahrzeugdaten. Da diese Lösung verwaltungstechnisch nicht durchführbar ist (enormer Kostenaufwand für Kontrollstellen, etc.), kann der Lösungsansatz nur „Mobilitätskarte“[4] heißen.

Die Mobilitätskarte[5] ist wie eine „Telefonwertkarte“ käuflich. Bei Benutzung des Fahrzeuges wird diese Karte eingesteckt und der über den Fahrzeugcomputer ermittelte Ökozuschlag laufend abgebucht. In diesem Fall ist es auch möglich, Betriebszeit (ähnlich einem Taxameter) in den Ökozuschlag einzubeziehen.

Zusammenfassung

- Will man die Verkehrskosten variabilisieren ohne das Territorialprinzip zu verletzen, müssen Erfassungs- und Kontrollmechanismen installiert werden, die eine Hinterziehung des Ökozuschlags wirkungsvoll verhindern.
- Bei der Erhebung des Ökozuschlags über den Treibstoffpreis muß die Tankflucht mittels Stichprobenkontrollen an der Grenze unterbunden werden.
- Bei der kilometerabhängigen Erhebung des Ökozuschlags müssen die im Ausland getätigten Fahrten abgezogen werden. Die technische Umrüstung ist sehr aufwendig. Kilometertourismus und Autoflucht können jedoch nur durch strenge Kontrollen verhindert werden.
- Neben den Kontrollen für inländische Fahrzeuge gilt das Hauptaugenmerk der Erfassung von ausländischen Fahrzeugen.

6.4. Verwaltung

Der Ökobonus erfordert mehrere verwaltungstechnische Voraussetzungen. Jede Verwaltung verursacht Kosten. Diese Verwaltungskosten sind bei den beiden diskutierten Varianten unterschiedlich hoch. Dabei ist eine Einhebung über ein bereits etabliertes System deutlich günstiger, als eine Einhebung über ein neu zu schaffendes. Die Verwaltungskosten des Fonds sind bei beiden Varianten gleich hoch, ebenso die Kosten der Auszahlung.

Unterschiedlich hoch sind die Verwaltungskosten in Relation zum Ökobonusfonds. Da bei jedem Ökozuschlag - gleichgültig ob öS 1,- oder öS 20,-- Verwaltungskosten anfallen, können diese als Fixkosten angesehen werden. Bei einem geringen Ökozuschlag schlagen daher die Verwaltungskosten stärker auf das Ökobonussystem durch, als bei einem hohen Ökozuschlag.

6.4.1. Erfassung über den Treibstoffpreis

Bei der Einhebung des Ökozuschlags über den Treibstoffumsatz muß der Anteil an Mineralölsteuer II (Ökobonus inklusive eines etwaigen Umsatzsteueranteils) ermittelt und monatlich dem Ökobonusfonds gutgeschrieben werden. Die Verwaltungskosten setzen sich aus den Kosten bei der Mineralölsteuererhebung, den Kontrollkosten und den Kosten an der Grenze zusammen.

Tabelle 79: Verwaltungskosten - Ökozuschlag auf den Treibstoffpreis

	Kosten in öS 1.000	in Relation zum Ökobonusfond bei einem 200 %-igen Ökozuschlag
Verwaltung Mineralölsteuer	12.000	0,17 ‰
Kontrollkosten	95.500	1,34 ‰
Kosten an der Grenze	10.000	0,14 ‰
Gesamt	**117.500**	**1,65 ‰**

Die jährlichen Verwaltungskosten bei der Erfassung des Ökozuschlags über den Treibstoffpreis können mit öS 117,5 Mio. abgeschätzt werden. Dies entspricht in etwa 1,65 ‰ des Ökobonusfonds bei einer Ökozuschlagshöhe von 200 %.

Die Kosten für die Kontrolle ergeben sich aus den jährlichen Abschreibungen der Schnellerfassungsgeräte und der stationären Sanktionstankstellen, sowie den anfallenden Personalkosten. In den Kalkulationen wurde mit 50 Schnellerfassungsgeräten (auf Echobasis) zu Anschaffungskosten von öS 800.000,- mit einer fünfjährigen Nutzungsdauer, 50 stationäre Sanktionstankstellen (Tanksäulen, die für jene Fahrzeuge benötigt werden, die bei der Schnellerfassung ein positives Ergebnis aufweisen) mit einer 20-jährigen Nutzungsdauer und 100 Angestellten mit einem Jahresbruttoaufwand für den Arbeitgeber von öS 500.000,- kalkuliert.

6.4.2. Erfassung über die Kilometerleistung

Bei der Einhebung über die Kilometerleistung muß gewährleistet sein, daß jedes Fahrzeug einen geeichten Kilometerzähler benutzt. Da der Ökobonus zu keinen Mehraufwendungen führen soll, sondern lediglich lenkungspolitischen Charakter aufweist, müßten diese Mehrkosten dem Fahrzeugbenutzer ersetzt werden. Dies ist allerdings bei verwaltungstechnisch erforderlichen Kosten äußerst problematisch. Besonders problematisch wird diese Vorgangsweise bei der Erfassung ausländischer Fahrzeuge. Die Kosten für die Erfassung setzen sich aus den Kosten für die Installation der Radumdrehungszähler, dem Ablesen der geleisteten Kilometer (mindestens monatlich), der Abrechnung des Zuschlags aufgrund von Fahrleistung und Fahrzeugtyp (inklusive Mahnwesen) und den Kosten für die Grenzbeamten.

Die Jahreskosten lassen sich mit Hilfe der Anzahl der Fahrzeuge in Österreich, einer betriebsgewöhnlichen Nutzungsdauer der notwendigen technischen Geräte (z.B. Radumdrehungszähler) und der Ablese-, Abrechnungs- und Einhebungskosten abschätzen. Sie betragen öS 3,5 Mrd. oder rund 5 % des Ökobonusfonds bei einem Ökozuschlag von 200 %.

Tabelle 80: Verwaltungskosten - Ökozuschlag auf Kilometerleistung		
	Kosten in öS 1.000	**in Relation zum Ökobonusfond bei einem 200 %-igen Ökozuschlag**
Radumdrehungszähler	2.604.439	36,64 ‰
Ablesen Kilometerstand	445.177	6,26 ‰
Abrechnung / Mahnwesen	423.978	5,96 ‰
Grenzkosten	60.000	0,84 ‰
Gesamt	**3.533.594**	**49,70 ‰**

6.4.3. Sonstige Verwaltungskosten

Alle anderen Verwaltungskosten gelten für beide Varianten in gleicher Höhe. Die weiteren Verwaltungskosten umfassen die Verwaltungskosten des Fondsmanagements und die Kosten der Auszahlung. Für das Fondsmanagement wurden pro Jahr und Person öS 10,- und für die Auszahlung öS 30,-, zusammen somit öS 40,- pro Person und Jahr angesetzt.

Der Ökobonusfonds verursacht somit für Management und Auszahlung rund 4,35 ‰ des gesamten Fondsvermögens. Weiters wurden an Kosten für die Legislative und Exekutive jährlich öS 25 Mio budgetiert.

Zusammenfassung

- Die Belastung durch die Verwaltung des Ökobonus erstreckt sich von mindestens 6,3 ‰ bis höchstens 54,4 ‰ des in einem Jahr angesammelten Ökobonusfonds.

Tabelle 81: Verwaltungskosten - Gesamt				
	Einhebung über die Mineralölsteuer		Einhebung über die Kilometerleistung	
	in Mio	in Promille vom Ökobonus	in Mio	in Promille vom Ökobonus
Verwaltung	12,0	*0,17 ‰*	/	/
Kontrolle	95,5	*1,34 ‰*	/	/
Ablesen	/	/	445,2	*6,26 ‰*
Installation / Wartung	/	/	2.604,4	*36,64 ‰*
Abrechnung	/	/	424,0	*5,96 ‰*
Fondsmanagement	77,2	*1,09 ‰*	77,2	*1,09 ‰*
Auszahlung	231,5	3,26 ‰	231,5	3,26 ‰
Grenzkosten	10,0	0,14 ‰	60,0	0,84 ‰
Staatskosten	25,0	0,35 ‰	25,0	0,35 ‰
Gesamt	**451,2**	***6,35 ‰***	**3.867,3**	***54,40 ‰***

6.5. Transitverkehr

Der Ökobonus ist ohne Regelungen für den Transit-, Urlaubs- und Einkaufsverkehr aus dem Ausland nicht durchführbar. Dabei gilt es Einreise- oder Ausreisebestimmungen für ausländische Fahrzeuge, Kontrolle von ausländischen Fahrzeugen und Bonus für ausländische Fahrgäste zu beachten.

Einreise- oder Ausreisebestimmungen für ausländische Fahrzeuge

Ausländische Fahrzeuge müssen aufgrund des Territorialitätsprinzips den gleichen Treibstoffpreis wie österreichische Fahrzeuge bezahlen und unterliegen ebenso der Norm, nur mit vollgetanktem Fahrzeug das österreichische Bundesgebiet zu verlassen. Auf diese Art und Weise ist gewährleistet, daß auch ausländische Fahrzeuge ihren Beitrag zum Ökobonus leisten.

Ausländische Fahrzeugnutzer, wie Urlauber, Durchreisende oder Fernfahrer kommen aufgrund der Bestimmung, daß nur jene Bewohner Österreichs, die sich gewöhnlich länger als sechs Monate in Österreich aufhalten, den Ökobonus bekommen, zu keiner „Entschädigung". Die Lösung dieses Problems kann ein höherer Leervolumensinhalt sein. D.h. während Fahrzeuge mit österreichischem Kennzeichen bei der Ausreise maximal 10 Liter Leervolumen im Tank aufweisen dürfen, kann ausländischen Fahrzeugen ein höheres Leervolumina (bspw. 15 Liter) zugestanden werden.

Mit dieser Bestimmung ist gewährleistet, daß ausländische Fahrzeuge bis zu einem Literverbrauch von maximal 15 Litern keinen Ökozuschlag bezahlen müssen. Dieser Freiraum von 15 Litern ermöglicht bei einem Mittelklasse-Pkw eine Freifahrtstrecke von 180 bis 200 Kilometern, bei verbesserter Verbrauchstechnologie bis zu 300 Kilometern. Damit sind Benachteiligungen für Durchreisende ausgeglichen, die den Ökobonus nicht bekommen, aber ihren Beitrag leisten müßten. Gleiches gilt auch für Lastkraftwagen. Diesen könnte ein Leervolumen von 40 Liter für inländische und 60 Liter für ausländische Fahrzeuge zugestanden werden. Einwände wie eine mögliche Ausländerdiskriminierung nach EU-Recht sind durch diese Regelung ausgeräumt.

Anders stellt sich der Sachverhalt bei der kilometerabhängigen Verrechnung des Ökozuschlags dar. Unterstellt man, daß alle österreichischen Fahrzeuge an der Grenze korrekt erfaßt werden können, muß für ausländische Fahrzeuge ein eigenes Erfassungssystem eingeführt werden. Das kann ein pauschaler Jahreszuschlag, das Lösen von Tages- oder Wochenkarten, eine Vignette nach Schweizer Vorbild oder eine kilometerabhängige Erfassung mit Hilfe der bestehenden Kilometerzähler sein. In jedem Fall kann der Ökozuschlag nur ungenau erhoben werden, da selbst eine genaue Kilometererfassung nur zu pauschalen Kilometersätzen verrechnet werden kann. Die Erfassung von fahrzeugspezifischen Daten ist aufgrund der Zeitengpässe ausgeschlossen.

Die Kontrolle von ausländischen Fahrzeugen wurde bereits als generelles Problem des Ökobonus erkannt. Es sei jedoch vermerkt, daß nach gültigem Recht die Ein- und Ausfuhr bestimmter Waren heute nicht möglich ist. Außerdem bestehen für die Ein- und Ausfuhr von Waren bestimmte Mengengrenzen, die eingehalten werden müssen. Dieses Recht gilt gleichermaßen für inländische und ausländische Fahrzeuge. Daraus kann durchaus geschlossen werden, daß im Sinne umweltpolitisch notwendiger Normen auch ausländische Fahrzeuge auf ihre Kilometerleistung oder ihren Tankinhalt geprüft werden können.

Zusammenfassung

- In Abhängigkeit von der Einhebungsform des Ökozuschlags kann bei der treibstoffpreisabhängigen Variante ein größeres Leervolumen, bei der kilometerleistungsabhängigen Variante eine Fahrzeugvignette die ausländischen Fahrzeuge den inländischen gleichstellen.

6.6. Öffentlichkeitsarbeit

Der Ökobonus ist eine Lenkungsabgabe. Seine Wirkung zielt vor allem auf ein verändertes Verkehrsverhalten ab. Diese Bewußtseinsbildung - bewirkt durch Preissignale - kann von allen Bürgern angenommen werden. Aber auch die Wirtschaft und der Staat werden aufgrund bestimmter Effekte durch den Ökobonus beeinflußt. Sowohl primäre Effekte - ausgelöst durch Preissignale -, als auch sekundäre Effekte aufgrund geänderter Verhaltensweisen spielen dabei eine entscheidende Rolle.

Zielgruppen für die Öffentlichkeitsarbeit sind daher die Bürger, die Wirtschaft und die Staatsverwaltung.

Auch in der Öffentlichkeitsarbeit richtet sich der Ökobonus nach bestimmten Prinzipien aus. Viele davon können unter dem Begriff „Marketing" zusammengefaßt werden. „Ein" Prinzip soll jedoch über die klassischen Vermarktungsstrategien gestellt werden:

Der Ökobonus soll von den Bürgern eingefordert werden. Über die Medien, politische Entscheidungsprozesse in Gemeinden und Städten, soll er in die landes- und bundespolitischen Gremien eingebracht werden. Nicht der Wille von oben soll den Bürgern schmackhaft gemacht werden, sondern der Wille der Bevölkerung soll den Ökobonus den politischen Instanzen schmackhaft machen.

Daraus folgt u.a., daß die Vorteile des Ökobonus sowohl unter individuellen, als auch betriebs- und volkswirtschaftlichen Gesichtspunkten dargestellt werden müssen. In den folgenden drei Abschnitten ist „ein" mögliches Konzept der Öffentlichkeitsarbeit dargestellt. Einzelne Punkte lassen sich rasch realisieren, andere wiederum brauchen einige Zeit, bis sie das Bewußtsein schärfen. In diesem Zusammenhang sei darauf verwiesen, daß die Diskussion an sich bereits ein wichtiger Schritt zur Bewußtseinsbildung ist.

6.6.1. Bürger

Wer soll angesprochen werden?

Wenn es um Bewußtsein und Bewußtwerden geht, ist vorerst selbstverständlich jeder einzelne von uns in einem Staat wie Österreich angesprochen. Da der Ökobonus aber seine beste Wirkung dann erzielt, wenn Verkehr gemeinschaftlich abgewickelt wird, ist vor allem der Familienverband erster Adressat für die Idee des Ökobonus. In weiterer Folge können auch Vereine und Personenzusammenschlüsse Ansprechpartner für die Öffentlichkeitsarbeit des Ökobonus werden.

Was sind die Vorteile?

Aufgrund der Idee des Ökobonus, Vielfahrer eine Entschädigung für Wenigfahrer zahlen zu lassen, ergeben sich eine Vielzahl von Vorteilen für die meisten. Aufgrund des Bonus können letztlich fast alle Bürger vom Ökobonus profitieren.

- Belohnung (= positiver Saldo von Ökobonus minus Ökozuschlag) für umweltfreundliches Verhalten im Verkehr.
- Entlohnung für diverse Schäden aus dem Verkehr (Schäden wie Gesundheit, Lärm, psychosoziale Probleme, etc.).
- Relative Verbilligung des öffentlichen Verkehrs (Preissignale).
- Befreiung aus dem Dilemma des Autobesitzes (Wer ein Auto besitzt, muß fahren, damit der Kilometerpreis stimmt).
- Echte, freie Wahl des Verkehrsmittels.
- Aufzeigen von Verkehrsproblemen (Wer billigen Verkehr sät, wird Verkehr ernten).
- Anbieten von Lösungen (Nachfragepolitik statt Angebotspolitik im öffentlichen Verkehr).

Welche Vermittlungsform kann gewählt werden?

- Vermittlung des Ökobonus als Produkt mit eigenem Logo
- Haushaltsaussendungen mit Reflexion der vertretenden Institution
- Präsentation bei Veranstaltungen
- Pressekonferenzen (audio-visuelle Medien)
- Schriftliche Medien (Ökobonus-Scheckheft, Broschüre)
- Ökobonus-Umwelt-Spiel

6.6.2. Wirtschaft

Wer soll angesprochen werden?

Die Wirtschaft ist der systemerhaltende Faktor jeder volkswirtschaftlichen Organisation wie Österreich. Darunter zählen vor allem die Industrie, produzierende Unternehmen, Dienstleistungsunternehmen, Handelsunternehmen bis hin zur freiberuflichen Tätigkeit. Kurzum, jede Tätigkeit, welche mit dem Ziel antritt, Leistungen auf dem Markt anzubieten, ist Wirtschaft. Unterstellt man daher, daß Wirtschaft repräsentativ für das Unternehmertum ist, müssen aufgrund der Tatsache, daß Unternehmen keinen Ökobonus refundiert erhalten, gerade die Nutzen für die Wirtschaft deutlich hervorgehoben werden: d.h. der volkswirtschaftliche Nutzen, unternehmerisch tätig zu sein, ist Schwerpunkt der Öffentlichkeitsarbeit.

Was sind die Vorteile?

- Der Bonus erhält die Kaufkraft der Bürger.
- Weniger Straßenverkehr erhöht die Effizienz des Straßensystems, welches für die Distribution eingesetzt werden kann.
- Es entstehen weniger externe Kosten, welche über Steuern, aber auch durch Wettbewerbsnachteile (unwirtschaftlichere Standorte) die Wirtschaft nachhaltig belasten.
- Die Akzeptanz der Wirtschaft für den Ökobonus erzeugt ein besseres Image der Wirtschaft und fördert das Verständnis der Bürger, daß die Wirtschaft nicht Selbsterhalter, sondern Systemerhalter für die Bevölkerung ist.
- Der Ökobonus übt Druck aus, alternative Verkehrsformen zu produzieren. Das gilt einerseits für den öffentlichen Verkehr (Nachfragesteigerung), welcher in Österreich produziert werden kann, andererseits kann eine innovative Technik, welche in Österreich entwickelt werden kann, international salonfähig gemacht werden. Forschungsvorhaben und Entwicklungsstudien sind unter den geänderten Rahmenbedingungen langfristig ihrer Zeit voraus.

Welche Vermittlungsform kann gewählt werden?

- Vermittlung des Ökobonus als Produkt mit eigenem Logo
- Präsentation bei Veranstaltungen
- Vorträge
- Diskussionsabende
- Präsentation bei Messen und Ausstellungen
- Diskussion in diversen Institutionen wie Handelskammer, Arbeiterkammer, etc.

6.6.3. Staat

Wer soll angesprochen werden?

Der Staat ist der verwaltende Organismus in Österreich. Er trägt sowohl die Kosten für das Gemeinwohl, kann aber auch die Erträge für diese Kosten erwirtschaften. Letztlich gilt jeder verdiente Schilling als Gemeingut und muß in einem vorweg definierten Aufgabengebiet verwendet werden. Der Ökobonus greift primär in diese Ertrags-Kostenrechnung nicht ein. Der Ökobonus setzt mit seiner Lenkungsfunktion Signale, die dann sekundär die Ertragslage des Staates beeinflussen. Der Staat mit seinen institutionalisierten Gruppen ist daher einer der wichtigsten Ansprechpartner für die Umsetzung des Ökobonus.

Was sind die Vorteile?

- Weniger externe Kosten durch weniger Straßenverkehr.
- Bessere Verkehrsstrukturen durch weniger Verkehr. Die bestehenden Systeme können sowohl besser genutzt werden, als auch leichter und öfter an ausländische Nutzer verkauft werden (Roadpricing ist marktwirtschaftlich).
- Durch die veränderten Preissignale können Subventionen unterbleiben. Der Ökobonus unterstützt die Einführung der Marktwirtschaft im Verkehrswesen.
- Durch die verminderte Verkehrsmenge und die bessere Kostentransparenz entstehen dem Staat weniger direkte Verkehrskosten (wie Straßennetzausbau, Straßenerhaltung oder Straßenüberwachung).

Welche Vermittlungsform kann gewählt werden?

- Vermittlung des Ökobonus als Produkt mit eigenem Logo
- Präsentation in politischen Gremien
- Vorträge
- Diskussionsabende

Zusammenfassung

- Der Ökobonus soll von den Bürgern eingefordert werden.
- Eine breite Diskussionskampagne und Öffentlichkeitsarbeit sollen den Ökobonus bekannt machen.
- Die Öffentlichkeitsarbeit muß den Nutzen für Bürger, für die Wirtschaft und für den Staat hervorheben.

6.7. Einführung

Können die öffentlichkeitsinformativen Diskussionen mit einem positiven Abschluß geführt werden, gilt es auch bei der Einführung des Ökobonus einige Punkte zu beachten.

Der wesentlichste Punkt ist die Diskussion selbst. D.h., daß aufgrund der festgelegten Prinzipien der Ökobonus erst nach einer umfassenden Diskussion zur Einführung gebracht werden kann. Das kann bedeuten, daß auch eine Volksentscheidung über die Zukunft des vorgeschlagenen Instrumentariums „Ökobonus" entscheiden kann.

Um die Lenkung des Ökobonus bestmöglich zu bewirken, muß entschieden werden, welche Form der Einhebung zielkonform ist. In der vorliegenden Studie werden prinzipiell zwei Varianten unterschieden: Die Einhebung des Ökozuschlags über den Treibstoffpreis oder die Einhebung über einen kilometerleistungsabhängigen Zuschlag. Wahrscheinlich muß bereits in der Phase der möglichen Einführung des Ökobonus entschieden werden, welche Variante vom Gesetzgeber bevorzugt wird. Das ermöglicht vor allem ein besseres Marketing.

Ein weiterer politischer Entscheidungsprozeß setzt sich bei der Höhe des Ökozuschlags in Gang. Dieser wird bestimmt einerseits von den Zielen des Ökobonus (Verminderung des motorisierten Verkehrswesens, insbesondere der Belastungen aus diesem Sektor) und andererseits von den internationalen Preisrelationen auf dem Energiepreismarkt. In diesem Umfeld muß der Ökobonus diskutiert werden. Kurzfristig Entscheidungen zu treffen, kann für den Ökobonus bedeutend sein.

In dieser Studie wurden zwei Arten der Einführung vorgestellt: Variante A ist gleichbedeutend einer stufenweisen Einführung des Ökobonus bis zu seiner volkswirtschaftlich gewünschten Höhe. Variante B beschreibt eine einmalige Einführung eines deutlichen Ökobonus. Im politischen Diskussionsprozeß gilt es festzustellen, welche der beiden vorgeschlagenen Varianten einerseits rascher zum Ziel führen oder andererseits leichter umzusetzen sind.

Der Ökobonus soll in einem marktwirtschaftlich realistischen Rahmen eingeführt werden. Das bedeutet vor allem, daß die realpolitisch vorhandenen internationalen Verflechtungen nicht vernachlässigt werden dürfen. Ziel des Ökobonus ist es, die Wirtschaftlichkeit der österreichischen Unternehmen zu verbessern. Innovationen und die technische Weiterentwicklung von neuen Ideen sind die Grundlage von vielen internationalen Entwicklungen, die in der Perfektionierung des öffentlichen Verkehrs durchaus einigen marktwirtschaftlichen Sektoren Türen öffnen könnten.

In Grenzfällen muß sich der Staat - auch bei Einführung des Ökobonus - überlegen, wie er regionale und sektorale Benachteiligungen ausgleichen kann. Im konkreten Fall müssen wohl subjektbezogene Förderungen greifen, um eine Schlechterstellung einzelner Sektoren in der Einführungsphase des Ökobonus zu verhindern.

Zusammenfassung

- Bei der Einführung des Ökobonus muß die Öffentlichkeitsarbeit abgeschlossen sein. Die Einhebungsform, die Höhe des Ökozuschlags, die Art der Einführung und die internationalen Rahmenbedingungen müssen festgelegt sein.

---

1 Quelle: Firma Sulzer, Schweiz

2 Der fahrleistungsabhängige Ökobonus, Bundesamt für Umwelt, Wald und Landschaft (BUWAL), Schriftenreihe Umwelt Nr. 150, Bern, 1991

3 Einbaubarkeit Radumdrehungszähler, Bundesamt für Umwelt, Wald und Landschaft (BUWAL), S. 6 ff, Juli 1991

4 Thaler R., Koch H., Hiess H., Wege zum stadtverträglichen Verkehr von Morgen, VCÖ-Ressort für Verkehrswissenschaften, Studie für Greenpeace, Wien, 1992.

5 Thaler R., Koch H., Hiess H., Wege zum stadtverträglichen Verkehr von Morgen, VCÖ-Ressort für Verkehrswissenschaften, Studie für Greenpeace, Wien, 1992.

7. Fragenkompendium

1. Soll der Ökobonus auch eine Belohnung für all jene darstellen, die aus Umweltbewußtsein das Auto maßvoll einsetzen?

Ja, weil in der heutigen Zeit jene, die aus gemeinsamen Interesse begonnen haben, ihre Lebensweise den umweltpolitischen Anforderungen anzupassen, zumeist belächelt werden. Zu oft lautet die Frage: Warum soll ich damit anfangen?

2. Die Einführung des Ökobonus führt zu einer Reduktion des Kfz-Verkehrs. Wozu braucht man da noch eine Erweiterung des Straßensystems?

Beim Ökobonus braucht man keine quantitative Erweiterung des Straßensystems. Qualitativ erfolgt allein schon durch die Verkehrsreduktion eine Verbesserung des Straßensystems, da die vorhandenen Straßensysteme besser genutzt werden können. Auch die Instandhaltung- und Instandsetzungsarbeiten werden dann auf eine qualitative Verbesserung des Straßensystems hinauslaufen.

3. Ist das Ökobonussystem nur auf den Verkehr anwendbar?

Nein, denn das Ökobonussystem beruht auf zwei Grundgedanken, die bei vielen anderen Wirtschafts- und Gesellschaftssektoren angewendet werden können: a) Einerseits die Verteuerung des Gebrauchs von umweltbelastenden Gütern und b) andererseits die Vergütung und Belohnung für umweltschonendes Handeln.

Beispielsweise könnte das Rauchen durch einen Ökozuschlag verteuert werden. Dadurch würden Signale gesetzt weniger zu rauchen, umgekehrt erhielten jene, die durch das Rauchen geschädigt werden, wie etwa Mitraucher, eine finanzielle Abgeltung. Rauchen wäre nur ein Beispiel. Wesentlich interessanter wären Ökobonusmodelle bei allen anderen Ressourcen, die nur begrenzt vorhanden sind, wie etwa Wasser, Strom aus kalorischen Kraftwerken, Kohle etc.

4. Warum werde ich mit dem Ökobonus belohnt, auch wenn ich nicht Autofahrer bin?

Gerade deshalb wird man belohnt. Wer sein Fahrzeug gar nicht oder maßvoll einsetzt, der verhält sich zum Wohle der Gemeinschaft.

5. Kann es sich Österreich innerhalb der EG überhaupt erlauben, den Ökobonus allein einzuführen?

Nein, eine alleinige Einführung des Ökobonus scheint in Europa unmöglich, wenngleich sie auch technisch machbar ist. Das, was Österreich sich allerdings erlauben kann, ist offen über die Idee und die Funktionalität des Ökobonus zu diskutieren. Denn, wenn nur ein paar europäische Staaten den Nutzen des Systems erkennen und gemeinsam handeln, scheint die Einführung des Ökobonus keine Utopie mehr.

6. Leben wir in einer so materialistischen Welt, daß sogar umweltgerechtes Verhalten nur über den Preismechanismus erreicht werden kann?

Ja, der Wald und die Umwelt können nicht warten, bis die Mehrheit der Österreicher sich zu einer menschlicheren Wertordnung durchringen können. Wir müssen jetzt etwas unternehmen mit den uns heute zur Verfügung stehenden Mitteln und Motivationen. Eine davon ist der Eingriff in das Preisgefüge des Verkehrs, wie der Ökobonus.

7. Die Einführung des Ökobonus läßt sich doch nur mit einer Fülle von Ausnahmebestimmungen durchführen?

Nein, es gibt keine Ausnahmen, weil jeder Österreicher auf seine Weise Geschädigter und Nutznießer des Verkehrs ist. Das gilt sowohl für Stadtbewohner (bessere Verkehrsinfrastruktur), als auch für Bewohner der Regionen (bessere Luft). Vor allem Kinder sind heute und insbesondere in der Zukunft vom Verkehr betroffen. Ein geringerer Bonus ist daher nicht gerechtfertigt.

8. Der Ökobonus wird eine gewaltige Teuerungswelle auslösen. Die Lohn- Preisspirale wird angekurbelt!

Nein, es stimmt zwar, daß der Benzinpreis stark steigen wird, die anderen Produkte werden sich jedoch nur geringfügig verteuern.

9. Da durch den Ökobonus der Treibstoff oder die Kilometerleistung in Österreich viel teurer wird, als im Ausland, wird jeder Österreicher über die Grenze fahren, um zu tanken!

Nein, der Benzintourismus wird durch Grenzkontrollen mit einem empfindlichen Strafsystem eingeschränkt, wenn nicht gar verhindert.

10. Jene Regierung, die den Ökobonus einführt, wird wahrscheinlich bei der nächsten Wahl eine bittere Schlappe erleiden?

Nein, denn es ist Aufgabe der politischen Führung die Bevölkerung vor drohenden Schäden zu bewahren. Wer diese Aufgabe nicht wahrnimmt, wird in der Zukunft Wahlen verlieren.

11. Kann die Umweltverschmutzung nicht mit Katalysatoren viel wirkungsvoller verringert werden? Sind technische Verbesserungen nicht die Zukunftslösungen?

Nein, die Katalysatoren können nur einen Teil der erzeugten Abgasbelastung eindämmen. D.h. CO_2 kann nur durch eine verringerte Verkehrsleistung reduziert werden. Verbetonierung und Zersiedelung der Landschaft können ebenfalls nur durch eine Verringerung der Verkehrsleistung und einem damit verbundenen geringeren Anspruch an das Straßennetz verhindert werden. Auch für Lärm, Bodenverschmutzung und Altlasten aus dem Verkehr ist der Katalysator keine Lösung.

12. Zahlen Ausländer mit im Ausland zugelassenen Wagen, die in Österreich verkehren, auch dann den Ökozuschlag, wenn die Kilometerleistung als Berechnungsgrundlage herangezogen wird?

Nein, da es keine Möglichkeit gibt den Einbau von Erfassungsgeräten ausländischen Fahrzeugen vorzuschreiben. Um eine gerechte Verkehrsbesteuerung zu gewährleisten, müßten für ausländische Fahrzeuge andere Erhebungsformen eingeführt werden (Vignette).

13. Kann bei einer Erhebung des Ökozuschlags auf das Flugbenzin das Territorialprinzip ebenfalls eingehalten werden?

Ja, bei sämtlichen Linienflügen ist es leicht nachvollziehbar über welchen Territorien geflogen wird. Somit müßte der am Flughafen eingehobene Ökozuschlag den vom Flug geschädigten Regionen zugewiesen und damit auch der betroffenen Bevölkerung ausbezahlt werden können.

14. Welche Möglichkeiten gibt es eine Tankflucht wirkungsvoll zu verhindern?

Die Tankflucht kann nur durch flankierende Maßnahmen an der Grenze wirkungsvoll verhindert werden. Stichprobenartige Kontrollen (jedes dreißigste Fahrzeug) benötigen mit Hilfe der technischen Möglichkeiten rund 2 Minuten.

15. Ruiniert der Ökobonus nicht das Taxigewerbe?

Nein, denn der Ökobonus verteuert den Individualverkehr und macht so das Taxi relativ billiger. Der Konsument kann das Taxi bezahlen. Er erhält den Ökobonus um sich im teurer gewordenen Transportmarkt jene Fahrten zu leisten, die er benötigt. Nicht der Autofahrer, sondern der Benützer öffentlicher Verkehrsmittel ist der Taxikunde.

16. Muß auch der Flugverkehr den Ökozuschlag zahlen?

Ja, das wäre aus marktwirtschaftlicher Sicht richtig und notwendig.

17. Beeinflußt der Ökobonus den Verbraucherpreisindex?

Ja, aber effektiv nur im ersten Jahr, weil da die höheren Transportkosten die Unternehmen zu einer geänderten Preiskalkulation veranlassen. Berücksichtigt man den Bonus als Ausgabenverminderung, so ergibt sich keine wesentliche Verbraucherpreisänderung für den Konsumenten.

18. Wird der Ökobonus nicht die Besucher und Erholungssuchenden aus dem Ausland von Österreich fernhalten?

Nein, ein verringerter Straßenverkehr erhält Landschaften, Wälder und bewohnbare Städte. Das ist für viele ein Anreiz, sich in Österreich zu er-

holen und die Landschaft zu genießen. Auch Touristen werden ihr Fahrzeug in Österreich maßvoll einsetzen und tragen so zu einem echten „sanften Tourismus“ bei.

19. Ruiniert der Ökobonus nicht all jene Gewerbe und Freiberufler, die auf ein Auto angewiesen sind, wie z.B. Vertreter, Handwerker oder Monteure?

Nein, die höheren Transportkosten jener, die beruflich auf ein Auto angewiesen sind, können auf den Produktpreis aufgeschlagen werden. Der Konsument kann diese Mehrkosten mit einem Teil des Ökobonus abdekken. Jene Berufsgruppen werden keine Marktanteile verlieren, da ja auch die Konkurrenten auf das Auto angewiesen sind. Dennoch haben sie die Möglichkeit ihre Transportkosten durch sparsamere Autos, sinnvollere Streckenwahl oder Telemobilität (Telefon, Telefax, Telex) zu senken.

20. Wird nicht das Transportgewerbe durch den Ökobonus zum Verschwinden gebracht?

Nein, überall dort wo Straßenverkehr und Bahn miteinander in Konkurrenz stehen, verschiebt sich das Gleichgewicht zugunsten der Bahn (Massengüter). Bei der Feinverteilung der Güter oder etwa Baustellenbetrieb wird das Transportgewerbe weiterhin eingesetzt, aber auch der Transporteur hat vermehrtes Interesse an einem Energiesparen im Transport. Überall dort, wo das Transportgewerbe durch den Ökobonus relativ billiger wird als der motorisierte Individualverkehr, ergeben sich neue Chancen (Taxi, Busreisen, Pendlerverkehr, usw.).

21. Was bedeutet es, wenn der Ökobonus die relativen Preise verändern soll?

Der Ökobonus kann die relativen Preise dahingehend ändern, daß der Kfz-Verkehr im Verhältnis zu anderen Verkehrsalternativen teurer wird. Dadurch werden etwa Bahnfahrten, ohne Preisveränderung für den Kunden, relativ günstiger und damit attraktiver. Langfristig können diese Relationen sogar dahingehend geändert werden, daß auch der öffentliche Verkehr Preise nach oben anpaßt, um der Kostenwahrheit im gesamten Verkehr näher zu kommen (Abbau des Bahndefizits).

22. Werden nicht die Bewohner von Randregionen durch den Ökobonus benachteiligt?

Nein, benachteiligt werden in Randregionen auch nur die Vielfahrer. Die Auslastung der PKW´s weicht in Randregionen nicht wesentlich von jener in Ballungsgebieten ab. Es stimmt zwar, daß das Angebot des öffentlichen Verkehrs in Randregionen weniger umfangreich ist. Man darf aber nicht übersehen, daß einerseits auch die Ballungsgebiete - legt man das Angebot auf die Einwohner um - nicht wesentlich besser versorgt sind. Die Erreichbarkeit öffentlicher Verkehrsmittel in Österreich ist aber auch in Randregionen durchaus gegeben. Es gilt daher dieses Angebot auch anzunehmen und über den Nachfragedruck zu verbessern.

23. Kostet der Ökobonus nicht Arbeitsplätze?

Nein, der Ökobonus erhöht die Nachfrage nach öffentlichem Verkehr. Die Arbeitsleistung im öffentlichen Verkehr aber wird zu einem wesentlich größeren Teil in Österreich geleistet. Das betrifft nicht nur die Systemerhaltung, den Systembetrieb und den Energieeinsatz (Strom) des öffentlichen Verkehrs, sondern auch die Produktion der Fahrzeuge (Straßenbahnen, Autobusse, Lokomotiven).

24. Die Reichen werden es sich weiter leisten können, soviel zu fahren, wie sie wollen!

Ja, in einer Marktwirtschaft wie der österreichischen gibt es immer Einkommensunterschiede. Diese auszugleichen, ist nicht Aufgabe des Ökobonus. Der Vielfahrer entschädigt über den Ökozuschlag jene, die bewußt ihr Verkehrsbedürfnis auf eine umweltgerechte Art decken.

25. Der Ökobonus verteuert doch die Fahrt an jedem Wochenende ins Ferienhaus beim „Alten Almhaus"!

Ja, aber der Ökobonus setzt Anreize auch für Urlaubs- und Freizeitfahrten verstärkt günstigere Verkehrsalternativen zu benutzen, da er z.B. den öffentlichen Verkehr relativ billiger macht.

26. Wenn der Autoverkehr abnimmt, bricht dann nicht der Verkehr zusammen?

Nein, denn weniger Autoverkehr ermöglicht einen größeren Verkehrsfluß und verhindert ökologisch unnötige Staus. Beschränkt man sich auf die notwendigen Autoverkehrsfahrten, so ergeben sich durchaus positive Effekte eines geringeren Verkehrsvolumens.

27. Durch das veränderte Nachfrageverhalten nach motorisiertem Verkehr verringern sich doch die Einnahmen aus der Mineralölsteuer und der Umsatzsteuer?

Ja, durch die verringerte Verkehrsleistung wird weniger Treibstoff verbraucht und damit sinken die Steuereinnahmen aus diesen Umsätzen. Dadurch erlangt Österreich allerdings eine geringere Abhängigkeit von Energieimporten. Eine Verringerung dieses Einnahmenausfalls wird durch höhere Einnahmen über Angebots- und Nachfrageimpulse nach öffentlichem Verkehr erreicht.

28. Warum wird der Ökozuschlag nicht zur Vermeidung und Behebung der bestehenden Schäden eingesetzt?

Der Ökobonus versucht über das Preisgefüge die vorhandene Verkehrsmenge zu reduzieren. Diese Reduktion hilft externe Schäden zu vermeiden. Die Deckung der bereits verursachten Schäden soll nicht über den Ökobonus der Bevölkerung angelastet werden, sondern für diese Dekkung müßte z.B. eine Altlastenabgabe, Road-Pricing (Zinsendienst) oder eine andere Sanierungsabgabe erhoben werden. Der Ökobonus dient einzig und allein dem Vorsorgegedanken.

29. Wer legt die Höhe des Ökobonus letztlich fest?

Die Höhe des Ökobonus wird über die Nachfragefunktion festgelegt. Die Höhe der Nachfrage bestimmt sich aus umweltpolitischen Notwendigkeiten (z.B.: weniger Schadstoffbelastung).

30. Ist der Ökobonus nicht eine neue Form von Steuer?

Nein, der Ökobonus ist eine Lenkungsabgabe und fließt nicht in den Staatshaushalt. Sie wird über den Ökobonusfonds verwaltet.

31. Stimmt es, daß sich die Verkehrsleistungen bei unterschiedlichen Preiserhöhungen unterschiedlich ändern?

Ja, im wesentlichen ist das auf Gewöhnungseffekte zurückzuführen. Erhöhungen der heutigen Treibstoffpreise um 20 - 30 % würden zu keiner Veränderung der Verkehrsleistung führen. Sehr wohl aber stärkere Erhöhungen.

32. Unter dem Deckmantel „Marktwirtschaft" bewirkt der Ökobonus eine Einkommensumverteilung von Wohlhabenden zu wirtschaftlich Schwächeren! oder: Der Ökobonus ist nicht sozial. Sollte nicht jeder eine Mindestmenge an Benzin zu ursprünglichen Preisen erhalten?

Nein, der Ökobonus bewirkt eine Einkommensumverteilung von Österreichern, die überdurchschnittlich viel motorisierten Individualverkehr in Anspruch nehmen, zu Österreichern, die wenig oder gar nie mit dem Auto fahren. Die Umverteilung hängt also nicht vom sozialen Status des einzelnen ab. Einkommensschwache Schichten können sich ihre Mobilität durch den Ökobonus regeln. Wer weniger mit dem Auto fährt, fährt relativ günstiger.

33. Haben nicht Leute mit langen Arbeitswegen höhere Verkehrskosten?

Nein, die höheren Kosten können mit dem Ökobonus abgedeckt werden. Viele Pendler erhalten so eine Belohnung, wenn sie verstärkt Alternativen zum Individualverkehr nutzen. Dazu zählen unter anderem die Benutzung öffentlicher Verkehrsmittel, energiesparende Transportmittel, Mitfahrgemeinschaften, AutoTeilen und Park & Ride Systeme. Pendler, die täglich weite Strecken pendeln, benutzen bereits jetzt öffentliche Verkehrsmittel.

34. Ist der Ökobonus nicht eine weitere dieser „grünen" Ideen?

Nein, das Konzept des Ökobonus läßt sich nur in einer Marktwirtschaft österreichischen Musters umsetzen. Der Ökobonus hilft, über finanzielle Anreize den Verbrauch eines von der Allgemeinheit in großem Maße benützten Gutes zu senken. Das volkswirtschaftlich Vernünftige kann so vor dem betriebswirtschaftlich Nützlichen erreicht werden. Daher müßte der Ökobonus von jeder Partei unterstützt werden.

35. Wer erhält den Ökobonus?

Jeder, der seine Wohnsitz oder seinen natürlichen Aufenthalt in Österreich hat, ist bezugsberechtigt, d.h. auch Kinder erhalten den Ökobonus, d.h. auch Ausländer erhalten den Ökobonus, wenn sie sich mehr als 6 Monate pro Jahr in Österreich aufhalten, d.h. auch jene Personen erhalten den Ökobonus, die nicht mit dem Auto fahren. Auch sie sind durch den Verkehr belastet.

36. Wie hoch sind die Verwaltungskosten bei der Einführung des Ökobonus?

Die Verwaltungskosten betragen bei einer Einhebung des Ökozuschlags über den Treibstoffpreis rund ein halbes Prozent des gesamten Ökobonusfonds. Bei der Einhebung über die Kilometerleistung sind die Verwaltungskosten deutlich höher und betragen rund 4 Prozent des Ökobonusfonds, was in etwa den durchschnittlichen Zinserträgen entspricht.

37. Ist es richtig, daß jede Person den Ökobonus erhält und nicht nur der Autobesitzer?

Ja, denn alle leiden unter den Auswirkungen des Verkehrs und letztlich sind alle - Autofahrer und Nichtautofahrer - Teilnehmer des Verkehrssystems.

38. Ist die direkte finanzielle Förderung des öffentlichen Verkehrs nicht sinnvoller?

Nein, ein gut funktionierender öffentlicher Verkehr ist eine Voraussetzung für den Ökobonus. Das Angebot allein garantiert aber keine Nutzung, solange der motorisierte Verkehr zu billig ist. Der Ökobonus ermöglicht dem Nutzer, sich für eine der angebotenen Verkehrsformen zu entscheiden. Nicht der Staat oder ein höheres Gremium bestimmt das Angebot des öffentlichen Verkehrs, sondern der Nutzer bestimmt das Angebot über die Nachfrage.

39. Die Erhebung des Ökozuschlags und die Verteilung des Ökobonus bedingen doch einen riesigen Verwaltungsapparat und gewaltige Kosten?

Nein, die Erhebung des Ökozuschlags erfolgt bei der Treibstoffvariante gleich wie bei der Mineralölsteuer. Deutlich höhere Kosten fallen bei der Erfassung über die Kilometerleistung an. Dieser Zuschlag müßte monatlich erhoben werden.

40. Muß auch die Landwirtschaft den Ökobonuszuschlag bezahlen?

Ja, auch die Landwirtschaft hat die Möglichkeit erhöhte Produktionskosten über den Preis dem Abnehmer weiterzuverrechnen. Ähnlich wie bei Industrieunternehmen muß eine einmalige Übergangsphase mit eventuellen Überbrückungshilfen gestützt werden.

41. Welche Ziele werden mit dem Ökobonus eigentlich verfolgt?

Primäres Ziel des Ökobonus ist die Reduktion des motorisierten Verkehrs in Österreich. Damit können der Treibstoffverbrauch, die Schadstoffbelastung, Lärm und Unfälle verringert werden. Umgekehrt wird die Nachfrage nach öffentlichem Verkehr, Umweltverbund, verbrauchsarmen Fahrzeugen und umweltfreundlichen Technologien verstärkt.

42. Muß auch der öffentliche Verkehr den Ökozuschlag zahlen?

Ja, auch der öffentliche Verkehr kann seine Mehrkosten über den Preis verrechnen. Er hat trotzdem einen Kostenvorteil, da er weniger Treibstoff pro Passagierkilometer braucht.

43. Müssen auch ausländische Fahrzeuge den Ökozuschlag zahlen?

Ja, der Ökozuschlag wird für Schäden an Mensch und Natur eingehoben. Er ist daher sowohl von ausländischen als auch von inländischen Fahrzeugen einzuheben. Das entspricht auch dem Territorialprinzip.

44. Benachteiligt der Ökobonus nicht die Exportindustrie?

Ja, aber diese Benachteiligung ist äußerst gering. Allerdings entstehen durch die vorzeitige Anpassung an erhöhte Transportkosten Wettbe-

werbsvorteile, die sich auf einem zukünftigen (ökologisch-ökonomischen) Markt positiv auswirken werden.

45. Warum muß der Ökozuschlag so hoch sein?

Die Höhe des Ökobonus bestimmt sich aus den gesetzlich bereits vorhandenen Emissionswerten und dementsprechend bestimmt sich die Zielerreichung aus den zu erwartenden Verhaltensänderungen auf veränderte Verkehrskosten.

46. Warum erhalten auch Kinder den Ökobonus?

Gerade Kinder leiden unter der Verkehrsbelastung doppelt, einerseits durch das kinderfeindliche Verkehrssystem, andererseits durch die Schäden in der Zukunft.

47. Wie lange dauert die Einführung des Ökobonus?

Die Einführung des Ökobonus hängt von der technischen, aber vor allem auch von der politischen Machbarkeit ab. Eine konsequente technische und politische Einführung wird etwa 5 Jahre dauern.

48. Was passiert, wenn der Erdölpreis erheblich angehoben wird?

Das Ansteigen der Mineralölpreise wäre ein deutliches Marktsignal der Knappheit des angebotenen Gutes. Es ist theoretisch denkbar, daß bei marktgerechten Preisen der Ökobonus hinfällig wird. Dann hätte der Markt seine Steuerungsfunktion wieder voll übernommen.

49. Wie kann der Ökobonus externe Kosten internalisieren, wenn er doch den Bonus wieder ausschüttet?

Die tatsächlich aus dem Verkehr Geschädigten sind die Bewohner Österreichs. Mehrkosten (externe Kosten) erwachsen gewöhnlich dem Staat und werden über Steuerleistungen dem Bewohner angelastet. Der Ökobonus verrechnet diese Mehrleistungen direkt dem Fahrzeugnutzer und entschädigt direkt den aus dem Verkehr Geschädigten.

50. Warum zählen Taxis und Busse nicht zum Kfz-Verkehr?

In der wissenschaftlichen Definition zählen sie zum Kfz-Verkehr vor allem dann, wenn es um die motorisierten Leistungen geht. In dieser Studie wurde versucht, durch den Ökobonus auch die Auslastung der vorhandenen Verkehrsmittel, insbesondere des ÖV zu verbessern. Da Taxis und Busse der Abwicklung des öffentlichen Verkehrs dienen, werden sie in dieser Studie diesem zugeordnet. Dennoch gelten die erhöhten Treibstoffpreise auch für diese Verkehrsformen.

51. Bringt der Ökobonus eine verstärkte Nachfrage nach öffentlichem Verkehr?

Ja, weil nur ein Teil der mit dem privaten Kraftfahrzeug vermiedenen Fahrten tatsächlich vermieden wird, der andere Teil aber auf andere Transportmittel verlagert wird. In den meisten Fällen werden verlagerte Fahrten durch den öffentlichen Verkehr substituiert. Insbesondere dann, wenn es sich um größere Entfernungen handelt.

52. Die hohen Kilometerkosten ruinieren doch die Wirtschaft?

Nein, denn die erhöhten Transportkosten (inklusive Vorleistungen) bewirken nur eine einmalige marginale Erhöhung der Produktkosten, wobei diese Erhöhung in den meisten Fällen im Bereich von 0,97 % bis 2,27 % der Produktionskosten liegt. Passen sich aber auch die Wirtschaftsunternehmen an die veränderten Verkehrspreise an, so sind sogar im Transport- und Verkehrsbereich Einsparungen zu erwarten (Ökobilanzen).

53. Der öffentliche Verkehr kann doch die Nachfrage, welche der Ökobonus bringt, nicht bedienen ?

Ja, zu Stoßzeiten wird es sicherlich zu Kapazitätsengpässen beim öffentlichen Verkehr kommen und dies solange, bis eine entsprechende Erweiterung des ÖV-Angebots stattgefunden hat. Zu allen anderen Tageszeiten allerdings wird es im ÖV eine heute nicht vorhandene Ausnutzung geben.

54. Ist der Ökobonus im Sinne der EG diskriminierend gegenüber Nichtösterreichern?

Nein, denn einerseits werden durch den Ökozuschlag Entschädigungszahlungen an die Bewohner Österreichs geleistet, andererseits wird über die höhere Leervolumensmenge bzw. pauschale Erfassung der geleisteten Kilometer den Ausländern der Bonus bereits bei der Erfassung des Ökozuschlags gutgeschrieben.

55. Der Ökobonus verhindert doch die Einführung von Road-Pricing?

Nein, der Ökobonus kann sogar zum Wegbereiter für Road-Pricing werden. Er ist eine ergänzende Maßnahme der gesamten Verkehrsgestaltung. Viele Ziele können unter Verwendung beider Maßnahmen (Ökobonus und Road-Pricing) überhaupt erst erreicht werden. Das gilt etwa auch für die technische Umsetzung.

56. Wozu brauchen wir den Ökobonus, wenn wir den Kfz-Verkehr doch auch durch ordnungspolitische Maßnahmen einschränken können?

Durch die Transparenz des Ökobonus kann mehr Kostenwahrheit im Verkehr eingeführt werden. Die guten Einführungschancen lassen sich vor allem auf das Bonussystem zurückführen. Ordnungspolitische Maßnahmen hingegen schränken den Bürger in seiner Disposition ein und stoßen deshalb gewöhnlich auf breite Ablehnung. Theoretisch führen beide Maßnahmen zum gewünschten Ergebnis. Praktisch durchführbar ist wohl nur der Ökobonus, auch wenn darauf hingewiesen werden muß, daß der Ökobonus nur in einem ordnungspolitisch ausgewogenem Rahmen eingeführt werden kann.

57. Ändern die Autofahrer ihr Fahrverhalten aufgrund geänderter Preise überhaupt?

Ja, weil die Treibstoffpreiserhöhung beim Ökobonus so hoch ist, daß der Substitutionseffekt (= Vermeidungseffekt) um einiges höher als der Gewöhnungseffekt ist.

58. Wird nicht der Ökobonus den Tourismus behindern?

Nein, denn eine saubere, gesunde Umwelt erhöht die Nachfrage nach Fremdenverkehr. Das ist wirtschaftsfreundlich. So ermöglicht es der Ökobonus, die Problematik, daß viele Touristen die Anreise mit dem Kraftfahrzeug bevorzugen, in den Griff zu bekommen, und zeigt alternative Wege im Tourismus auf.

59. Die Verteuerung aller Produkte ist doch das wahre Problem des Ökobonus?

Nein, in Wirklichkeit bleiben Güter- und Geldmenge gleich. Kurzfristig kommt es aber deshalb zu einer Teuerung, weil das Umsteigen auf umweltfreundlichere Güter (mit geringen externen Kosten) nicht sofort im Warenkorb erfaßt wird.

60. Der Ökobonus belastet doch gerade einkommensschwächere Haushalte?

Nein, mit Hilfe der Rückerstattung wird die Kaufkraft der Österreicher zumindest erhalten. Denn jeder durch den Ökozuschlag eingenommene Schilling wird über den Ökobonus wieder an die Bevölkerung ausgeschüttet.

61. Ist es nicht intelligenter, statt dem Ökobonus Road-Pricing einzuführen, um zu mehr Kostenwahrheit im Verkehr zu kommen?

Ja, es ist dann sinnvoller, wenn im Road-Pricing sämtliche Kosten verrechnet werden, die von den Verkehrskonsumenten nicht privat bezahlt werden. Da Road-Pricing aber nur eingeschränkt bei bestimmten Straßensystemen (vorwiegend Autobahnen) angewandt werden kann, ist eine vollständige Erfassung der externen Kosten unmöglich. Mehr Kostenwahrheit kann daher nur mit dem Ökobonus erreicht werden, bei dem die externen Kosten auf Grund der gesamten Verkehrsleistung verrechnet werden.

62. Um den Kfz-Verkehr zu verringern, genügt es doch das Angebot des öffentlichen Verkehrs zu verbessern?

Nein, denn solange der Kfz-Verkehr so billig bleibt, werden nur wenige Verkehrsteilnehmer trotz eines verbesserten Angebots des ÖV umsteigen. Um den Kfz-Verkehr zu verringern müssen Preissignale gesetzt werden, die den ÖV relativ verbilligen.

63. Der Ökobonus blockiert doch die Einführung von Abgabensystemen, mit denen mehr Kostenwahrheit erreicht werden kann?

Nein, im Gegenteil, er schafft Transparenz, indem er vorwiegend externe Kosten internalisiert. Durch das Ökobonussystem gelingt es auch, nicht quantifizierbare Verkehrskostenbestandteile dem Verkehrsteilnehmer anzulasten. Abgaben können jedoch nur dort erhoben werden, wo die Gegenleistung quantifizierbar ist. Daher blockiert der Ökobonus nicht die Einführung von Abgabensystemen, sondern zeigt auf, daß quantifizierbare Verkehrskosten dem Verkehrskonsumenten direkt angelastet werden können (Road-Pricing).

64. Läßt sich die Erhebung des Ökozuschlags mit der Kfz-Versicherung kombinieren?

Nein, weil in Österreich die Versicherungsprämien nicht aufgrund der Verkehrsleistung eines Fahrzeuges, sondern aufgrund der Kilowattstärke bzw. des Kaufpreises bemessen werden.

65. Warum fließt der Ökobonus nicht einfach in den Staatshaushalt und andere Steuersätze werden gesenkt?

Die Senkung von anderen Steuersätzen ist aus sozialer Sicht eine ungerechte Lösung. Personen, die heute viel Steuern zahlen, wären stärker bevorzugt, da sie von einer Reduktion mehr profitieren könnten.

66. Der Ökobonus vermindert die Verkehrsleistung des Kfz-Verkehrs, dadurch verringern sich doch die Einnahmen aus der Parkraumbewirtschaftung?

Die Nachfrage nach Parkraum ist heute deutlich größer, als das Angebot. Der Ökobonus verringert lediglich nachfrageseitig die bestehende Parkplatznot.

67. Privatpersonen und -haushalte werden durch die hohen Verkehrskosten in Zahlungsschwierigkeiten kommen, da sie ja nicht alle Autofahrten vermeiden können?

Nein, denn die Zwischenfinanzierung ergibt sich lediglich aus dem Saldo zwischen erhöhtem Ökozuschlag und ersparten Autoverkehrskosten. Diese Zwischenfinanzierung muß längstens bis Ende des Jahres erfolgen, denn dann kommt es zur garantierten Zuteilung des Ökobonus. Und dann heißt die Rechnung: wer mehr fährt, zahlt mehr.

68. Warum sollen die Verkehrsunfälle zurückgehen, wenn die Treibstoffkosten steigen?

Erhöhte Treibstoffkosten führen zu einem geringeren Verkehrsaufkommen. Unter der Annahme, daß die verbesserten Verkehrsverhältnisse nicht für eine höhere Transportgeschwindigkeit genutzt werden, müßte auch das Unfallrisiko und damit die Unfallshäufigkeit zurückgehen.

69. Voraussichtlich wird die stufenweise Einführung des Ökobonus leichter sein, als eine einmalige Einführung?

Ja, die stufenweise Einführung schiebt jedoch die Zielerreichung und die Diskussion auf. Die Einführung wird jedes Jahr erneut in Frage gestellt.

70. Der Ökobonus schafft regionale Ungerechtigkeiten. Warum soll das von den Bürgern akzeptiert werden?

Es stimmt, daß der Ökobonus regionale Unterschiede schafft. Es stimmt aber auch, daß er bestehende regionale Ungerechtigkeiten beseitigt und vor allem versucht gemeinsame Probleme zu lösen (z.B. Staus, externe Effekte). Das müßte in Summe zu einer mehrheitlichen Akzeptanz in der Bevölkerung führen.

71. Der Staat verdient nichts am Ökobonus. Welche Motivation haben Politiker, sich für den Ökobonus einzusetzen?

Politiker stehen in der heutigen Zeit vor globalen Problemen im Verkehrsbereich und in der Umwelt. Der Ökobonus ist die politische Lösung beide Probleme in den Griff zu bekommen. Die finanziellen Effekte sind dabei sekundär. Dennoch sind sie bei der Entlastung externer Kosten nicht zu unterschätzen.

72. Wäre es nicht sinnvoll, das Konzept Ökobonus für alle Energieträger anzuwenden?

Ja, die Anwendung ist aber nur dann sinnvoll, wenn die Preise der Energieträger zu billig verrechnet werden und so eine ungewünscht hohe Nachfrage erzeugen. Insbesondere kann auch der Gebrauch von öffentlichen Gütern, die heute sehr geringe oder gar keine Preise haben, mit einem Ökobonussystem gesteuert werden (z.B.: Wasser, Luftbelastung oder Bodenbelastung).

73. Warum entlastet man nicht bei der Einkommenssteuer?

Eine Entlastung der Einkommenssteuer begünstigt nur jene Personen, die ein Einkommen beziehen. Der Ökobonus aber ist eine Entschädigung für jeden Österreicher. Das ist transparent, einfach und wird daher auch auf die Akzeptanz der Bevölkerung stoßen.

74. Der Ökobonus kann doch nicht eingeführt werden, bevor nicht die gesamte Infrastruktur verändert wird?

Wartet man mit der Einführung des Ökobonus solange, bis die vorhandene Infrastruktur den notwendigen ökologischen und ökonomischen Anforderungen angepaßt wurde, erübrigt sich doch der Ökobonus. D.h. der Ökobonus muß eingeführt werden, um die notwendige Veränderung der Infrastruktur einzuleiten.

75. Heißt das Langfristziel des Ökobonus „Abschaffung des Kfz-Verkehrs"?

Nein, der Ökobonus versucht lediglich Marktungleichgewichte zu beseitigen. Wenn es der Wunsch der Bevölkerung ist, den Kfz-Verkehr weiterhin so zu forcieren, dann wird der Markt auch dieses Angebots-Nachfrageverhältnis herstellen. Die Abschaffung des Kfz-Verkehrs kann nicht Ziel des Ökobonus sein.

76. Ruiniert der Ökobonus mit seinen Preisveränderungen nicht gerade kleine Unternehmen?

Nein, gerade kleine Unternehmen profitieren vom Ökobonus, weil er diese Unternehmen aufgrund der geringeren Transportentfernungen gegenüber jenen Unternehmen bevorzugt, die von einem Betriebsstandort ein großes Auftragsgebiet versorgen.

77. Für die Freizeitgestaltung benötigt man doch das Auto, damit behindert der Ökobonus doch unsere Freizeitgestaltung?

Ja, aber nur jene, welche auf das Auto ausgerichtet ist. Da in den vergangenen Jahren fast jede Freizeitgestaltung mit Autofahrten verbunden war, ist „die Behinderung“ im Sinne des Ökobonussystems. Wer seine Freizeitgestaltung ökologischer ausrichten kann, wird kurz und langfristig mehr von seiner Freizeit haben.

78. Auch wenn der Ökobonus funktioniert und das System tatsächlich bestechend ist, ist es doch schon viel zu spät, um die Welt noch zu retten?

Nein, denn jeder von uns denkt auch an die Zukunft, und das was wir heute machen hat direkte Auswirkungen auf die Zukunft. Nur wer den Mut und den Glauben an die Zukunft hat, wird die Welt noch in eine Richtung bewegen, die ihr die langfristige Existenz sichert. Zum Aufgeben ist es noch viel zu früh.

79. Kann der Ökobonus den Bau von Autobahnen verhindern?

Nein, denn der Ökobonus ist ein lenkungspolitisches Instrument, welches die Nachfrage nach motorisiertem Verkehr ändert, und das Angebot nicht beeinflußt. D.h. der Ökobonus hilft Straßensysteme effizienter zu nutzen.

80. Trägt der Ökobonus überhaupt zur Kostenwahrheit bei, wenn alles Geld wieder rückverteilt wird?

Ja, weil die Vielfahrer mehr bezahlen, als sie an Ökobonus rückerstattet bekommen.

81. Warum entlastet man nicht bei der Sozialversicherung?

Die Entlastung der Sozialversicherung stellt eine versteckte Sozialversicherungsabgabe auf den Treibstoffpreis dar. Dieses System wäre aber intransparent, führt zu mehr Staatsverwaltung und muß daher als nicht marktwirtschaftlich abgelehnt werden.

82. Wie erprobt und fälschungssicher sind Radumdrehungszähler?

Radumdrehungszähler werden von zuständigen Unternehmen montiert und dabei zur Sicherheit mit einer Plombe versehen. Sie sind in der derzeitigen Ausführung nur dahingehend fälschungssicher, als es nicht den grenzüberschreitenden Verkehr betrifft.

83. Kann der Ökobonus die Produktion von verbrauchsärmeren und umweltfreundlicheren Fahrzeugen tatsächlich fördern?

Ja, aber nicht direkt in Form von finanziellen Zuschüssen, sondern indirekt, wenn die Nachfrage nach solchen Fahrzeugen aufgrund der höheren Kosten bei Standardfahrzeugen steigt.

84. Wenn der Ökobonus das gesamte Abgabenaufkommen an die Bevölkerung rückverteilt, kann es doch zu keinen staatlichen Finanzierungseffekten kommen?

Die staatlichen Finanzierungseffekte treten nicht direkt durch das Ökobonussystem ein. Es ist aber unbestritten, daß es Finanzierungseffekte gibt. Einerseits werden derzeit die externen Kosten großteils über den Staatshaushalt internalisiert. Wenn es gelingt, die externen Kosten zu verringern, und das bewirkt der Ökobonus, können ausgabenseitig Kosten eingespart werden. Andererseits steigt die Nachfrage nach ÖV und ermöglicht so größere Investitionen in den Ausbau des ÖV.

85. Zahlen Österreicher, die im Ausland fahren, bei der Kilometervariante auch einen Ökozuschlag?

Nein, gemäß dem Territorialprinzip soll der Ökozuschlag nur für die in Österreich erbrachten Verkehrsleistungen erhoben werden. Auch der Ökobonus wird nur in Österreich geschädigten Personen vergütet.

86. Welchen Sinn hat die Rückerstattung - der Ökobonus?

Die Rückerstattung ist in erster Linie eine Entschädigung für die Belastungen durch den motorisierten Verkehr. Darüber hinaus bleibt die Kaufkraft erhalten, d.h., daß trotz starker Treibstoffpreiserhöhungen für niemanden wirtschaftliche Nachteile zu erwarten sind.

87. Sterben entlegene Tourismusziele aus (Gebirgswirt)?

Nein, im Gegenteil: Die Tourismusgebiete werden vor allem durch den Massentourismus aufgrund der hohen Automobilität belastet und sind daher vom natürlichen Aussterben bedroht. Jede Maßnahme, die diese Form von Massentourismus eindämmt, verhindert ein Aussterben entlegener Tourismusziele.

88. Wenn die Leute weniger Geld sparen, um den Ökozuschlag bezahlen zu können, kann das zu Liquiditätsengpässen im Bankensektor führen?

Nein, denn der Ökobonus wird in einem Fonds verwaltet. Daher bleibt jeder für den Ökozuschlag ausgegebene Schilling im Finanzsektor. Nach Ausschüttung des Ökobonus steht dann auch die private Kaufkraft wieder voll zur Verfügung.

89. Gibt es für Solarmobile bei der kilometerleistungsabhängigen Variante einen Ökozuschlag?

Ja, auch diese Autos verursachen externe Kosten, wie Lärm, Unfallgefahr und Staub. Allerdings wird man einen deutlich niedrigeren Ökozuschlag einheben, da die Umweltverschmutzung und damit die Hauptbemessungsgrundlage für den Ökozuschlag durch diese Fahrzeuge deutlich niedriger ist.

90. Was passiert bei den Motorrädern und Mopeds bei der Kilometervariante?

Für Motorräder und Mopeds müßte in diesem Fall auch ein geeignetes Kilometererfassungsgerät produziert werden. Ansonsten kann die Erhebung des Ökozuschlags nur pauschal erfolgen und würde damit dem Verursacherprinzip widersprechen.

91. Ist der Ökobonus politisch überhaupt durchführbar?

Ja, Wissenschaft und Politik sind sich in einem einig: die Verkehrskosten werden zu billig verrechnet. Dadurch entsteht eine Übernachfrage nach Mobilität, sowohl im Straßenverkehr, als auch im öffentlichen Verkehr. Wenn die Gesellschaftspolitik an den Zielen eines ressourcen- und umweltschonenden Verkehrswesen festhält, sollte einer Einführung des Ökobonus politisch nichts im Wege stehen.

92. Werden Tourismusziele, die keinen Anschluß an den öffentlichen Verkehr haben, durch den Ökobonus benachteiligt?

Ja, aber der Druck, den ÖV in diesen Regionen zu verbessern, steigt enorm. Außerdem werden bestehende Fahrmöglichkeiten (gemeinsame Ausflüge mit dem Auto) effizienter genutzt.

93. Bewirkt der Ökobonus nicht ein Tankstellensterben in grenznahen Gebieten?

Ja, aber nicht nur in grenznahen Gebieten sondern generell, weil aufgrund der verringerten Verkehrsleistung weniger getankt wird. Besser Tankstellensterben als Waldsterben.

94. Um wieviel erhöhen sich die Kilometerkosten wirklich, wenn der Treibstoffpreis um 200 % angehoben wird?

Da die heutigen Treibstoffkosten nur rund 20 % der Kilometerkosten betragen, erhöhen sich die Kilometerkosten lediglich um 40 % oder rund 1,50 öS.

95. Wo sonst in Europa wird die Einführung des Ökobonus erwägt?

Konkrete politische Ansätze zur Einführung des Ökobonus gibt es in der Schweiz. Auch in Deutschland und Holland wird das Ökobonusmodell diskutiert.

96. Führt der Ökobonus nicht zu Massenfreizeittourismus?

Ja, denn der ÖV kann im Tourismus den motorisierten Individualverkehr nicht ersetzen. Die Tourismusgebiete müssen daher kompakter und zentraler strukturiert werden. Das kann punktuell zu Massentourismus führen.

97. Der Ökobonus macht doch Dienstreisen unattraktiv und zerstört dadurch jegliche Kommunikation.

Es ist richtig, daß der Ökobonus Dienstreisen verteuert, allerdings nicht um sie abzuschaffen, sondern um sie effizienter zu gestalten. Das gilt insbesondere für die gemeinsame Anreise zu Tagungen, Seminaren und Besprechungen.

98. Bedingt die Kilometererhebung pro Fahrzeug nicht einen Riesenaufwand?

Ja, denn neben den verwaltungstechnischen Abrechnungen muß jedes Fahrzeug mit einem nicht manipulierbarem Erfassungsgerät ausgerüstet werden.

99. Besteht die Möglichkeit einen Teil des Ökobonus in Form von ÖV-Gutscheinen, also zweckgebunden auszubezahlen?

Ja, eine zweckgebundene Auszahlung des Ökobonus ist durchaus möglich. Allerdings müssen die Ziele der Externalisierung und Vermeidung externer Effekte gewahrt bleiben. Die Zweckbindung kann das nicht in allen Fällen gewährleisten und muß daher auf eine breite Akzeptanz in der Bevölkerung stoßen.

8. Literaturverzeichnis

Aberle, G.,Engel, M. (1992), Theoretische Grundlagen zur Erfassung und Bewertung des volkswirtschaftlichen Nutzens, Forschungsprojekte Straßengüterverkehr, Internationales Verkerswesen 44, 5. Heft.

Akzente Salzburg (1990), Querverkehr, Eigenpublikation des Landesjugendreferates Sazburg, Salzburg.

Bastian, Till/ Theml, Harald (1990), Unsere wahnsinnige Liebe zum Auto, Psychologie heute-Taschenbuch, Beltz, Weinheim, Basel.

Bayer, Kurt/ Puwein, Wilfried (1990), Umweltabgaben und Steuerreform, Studie des Österreichischen Instituts für Wirtschaftsforschung im Auftrag des Bundesministeriums für Finanzen, Wien.

Benkert, Wolfgang/ Bunde, Jürgen/ Hansjürgens, Bernd (1990), Umweltpolitik mit Ökosteuern?, Metropolis-Verlag, Marburg.

Berger, Berthold, Radunsky, Klaus et al. (1991), Materialien für eine Ozonstrategie, Umweltbundesamt, Wien

Breuss, Fritz/ Schebeck, Fritz (1989), Die Vollendung des EG-Binnenmarktes: Gesamtwirtschaftliche Auswirkungen für Österreich, Studie des Österreichischen Instituts für Wirtschaftsforschung im Auftrag des Bundesministeriums für Finanzen, Wien.

BMF (1990), 2. Etappe Steuerreform - Verteilungsfragen und Ökologieaspekte, Bundesministerium für Finanzen, Wien.

BMF (1990), Ökologische Innovation durch Finanzpolitik, Bundesministerium für Finanzen, Wien.

BMF (1990), Wirtschaftsbericht 1990, Bericht der Bundesregierung zur Lage der österreichischen Wirtschaft, Bundesministerium für Finanzen, Wien.

Bundesministerium für öffentliche Wirtschaft und Verkehr (1991), Das Österreichische Gesamtverkehrskonzept 1991: Mensch - Umwelt - Verkehr, Ueberreuter, Wien.

Button, K. (1990), Environmental Externalities and Transport Policy, Oxford Review of Economic Policy, Vol. 6, Nr. 2, GB.

BUWAL (1991), Der fahrleistungsabhängige Ökobonus, Synthesebericht, Schriftenreihe Umwelt Nr. 150, Bundesamt für Umwelt, Wald und Landschaft, Bern

BUWAL (1991), Einbaubarkeit Radumdrehungszähler - Feldversuch mit bestehenden Radumdrehungszählern, Auswertung der Ergebnisse für leichte Motorwagen, Bundesamt für Umwelt, Wald und Landschaft, Schweiz.

Brown, Lester R. (1991), Zur Lage der Welt - 91/92: Daten für das Überleben unseres Planeten, S. Fischer, Frankfurt am Main.

Capra, Fritjof (1991), Wendezeit, Deutscher Taschenbuch Verlag, München.

Cecchini, Paolo (1988), Europa 92: Der Vorteil des Binnenmarkts, Nomos Verlag, Baden-Baden.

Coase, R. (1960), The problem of Social Cost, Journal of Law and Economies.

Ecoplan (1992), Internalisierung externer Kosten im Agglomerationsverkehr, Fallbeispiel Region Bern (15A, 15B, 16), Nationales Forschungsprogramm Stadt und Verkehr, Zürich.

EVED - Dienst für Gesamtverkehrsfragen (1990), Elastizitäten des Personenverkehrs der Schweiz 1975 - 1984, GVF-Bericht 1/90, Bern.

Faller P./ Bacher R. (1990), Delphi-Studie: Die Zukunftschancen der Eisenbahn - Gesamtbericht, Österreichische Verkehrswissenschaftliche Gesellschaft, Band 17b, Wien.

Faller, P., Metelka, M. (1987), Systemvergleich Schiene - Straße, Wien.

Faller, P., Metelka, M., Riebesmeier, B. (1989), Österreichische Unfallkostenrechnung, Forschungsarbeiten aus dem Verkehrswesen, Band 4, BM für öffentliche Wirtschaft und Verkehr, Wien.

Farmer, Karl (1991), Wirtschaft und Umwelt aus ökonomisch-biblischer Sicht, Schnider, Graz-Budapest.

Fischer-Kowalski, Marina (1988), Öko-Bilanz Österreich: Zustand, Entwicklungen, Strategien, Falte/Kiepenhauer & Witsch, Wien.

Forum österreichischer Wissenschaftler für Umweltschutz (1988), Transitland Österreich am Beispiel Pyhrnautobahn, Chytra, Wien.

Group transport 2000 Plus (1990), Transport in a fast changing Europe.

Gruhl, Herbert (1992), Himmelfahrt ins Nichts: Der geplünderte Planet vor dem Ende, Albert Langen/ Georg Müller Verlag, München.

Gruppe Verkehr 2000 Plus (1990), Überlegungen zur Vernetzung der Verkehrssysteme in Europa, Akt Nr. VII/16/91-DE.

GVF-Bericht 1/88 (1988), Indikatorensystem - Soziale Kosten und Nutzen im Verkehr, Stab für Gesamtverkehrsfragen/EVED, Schweiz.

Hackl, A. (1988), Emissionsbilanzen 1948-1993, BM für Umwelt, Jugend und Familie, Wien.

Herry, M., Knoth, E. (1992), Verkehrskonzeption Wien - WEGERECHNUNG, Wien

Kail, Eva, Wem gehört der öffentliche Raum - Frauenalltag in der Stadt, Styria, Wien.

Katzmann, Werner/ Schrom, Heinrich (1991), Umweltreport Österreich, Kremayr & Scheriau, Wien.

Koch, Helmut/ Lindenbaum, Hans (1991), Überrolltes Österreich: Zukunft unter dem Transitverkehr, Verlag für Gesellschaftskritik, Wien.

Kuratorium für Verkehrssicherheit (1991), Umfallstatistik 1990, Verkehr in Österreich, Heft 9, Wien.

Langbein, Kurt, et. al. (1991), Reportagen aus der Zukunft: Die sanfte Industriegesellschaft, Kremayr & Scheriau, Wien/München/Zürich.

Lenz, H.P. (1989), Statements zur Verminderung des Verkehrslärms in Städten, Forschungsarbeiten aus dem Verkehrswesen, Band 17, BM für öffentliche Wirtschaft und Verkehr, Wien.

Lernhart, Andreas (1989), Neutralität und Mitgliedschaft: Österreich und die EG, Signum Verlag, Wien.

Mayer-Tasch, Peter Cornelius (1990), Transit: Das Drama der Mobilität, Schweizer Verlagshaus AG, Zürich.

Meier, Ruedi, Walter, Felix (1991), Umweltabgaben für die Schweiz, Ein Beitrag zur Ökologisierung von Wirtschaft und Gesellschaft, Zürich.

Nicholson, W. (1985), Microeconomic Theory, Basic Principle and Extensions, 3rd Edition, New York.

Novy, Peter (1993), Mobilität - Steuern, Peter Lang-Verlag, Frankfurt am Main - Graz.

Novy, Peter (1991), EG - Handel - Transit, Karl-Franzensuniversität Graz, Graz.

Novy, Peter (1990), Wie wirken sich Steuerbegünstigungen auf das Verhalten des einzelnen aus?, Karl-Franzens-Universität, Graz.

Nutzinger, Hans G./ Zahrnt, Angelika (1990), Für eine ökologische Steuerreform: Enegriesteuern als Instrumente der Umweltpolitik, Fischer-Taschenbuch Verlag, Frankfurt am Main.

Öhlinger, Thea (1988) Verfassungsrechtliche Aspekte eines Beitritts Österreichs zu der EG, Signum Verlag, Wien.

Ökoinstitut Freiburg/Br. (1991), Energie Report Europa: Daten zur Lage, S. Fischer, Frankfurt am Main.

Ökologieinstitut (1990), Innovationen am Antrieb des Kraftfahrzeuges - Beurteilung der ökologischen Verträglichkeit (Wirksamkeit) in Österreich, Wien.

Österreichische Gesellschaft für Ökologie (1988), Energieabgabe und Steurreform, Wien.

Österreichisches Statistisches Zentralamt (1986), Verbraucherpreisindex Revision 1986, Heft 853, Wien.

Österreichisches Statistisches Zentralamt (1987), Personenverkehr in Österreich, Ergebnisse des Mikrozensus September 1983, Heft 856, Wien.

Österreichisches Statistisches Zentralamt (1991), Zivilluftfahrt in Österreich 1990, Heft 1.005, Wien.

Österreichisches Statistisches Zentralamt (1992),Statistische Übersichten 571992, Wien.

Otruba, Heinrich, Stiassny, Alfred (1986), Die Transportkostenbelastung der österreichischen Wirtschaft, Forschungsarbeiten aus dem Verkehrswesen, Band 1, Wien.

Pfeiffer, Gerald (1992), Ökosteuern im Verkehr: Modell Ökobonus, Karl-Franzensuniversität Graz, Graz.

Prognos (1991), Wirksamkeit verschiedener Maßnahmen zur Reduktion der verkehrlichen CO_2-Emissionen bis zum Jahr 2005, Europäisches Zentrum für angewandte Wirtschaftsforschung ,Basel

Puwein, W. (1992), Neutralisierung der sozialen Kosten des Straßenverkehrs, WIFO Monatsberichte 1/92, Wien.

Quinet, E. (1989), The Social Costs of Land Transport, OECD, Paris.

Rauchenberger, Maria (1991), Der Verkehr als Schadstoff- und Reibhausverursacher, Emissionsauflagen und Antitreibhaussteuer für Kraftfahrzeuge, Universität Wien, Wien

Riedel, Roman (1989), Verkehrsbilanz Österreich oder Was kostet uns der Verkehr, Wien.

Rieseberg, Hans Joachim (1988), Vebrauchte Welt, Ullstein, Frankfurt/M; Berlin.

Risser, Ralf, et. al. (1990), Straßenverkehr und Lebensqualität, Literas-Universitätsverlag, Wien.

Rothengatter, W. (1990), Transport Policy and the Environment, ECMT Ministerial Session (Prepared in co-operation with OECD), Paris.

Schmidt, Georg (1987), Ökonomische Ansätze zu einer umweltorientierten Energiepolitik - Die Energie als Bezugsgröße eines neuen Steuersystems, Technische Universität Graz.

Schneider, Hans-Jürgen (1985), Autofahren umweltfreundlich, BLV-Verlagsgesellschaft, München, Wien, Zürich.

Schulz, W., Wicke, L. (1986), Die Kosten der Luftverschmutzung, Handbuch für Umwelt und Energie, Betriebswirtschaft, Gruppe 12, Heft Nr. 6, BRD.

Schulz, W. (1985), Der monetäre Wert besserer Luft - Eine empirische Analyse individueller Zahlungsbereitschaften, Umweltbundesamt, Texte 25/85, BRD.

Senett, Richard (1991), Die Großstadt und die Kultur des Unterschieds, S. Fischer Verlag, Frankfurt am Main.

Stiglitz, J.E. (1988), Economics of the Public Sector, 2nd Edition, New York.

Thaler, Robert (1990), Gewinner und Verlierer im Verkehrssystem, Beiträge zu einer ökologisch und sozial verträglichen Verkehrsplanung, Institut für Verkehrsplanung und Verkehrstechnik TU Wien, Wien

The Economist (1991), Die Welt in Zahlen, Ueberreuter, 1991.

Tichy, Gunther (1988), Die volkswirtschaftlichen Kosten von Schiene und Straße, Im Auftrag der Gesellschaft für Verkehrspolitik, Wien.

Umweltbundesamt (1991), Zweiter Umweltkontrollbericht, Bundesministerium für Umwelt, Jugend und Familie, Wien

Umweltbundesamt, Österreichisches Statistisches Zentralamt (1991), Umwelt in Österreich, Wien

Umweltbundesamt (1992), CO_2-Emissionsentwicklung und Prognose für Österreich, Berechnung bis 2005 auf Grundlage der Energieprognose des WIFO vom Dezember 1991, Wien.

Umwelt- und Prognose-Institut Heidelberg e.V. (1991), Umweltwirkungen von Finanzinstrumenten im Verkehrsbereich, Heidelberg.

Umwelt- und Prognose-Institut Heidelberg e.V. (1989), Die Zukunft des Autoverkehrs, UPI-Bericht Nr. 17, Heidelberg.

Umwelt- und Prognose-Institut Heidelberg e.V. (1988), Ökosteuern als marktwirtschaftliches Instrument im Umweltschutz - Vorschläge für eine ökologische Steuerreform, UPI-Bericht Nr. 9, Heidelberg.

Verlag Austria Press (1992), Wohnen morgen: Lebensräume, Signum Verlag, Wien.

Verlag Austria Press (1992), Sanfte Mobilität: Stauräume, Signum Verlag, Wien.

Verkehrsclub der Schweiz (1989), Der Ökobonus - Vorschläge zur Realisierung des Modells, Herzogenbuchsee.

Verkehrsclub der Schweiz (1991), Umwelt - Verkehr - Umkehr, Herzogenbuchsee.

Verkehrsclub Österreich (1991), Verkehr - Vom Erkennen zum Handeln, Wien.

Verkehrsclub Österreich (1992), Wege zum stadtverträglichen Verkehr, Wien.

Vester, Frederic (1988), Leitmotiv Vernetztes Denken, Wilhelm Heyne Verlag, München.

Vester, Frederic (1990), Ausfahrt Zukunft, Wilhelm Heyne Verlag, München.

Walter, Robert/ Mayer, Heinz (1978), Grundriß des österreichischen Bundesverfassungsrechts, Manzsche Verlags- und Universitätsbuchhandlung, Wien.

Weizsäcker, Ernst U. von (1992), Erdpolitik: Ökologische Realpolitik an der Schwelle zum Jahrhundert der Umwelt, Wissenschaftliche Buchgesellschaft, Darmstadt.

Wicke, Lutz (1987), Umweltökonomie - eine praxisorientierte Einführung, 2.Auflage, Berlin.

Wicke, Lutz (1990), Plädoyer für ein offensives und staatliches Umweltmanagement, hrg. von der Handelskammer Salzburg, Referat für Umweltschutz und Statistik.

Wille, Joachim (1988), Die Tempomacher: Freie Fahrt ins Chaos, Beck, München.

Wiswede, Günter (1991), Soziologie, Verlag Moderne Industrie, Lansberg am Lech.